设备故障诊断中的证据融合与决策方法

徐晓滨　文成林　孙新亚　吉吟东　著

科学出版社

北　京

内 容 简 介

本书内容涉及基于 Dempster-Shafer 证据理论的信息融合与决策方法研究，以及在设备故障诊断中的应用，属于智能信息处理的范畴。第 1 章综述各种工业系统故障诊断技术的发展现状及未来发展趋势，第 2 章介绍 Dempster-Shafer 证据理论的基本概念、准则、基本原理，并对其近年来最新的发展方向：区间值信度结构、证据动态更新和证据推理的相关理论与方法等进行介绍。以典型旋转机械、电子电路等设备的故障诊断与可靠性评估为背景，基于证据理论中的最新研究成果，在第 3～14 章中提出一系列诊断证据融合、更新与故障决策的新方法，解决多源不确定性故障信息环境下的故障检测、故障定位及故障识别等故障诊断中的分类决策问题。书中对主要的方法均给出故障诊断的应用实例，便于读者掌握证据融合与决策的应用背景、适用环境、实施步骤及诊断效果的分析与评估。

本书可供自动化、电子信息、测控、机电一体化等学科的研究生选用或参考，同时对从事自动控制与智能监控系统研究、设计、开发和应用的广大工程技术人员也具有一定的参考价值。

图书在版编目 (CIP) 数据

设备故障诊断中的证据融合与决策方法/徐晓滨等著. —北京：科学出版社，2017.5
 ISBN 978-7-03-052020-3

Ⅰ．①设… Ⅱ．①徐… Ⅲ．①机械设备－故障诊断－研究
Ⅳ．①TH17

中国版本图书馆 CIP 数据核字 (2017) 第 047615 号

责任编辑：陈　静　邢宝钦 / 责任校对：郭瑞芝
责任印制：徐晓晨 / 封面设计：迷底书装

斜 学 出 版 社 出版
北京东黄城根北街 16 号
邮政编码：100717
http://www.sciencep.com

北京京华虎彩印刷有限公司 印刷
科学出版社发行　各地新华书店经销
*

2017 年 5 月第 一 版　开本：720×1 000　1/16
2018 年 1 月第二次印刷　印张：17 1/4　插页：1
字数：340 000
定价：88.00 元
（如有印装质量问题，我社负责调换）

前　言

随着信息技术和自动化技术的快速发展，现代工业中系统的集成度和复杂度越来越高，如航空航天、制造、运输、化工等行业。这类系统往往构造十分复杂，各模块之间的联系非常紧密。长时间高负荷的持续运转及随着时间变化的内外部条件等因素的影响，时常会导致各种类型故障的发生，而关键部件一旦出现故障则可能引起连锁反应，轻者造成整个系统不能正常运行，重者造成重大的人员伤亡和巨大的经济损失。例如，近年来国内外发生的多起大型石油化工装置及危险品的爆炸、电力系统的大规模停电、列车脱轨及碰撞等恶性事故，产生了严重的社会影响，造成了诸多不安定因素。面向复杂工业系统的故障诊断技术可以提升系统的运行安全性，有效降低或避免重大或一般性安全事故发生的概率，为视情维修、维护策略的制定提供必要的信息与依据，它是实现从"诊断维护中要效益"的重要途径。故障监测与诊断技术已经发展了 40 余年，在诸多领域得到了广泛研究和成功应用，如航空航天、陆路、水路交通，石油化工，机械设备，供电系统，半导体制造等。

从单传感器获得的故障信息是有限的，因此在对复杂工业系统进行故障诊断时，往往需要设置大量不同种类的传感器收集设备的运行状态信息，并对信息进行融合，然后根据融合结果做出故障决策。实际中，由于存在一些不可避免的因素，如环境噪声对测量的干扰、传感器观测误差及性能下降，对系统机理模型的了解程度不足等，获取的监测信息或知识具有不完整、不确定和非精确等特性。因此，迫切需要一种有效的融合机制来减少，甚至消除这种非精确与不确定性对故障决策的影响。Dempster-Shafer 证据理论（简称证据理论）在处理不确定信息方面具有很好的鲁棒性，其利用基本信度赋值（BBA）表示和度量信息的非精确性和不确定性，并提供 Dempster 组合规则来融合以 BBA 形式表示的证据，有效降低信息的不确定性，提供比任何单源信息更为精准的融合结果。因此，证据理论已经被广泛用于不确定环境下，典型工业设备的故障诊断，如旋转机械、电力电子、控制系统以及传感器网络等。近年来在证据理论中出现了诸多新的发展方向，如区间值信度结构、证据动态更新和证据推理的新理论与新方法等，对于提升原有诊断证据融合与故障决策方法，在不确定性故障信息的合理化描述、多诊断证据的静态和动态融合，以及诊断证据的可靠性和重要性评估等方面的能力，具有积极的推动作用。新理论与新方法的出现，势必会促进信息融合故障诊断与决策技术的迅速发展，并有望将新技术和方法应用于实际，提升工业系统的智能化水平。

本书第 1 章综述各种工业系统故障诊断技术的发展现状及未来发展趋势，

第 2 章介绍 Dempster-Shafer 证据理论的基本概念、准则、基本原理，并对其近年来最新的发展方向进行介绍。第 3～14 章中，以旋转机械、电子电路等系统的故障诊断与可靠性评估为背景，分别基于这些出现的新理论与新方法，提出一系列诊断证据融合、更新与故障决策的最新方法，解决多源不确定性环境下的故障检测、故障定位及故障识别等故障诊断中的分类决策问题。

　　本书所涉及研究成果得到众多科研机构的支持，其中特别感谢国家自然科学基金重点项目"面向工业大系统安全高效运行的报警设计与消除方法及应用（61433001）"、"大型船舶动力系统运营寿命周期故障预测与智能健康管理（U1509203）"、"机主人辅模式下智能汽车故障诊断、预测与容错控制研究（U1664264）"和面上项目"铁路自动闭塞系统信度级故障预测的信息融合方法（61374123）"，以及浙江省科学技术厅公益技术应用研究项目（2012C21025、2016C31071）。徐晓滨同志在清华大学博士后及英国曼彻斯特大学认知与决策研究中心访学期间，分别在周东华教授、吉吟东教授、Yang Jianbo 教授和 Xu Dongling 教授等指导下进行了许多研究工作，受益匪浅。研究生张镇、冯海山、周哲、宋晓静、史健、刘征、李世宝和郑进等参加了本书的部分章节的写作、文字录入和修改工作，谨向他们表示衷心的感谢！

　　由于作者理论水平有限以及研究工作的局限性，特别是信息融合理论本身正处在不断地发展之中，书中难免存在一些不足。恳请广大读者批评指正。

作　者

2016 年 10 月

目　　录

彩图

第1章 绪　　论

1.1　引　　言

随着信息技术和自动化技术的快速发展，现代工业中系统的集成度和复杂度越来越高，如航空航天、制造、运输、化工等行业。这类系统往往构造十分复杂，各模块之间的联系非常紧密，但长时间高负荷的持续运转及随着时间变化的内外部条件等因素的影响，时常会导致各种类型故障的发生，而关键部件一旦出现故障则可能引起连锁反应，轻者造成整个系统不能正常运行，重者造成重大的人员伤亡和巨大的经济损失。例如，近年来国内外发生的多起大型石油化工装置及危险品的爆炸、电力系统的大规模停电、列车脱轨及碰撞等恶性事故，产生了严重的社会影响，造成了诸多不安定因素。为此，本书将以特定的工程系统（旋转机械系统/高速铁路信号系统等）为背景，以信息融理论与技术为手段，针对典型工程系统的故障诊断及安全性，利用被诊断对象获得的多源不确定性信息，为减少或及时预报灾难性事故的发生，建立一系列相应的故障诊断及安全评估的信息融合方法。同时，将以Dempster-Shafer（D-S）证据理论为主，结合模糊集理论和专家系统等其他不确定性理论和方法，重点建立在解决面向现代故障诊断及安全评估的方法的过程中，所遇到的若干信息融合领域内前沿科学问题的解决方法，如多源不确定性信息的合理化描述、静态证据融合与动态证据更新的结合、诊断证据重要性和可靠性评估及融合系统的多目标优化方法等。因此，开展这个具有创新性的研究领域，不仅具有广泛应用前景，而且有重要的科学意义[1-6]。

1.1.1　提高工业系统运行安全性是社会的迫切需求

近年来，在众多领域时常发生多种多样的灾难性事故，因此，对能有效提高大型工程系统运行安全性和可靠性的先进技术和方法产生了巨大的社会需求。

1. 高速铁路高端装备

随着高速铁路（简称高铁）营运里程的增加，高速铁路日益在我国的交通运输和国民经济中发挥出举足轻重的作用，也给我们的日常出行带来了巨大的便利。资料显示，目前我国高速铁路每月客运量已接近国内航空业的两倍。在高速铁路迅速发展并发挥重要作用的同时，其安全问题也备受关注。高速铁路及高速列车作为一个由复杂技术装备组成、在复杂环境中运行、完成具有复杂时空分布特征的位移服务的整体，影响其安全行为的决定要素众多，同时由于列车运行速度快、发车密度大，一旦发生事故，后果往往不堪设想。尤其是"7·23"甬温线特别重大铁路交通事故的发生，更是催生了人们对于高铁安全问题的广泛关注。如何从根本上确保高速铁路及高速列车的运行安全，保障人们的安全出行，已经成为"后高铁"时代亟须解决的关键问题，也成为国家的重大战略需求。仅以铁路运行控制系统中的轨道电路系统为例进行分析。

在我国列车运行控制中普遍采用的 ZPW-2000A 型无绝缘轨道电路系统，是进行轨道区间列车占用检查、断轨检查以及实现地车通信的重要地面设备，它的工作可靠与否将直接关系到列车运行的安全与效率[7,8]。ZPW-2000A 轨道电路利用钢轨作为导线传输列车控制信号，且多数部件分布在铁路线周围，由于易受中国南方雷雨及北方冰雪天气等气候环境因素影响或人为破坏，其故障频发。由此引起的列车运行及控制信号的错误与失效，轻则使列车延误，重则造成整个运输系统陷于瘫痪，乃至于发生人员伤亡和财产损失等重大事故。例如，2011 年 7 月 23 日，温州杭深线永嘉至温州南行车区间，因雷击使列控中心的数据采集板软件设计缺陷暴露，直接造成本应显示列车占用状态的轨道电路错误显示为未占用，导致 D301 次列车与 D3115 次列车追尾，D301 次列车第 1 至 4 节车厢脱线，D3115 次列车第 15 和 16 节车厢脱线。事故造成 40 人死亡、172 人受伤，中断行车 32 小时 35 分钟，直接经济损失 19371.65 万元；2006 年 4 月 11 日京九线下行林寨站至东水站间，因雨季钢轨道砟电阻降低引起轨道电路出现"红光带"，加之列车司机违规操作引起 T159 次列车与 1017 次列车追尾，造成 4 节车厢脱轨、2 名铁路职工当场死亡、10 余名乘客受伤的重大事故。2009 年 2 月 17 日，国内某高铁线上铺设的补偿电容受列车底盘凝冰击打而大范围出现断路故障，从而引起轨道电路出现"红光带"，在无有效故障诊断方法的情况下，全线补偿电容被迫全部更换，以确保线路正常营运，这造成了人力物力的巨大浪费；据我国铁路部门统计的数据显示，2005 年 1~11 月，全国铁路共发生信号故障 8088 起，其中多数是由轨道电路直接或间接引起的，共导致 47 万分钟的行车延误，平均每次故障造成 59 分钟的延误。

由以上分析可见，由轨道电路故障所引起的各类运输系统重大事故，对乘客、铁路运营企业乃至整个铁路交通行业都会带来巨大的损失和影响。我国已将铁路运输基础设施的维护及安全保障技术，列为《国家中长期科学和技术发展规划纲要（2006—2020 年)》[9]（以下简称《纲要》）和《国家铁路"十二五"发展规划》中的优先研究主题与重点建设任务。但是，目前各国铁路系统大都仍采用定期维修与驻点寻迹排查故障等传统技术来维持轨道电路的正常工作。定期维修方式具有一定的盲目性和机械性，通常会因为检修次数过多而降低设备的可靠性，或因为维护不足而未能根本排除故障，这都给行车带来了安全隐患。总之，该维护方式一直存在人力、物力浪费或资源调配欠合理等弊端。所以，目前急需能够适应轨道电路铺设范围广、受环境因素影响大、运行周期长等特点的智能故障检测与诊断方法，从而提升其智能故障诊断与维护水平。

2. 大型石化系统生产装置

现代工业领域中的大型系统装置的持续有效运转虽然是确保国民经济快速高效发展的重要保证，但长时间高负荷的持续运转及随着时间变化的内外部条件等因素的影响，时常会导致各种类型故障的发生，仅以石油化工（简称石化）系统装置为例进行分析。

石油是国家经济建设的"血液"，在保障人民正常日常生活中起着极为重要的作用，而在进行"造血"过程中，经常发生各种各样的事故。2005 年 13 日吉林市的中国石油吉林石化分公司双苯厂的产生装置连续发生爆炸，形成特大环境污染事故，数万人被警方疏散，造成哈尔滨 400 万人断水 114 小时，不仅社会影响巨大，而且经济损失无法估量。2008 年 6 月 3 日，中国石化集团茂名石化公司乙烯厂裂解装置遭雷击引起短路起火，装置停产，该装置产能占全国十分之一。2013 年 11 月 22 日，青岛中石化东黄输油管道泄漏特别重大事故，造成 62 人死亡、136 人受伤，直接经济损失 7.5 亿元。而在此领域的投资规模还在进一步扩大，如总投资 90 亿元的上海赛科 90 万吨乙烯工程；总投资 102 亿元的嘉兴电厂二期工程，建设规模为 4 台 60 万千瓦燃煤发电机组及相应的配套设施。规划建设投资 1000 多亿元的宁东能源化工基地，是以煤、电、化、油为一体的大型区域工业园区。到 2020 年全部建成后，每年可新增工业产值近 300 亿元，拉动相关产业产值近 900 亿元，相当于"再造一个新宁夏"。此外，我国的广西钦州港、海南洋浦港、天津大港、新疆地区、广东茂名、山东青岛等多个地区已建或在建或计划建大型石油化工基地。

3. 电力系统

电力系统是由发电、送电、调度、用电等部分组成的，正是这样一个巨复杂系统，各类故障或事故频发。2003 年 8 月 14 日，美国东北部、中西部 8 个州和加拿大安大略省发生了历史上最大规模的停电事故，就是有力的说明；据统计，近 5000 万人口受到影响，整个经济损失可能高达 300 亿美元。美国大停电的调查证明，是电厂发生故障所致；美国此次的大停电，已给世界各国提供一个极深刻的启示和教训，已暴露出的最大弱点首先是系统安全保障措施不到位，其次是应急机制有待改善。20 世纪后半叶发生在美国的五次灾难性大停电给以科技为主导的现代社会敲响了警钟。我国也发生过多起大停电事故，而一般的停电事件更是数不胜数。

电力系统的发电设施主要有基于煤炭的火力发电、基于核能的核发电、基于水资源的水力发电，还有国内外首推可再生的替代能源风能发电等。众所周知，各类电站的正常运行是整个电力系统正常运行的基础，而各类电站中用于发电的电机、涡轮机等的持续有效地正常运转，是确保各类电站正常运行的必要前提。全国有各类发电站数万座，而相应的发电机有数十万台，因此，通过开展针对各类发电机的故障诊断，实时地对其安全性进行有效预测，是保障电力系统稳定运行的基础。

我国每年都在增建或扩建各类电站，如工程总投资 792.34 亿元的溪洛渡水电站总装机容量为 1260 万千瓦，年发电量 571.2 亿千瓦时、位居世界第三，相当于三个半葛洲坝水电站，是中国第二大水电站，其坝高 278 米，正常蓄水位 600 米，总库容 115.7 亿立方米。又如工程计划总投资 479.66 亿元白鹤滩水电站，是继长江三峡和溪洛渡之后又一巨型水电工程，电站装机容量为 1200 万千瓦；拦河坝型为混凝土双曲拱坝，坝顶高程 827 米，最大坝高 277 米，控制流域面积 43.03 万平方千米（占金沙江流域的 91%），水库正常蓄水位 820 米时，水库平水面积 209.24 平方千米，干流回水长度 183 千米，总库容 179.24 亿立方米。而像这类超大型工程在拥有强大功能的同时，无论电机、系统，还是大坝边坡，对安全性的要求也极高。

核电作为安全、清洁、经济、可持续发展的能源，已达到了一定的发展规模。核电投资大、见效快，工程的复杂程度高，因此对安全性也有极高的要求，一旦出现故障，后果不堪设想。例如，1986 年 4 月 26 日苏联发生的切尔诺贝利核电事故，全球共有 20 亿人口受到影响，27 万人患上癌症，其中致死 9.3 万人，而受损人数难以确切估量。目前全世界在用和在建的核电站越来越多。例如，2008 年中国已开工建设的福建宁德、福清和广东阳江三个核电项目，各方为这三个工程投资上千亿元；在未来十多年中，我国将投资至少 5000 亿元用于核电建设。对于这类功能强大的大型工程系统，对其安全性要求也非常高。

风能是一种取之不尽、用之不竭的可再生新兴能源。进入 20 世纪以来，风能发电是国内外首推可再生的替代能源。作为最为清洁的能源之一，被广泛认为是最有发展前途的能源，因而风力发电将是一种最具有潜力可持续发展项目。这类投资大、可持续性强、具有发展前途电力装置，目前却因技术限制，使得各类发电机出现故障率较高，已严重影响它在实际中的有效应用和大力发展。

1.1.2　工业系统的运行安全性受到国家高度重视与支持

对大型工程系统或设备安全预测与评估已受到了政府的高度重视，这在《纲要》中已得到了充分体现。

（1）在《纲要》中指出：前沿技术是指具有前瞻性、先导性和探索性的重大技术，是国家高技术创新能力的综合体现。已将"重大产品和重大设施寿命预测技术"列入其中，并要求重点开展重大产品和重大设施寿命预测技术是提高运行可靠性、安全性和可维护性的关键技术。而这一前沿技术的核心正是故障诊断与预测。

（2）在《纲要》中的重点领域及其优先主题中明确指出："公共安全是国家安全和社会稳定的基石。我国公共安全面临严峻挑战，对科技提出重大战略需求"。已将"重大生产事故预警与救援"列入其中，并要求重点研究开发矿井瓦斯、突水、动力性灾害预警与防控技术，开发燃烧、爆炸、毒物泄漏等重大工业事故防控与救援技术及相关设备等。

1.1.3　故障诊断技术为系统安全可靠运行提供有力保障

工程系统故障诊断与预报技术为实现对大型工程系统安全性预测与评估开辟了一条重要的途径。故障诊断主要研究如何对对象中出现的各类故障进行检测、定位和辨识，从而判断故障是否发生，定位故障发生的部位和种类，以及确定故障的大小和发生的时间等。目前，此领域仍然是国际上研究的热点之一。

故障预测作为故障诊断的扩展领域也越来越受到人们的极大关注。这是因为，随着对大型工程系统安全性要求的进一步提高，人们不仅希望在对象发生故障后能够对其进行及时诊断，而且更加希望在只有微小异常征兆出现时，就能够对它的发展趋势进行预测，即根据对象过去和现在的运行状态预测故障发生的时间或者判断未来的某个时刻对象是否会发生故障。与故障诊断研究已经发生的确定性事件不同，故障预测的研究对象是未来的不确定性事件，因此，相对于故障诊断，故障预测更加具有挑战性。然而处于起步阶段的故障预测技术也取得了不少的研究成果[10-16]。

有效的故障预测使人们能够在适当的时候采取措施阻止故障的进一步发展，从而预防或避免事故的发生。同时，以故障预测技术为基础的预测维修体制能够克服传统计划维修过剩或维修不足的缺点，提高工程大型系统/设备的利用率，减少维修费用，从而降低生产成本，提高企业的综合竞争力，即"预测维护也可以出效益"，因此有很好的应用前景。

因此，有效的途径是，基于现代故障诊断技术及时诊断出大型工程系统所发生的各类故障，进而利用故障预测技术对其发展趋势及安全性进行有效预测与评估，据此及时地采取预测维护或维修，防止过度维修等手段，以期在能大大减少或及时预报灾难性事故发生的前提下，实现预测维护出效益的目的。

1.1.4　信息融合是建立故障诊断与决策方法的必然选择

1. 对现代工程系统的测量需要使用多种传感器

"在被测量或被识别的目标具有多种属性或受多种不确定因素干扰的情况下，使用多种传感器协同完成共同的检测任务便是必然的选择"[17]。通常情况下，与单源数据相比，多源信息主要有提高系统的安全性和鲁棒性、扩展时间上和空间上的观测范围、增强数据的可信任度、增强系统的分辨能力等优势。

（1）被测量或被识别的目标具有多种属性，需要使用不同类型的传感器，才能共同完成检测的任务。

（2）针对目标的同类属性在时间上和空间上有较大的分布范围，需要使用多个传感器在不同时间区域内和空间区域上进行分别检测，以提高采集信息的覆盖率和增强系统的分辨能力等。

（3）复杂的环境常会产生多种不确定性，因而需要利用多个或多种传感器协同来共同增强数据的可信任度，从而提高系统的安全性和鲁棒性等。

2. 信息融合技术的研究受到政府的高度重视

信息融合技术取得的成果不仅已被广泛应用于目标跟踪和识别、惯性导航、医学诊断、工业过程监控、设备故障诊断等众多军事和民用领域中，而且相应的研究工作也受到了高度的重视。在《纲要》中[9]，多传感器信息融合也被列为信息科学、军民两用的前沿技术与重大专项中的研究内容，成为进一步推动信息科学发展和应用必须面对的重点研究课题。而作为重点领域或优先研究主题的"重大自然灾害的监测与防御"和"重大产品和重大设施寿命预测技术"的解决，与如何有效地利用从对象中获得的多源信息密切相关。

3. 对现代工程系统安全性预测与评估经常遇到多种不确定性

在对大型工程系统观测时常遇到诸多的不确定性，大都由以下几方面因素所致[4]：①传感器或观测者自身设计所固有的局限性；②被观测对象本身的不确定性；③观测过程中存在诸多非可预测因素；④在多源信息分析处理中，系统或方法的不完备性。另外，故障特征与故障类型之间常存在复杂不定的对应关系，这是由于大型工程系统的复杂性，以及被识别故障自身的随机性、模糊性、不确定性等因素，每种故障的发生都有多方面的成因；虽然多种类型的故障特征信号的表现很可能是分布式的，但是有可能会共同表征一种故障模式；相对应地，一种特征又可能会同时反映多种故障的发生。此外，在实际复杂系统/大型工程中，各类故障的发生通常都不是绝对互斥的事件，两种或多种故障之间常存在着大小难以确定的耦合关系。

1.2 故障诊断技术发展概况

故障诊断（fault diagnosis）技术是提高系统可靠性、降低事故风险的重要方法。故障诊断主要研究如何对系统中出现的故障进行检测、分离和辨识，即判断故障是否发生，定位故障发生的部位和种类，以及确定故障的大小和发生的时间等。动态系统的故障诊断一般公认为起源于 1971 年 Beard 发表的博士论文[18]以及 Mehra 等发表在 *Automatica* 上的论文[19]。1976 年 Willsky 在 *Automatica* 上发表了第一篇关于故障诊断的综述性文章[20]，1978 年 Himmelblau 在他出版的第一部故障诊断方面的学术专著里最早给出了故障的定义，即系统至少一个可观测或可计算的重要变量或特性偏离了正常范围[21]。随后，该领域的研究得到了国内外学者的广泛关注，取得了丰硕的研究成果[22-28]。目前，故障诊断仍然是国际自动控制领域的研究热点之一。

近年来，随着理论研究的深入和相关领域的发展，各种新的故障诊断方法层出不穷，文献[29]从一个全新的角度对已有的故障诊断方法进行重新整理，将其整体上分为定性分析的方法和定量分析的方法两大类。其中，定量分析的方法又分为基于解析模型的方法和数据驱动的方法，数据驱动的方法又可再分为机器学习类方法、多元统计分析类方法、信号处理类方法、信息融合类方法和粗糙集方法等。下面我们将依定性分析的方法、基于解析模型的方法、基于数据驱动的方法、多源信息驱动的故障决策融合与故障特征融合方法等次序进行介绍。

1.2.1 定性分析的方法

1. 图论方法

基于图论的故障诊断方法主要包括符号有向图（Signed Directed Graph，SDG）方法和故障树（fault tree）方法。

符号有向图是一种被广泛采用的描述系统因果关系的图形化模型。在符号有向图中，事件或者变量用节点表示，变量之间的因果关系用从原因节点指向结果节点的有方向的边表示，节点的符号表示变量的正常、偏大或偏小状态，边的符号代表原因节点对结果节点正的增强作用或者负的减弱作用。在系统正常时，符号有向图中的节点都处于正常状态，而发生故障时故障节点的状态将会偏离正常值并发生报警，则根据符号有向图给出的节点变化间的因果关系并结合一定的搜索策略就可以分析出故障所有可能的传播路径，判明故障发生的原因，并且得到故障在过程内部的发展演变过程。Iri 等首先将符号有向图模型用于过程故障诊断[30]。文献[31]针对卫星电源故障建立故障传播的符号有向图，将节点变量变为模糊变量使节点承载了更多的定量信息，节点间的定性关系通过模糊关系矩阵来表达，通过模糊推理判断相容支路找出故障源候选集合，通过部件故障概率和传播故障权重对候选故障源进行故障可能性的排序。文献[32]基于混杂键图和改进的时间因果图研究了混杂系统的传感器与执行器故障诊断。传统基于符号有向图的故障诊断方法是完全定性的，文献[33]利用模糊集合理论将节点间的因果关系模糊化为隶属度函数。文献[34]则提出了一种概率符号有向图方法，利用条件概率描述节点间的因果关系。在定性符号有向图模型中引入定量描述，可以更好地利用系统的信息，减少对故障发展路径的错误理解，从而提高故障诊断的准确性。文献[35]研究了基于符号有向图模型的大型化工过程的故障诊断问题，并将所提出的方法用于海水淡化过程。

故障树是一种特殊的逻辑图。故障树分析法将待分析的目标事件作为顶事件，从顶事件出发，找出导致事件发生的直接原因，通过"与""或"或者"异或"等逻辑符号将顶事件展开为直接原因事件的逻辑组合，然后按照同样的方法对直接原因事件再进行展开，直到遇到不能展开或者不需要再追究的最基本的原因事件。基于故障树的诊断方法是一种由果到因的分析过程，它从系统的故障状态出发，逐级进行推理分析，最终确定故障发生的基本原因、影响程度和发生概率。文献[36]采用故障树分析方法对目标航天器实施在轨故障定位研究，给出在轨故障定位故障树的构建和实施步骤；文献[37]针对卫星电源故障，提出采用故障树的节点式知识表示方法，并利用过程推理机制处理过程性知识和陈述性知识，同时为实现对航天器故障的诱因定位和早期预测功能，设计了故障树双向混合推理算法。由于树结构的限制，其能够处理的系统复杂度也相当有限。近年来这方面的主要研究是将故障树和其他方法相结合的集成故障诊断方法。文献[38]将故障树与模糊推理相结合用于动态系统的故障诊断；文献[39]利用粗糙集讨论了故障树方法中基本事件的排序问题；文献[40]研究了基于故障树的模糊专家系统。

基于图的诊断方法，其优点在于能够实现快速诊断，知识库很容易动态修改。概率推理或模糊推理等方法的使用可在一定程度上被用于选择规则的搜寻通道，提高诊断效率。但是，所构建的图模型是否完善，依赖于专家对系统结构功能以及故障因果关系的理解程度，虽然事件推理中可以利用定量的概率方法，但是整个图的构建多是基于专家定性知识的，知识的不完备和匮乏必然会导致模型的不完善以及推理结果的不可靠。

2. 专家系统

基于规则的方法又称产生式方法，早期的故障诊断专家系统都是基于规则的，这些规则是从专家的经验中总结出来，用来描述故障模式与故障特征征兆的关系。该方法对知识表示简单、直观、形象、方便，使用直接的知识表示和相对简单的启发式规则，诊断推理速度快；数据的存储空间相对较小；易于编程和易于开发出快速原型系统。专家系统主要由知识库、推理机、综合数据库、人机接口及解释模块等部分构成。

知识库和推理机是专家系统的核心，传统专家系统中专家知识常用确定性的if-then 规则表示。文献[41]最早利用专家系统对沸水反应器的故障进行了诊断。文献[42]通过对系统设备监测信息及任务流程的故障特征分析、系统故障树的建立与分析，利用产生式的知识表示方式，建立了遥感卫星接收系统故障诊断专家系统的知识库。文献[43]研究了基于任务框架建立知识专家系统的方法。文献[44]将专家系统应用于搅拌过程的故障诊断，所提出的方法首先判断故障是由误操作、系统干扰还是设备故障引起的，然后利用专家系统给出将过程修复到正常状态的方案。

通常专家知识具有不确定性。模糊专家系统在专家知识的表示中引入了模糊隶属度的概念，并利用模糊逻辑进行推理，能够很好地处理专家知识中的不确定性。文献[45]将语言表达中的模糊性利用模糊集合进行描述，并将语言条件关系转化为模糊集合之间的模糊关系，建立了对核电厂蒸汽泄漏故障进行早期检测的模糊专家系统。文献[46]将模糊专家系统用于坐式摩托车发动机的故障诊断。

模糊理论善于描述由于不精确所引起的不确定性，证据理论则能够描述由于不知道所引起的不确定性。Yang 等在综合模糊理论、证据理论和决策理论的基础上提出了基于置信规则库的证据推理专家系统方法[47,48]。置信规则库是在传统规则库中 if-then 规则的基础上加入了置信度的概念，从而能够表示具有不确定性的各类数据之间复杂的因果关系。置信规则库中大量参数需要专家根据经验给出，针对规则较多时专家难以给出最优参数值的问题，文献[49]提出了对依据专家经验给出的初始置信规则库中的参数进行优化的方法。文献[50]基于文献[49]中的方法建立了能够对石油管线漏油故障进行检测和估计的置信规则库专家系统。

基于专家系统的故障诊断方法能够利用专家丰富的经验知识，无须对系统进行数学建模并且诊断结果易于理解，因此得到了广泛应用。但是，这类方法也存在不足，主要表现在：首先，知识的获取比较困难，这成为专家系统开发中的主要瓶颈；其次，诊断的准确程度依赖于知识库中专家经验的丰富程度和知识水平的高低；最后，当规则较多时，推理过程中存在匹配冲突、组合爆炸等问题，使推理速度较慢、效率低下。

3. 定性仿真

定性仿真（qualitative simulation）是获得系统定性行为描述的一种方法，定性仿真得到的系统在正常和各种故障情况下的定性行为描述可以作为系统知识用于故障诊断。基于定性微分方程约束的定性仿真方法是定性仿真中研究最为成熟的方法之一。这种方法首先将系统描述成一个代表物理参数的符号集合以及反映这些物理参数之间相互关系的约束方程集合，然后从系统的初始状态出发，生成各种可能的后继状态，并用约束方程过滤那些不合理的状态，重复此过程直到没有新的状态出现。定性仿真的最大特点是能够对系统的动态行为进行推理。文献[51]最早提出了基于定性仿真的时变连续物理设备的多故障诊断方法。文献[52]利用定性仿真设计了能够对故障进行检测和分离的定性滤波器。文献[53]通过在定性仿真中加入定量信息，提出了综合利用系统定性和定量知识的故障诊断方法。文献[54]对两种基于定性仿真的在线监控系统进行分析比较。文献[55]将定性仿真方法用于锅炉设备的过程监控和故障诊断。

1.2.2　基于解析模型的方法

基于解析模型的故障诊断方法又包括状态估计（state estimation）方法、参数估计（parameter estimation）方法和等价空间（parity space）方法。

1. 状态估计

基于状态估计的故障诊断方法利用系统精确的数学模型和可观测输入输出量构

造能反映系统中潜在故障的残差信号，然后基于对残差信号的分析进行故障诊断。残差是系统的期望行为与实际运行模式之间不一致性的一种反映，这种不一致被认为是由于系统中的故障引起的。在系统正常运行时，所构造的残差近似为零，当系统发生故障时，残差会显著偏离零点，据此进行故障诊断[22]。基于状态估计的方法主要包括滤波器方法和观测器方法。Mehra 等最早在故障诊断中利用卡尔曼滤波对系统状态进行估计[19]。文献[56]对所有故障模式同时进行卡尔曼滤波，基于滤波器产生的新息序列构造似然比，然后通过多元假设检验进行故障诊断。文献[57]对具有不确定性的非线性系统设计了对不确定性鲁棒的同时对故障敏感的状态估计滤波器。文献[58]提出了基于奉献观测器的故障诊断方法，即设计一组对所有扰动和特定故障解耦，而对其他故障敏感的观测器，然后通过恰当的设计分组和判断逻辑进行故障的检测和分离。文献[59]利用在线近似方法研究了非线性系统的鲁棒观测器设计。文献[60]在文献[59]的基础上，通过引入自适应法则和滑模观测器减少了故障的检测时间。文献[61]研究了非线性系统故障诊断的模糊观测器方法。虽然基于状态估计的故障诊断方法起步早、成果多，但依然是近年来的研究热点。文献[62]针对采样数据系统提出了故障检测和分离的频域方法；文献[63]研究了线性离散周期系统的最优故障检测器设计方法；文献[64]针对具有未知输入的混杂系统提出了鲁棒混杂观测器的设计方法；文献[65]利用信息融合技术对多传感器数据进行融合，从而提高了状态估计的精度；文献[66]研究了具有多步时延和未知输入的网络化系统的故障检测问题。

2. 参数估计

基于参数估计的故障诊断认为故障会引起系统过程参数的变化，而过程参数的变化会进一步导致模型参数的变化，因此可以通过检测模型中的参数变化来进行故障诊断。文献[67]在核电厂故障诊断中最早提出了基于参数估计的方法。文献[68]利用扩展卡尔曼滤波器对非线性系统状态和故障参数进行在线估计，然后通过将参数估计值与正常条件下的阈值相比较进行故障诊断。针对扩展卡尔曼滤波器对时变参数跟踪性能较差的缺点，文献[69]提出了基于强跟踪滤波器的非线性系统参数偏差型故障的实时检测和诊断方法。文献[70]给出了文献[69]中非线性系统状态和故障参数联合估计问题的偏差分离估计算法。文献[71]将基于自适应卡尔曼滤波器的参数估计方法用于感应电机定子的故障诊断。文献[72]提出了基于极大似然参数估计的感应电机故障诊断方法。此外，还有一些将参数估计与其他方法相结合的诊断方法。文献[73]提出了将参数估计方法与观测器方法相结合的诊断算法。文献[74]提出了基于参数估计和神经网络的方法。文献[75]提出了将参数估计与等价空间和支持向量机相结合的方法。

3．等价空间

基于等价空间的故障诊断方法利用系统的解析数学模型建立系统输入输出变量之间的等价数学关系，这种关系反映了输出变量之间静态的直接冗余和输入输出变量之间动态的解析冗余，然后通过检验实际系统的输入输出值是否满足该等价关系，达到检测和分离故障的目的。文献[76]最早给出了由系统的动态空间描述得到这种等价关系的方法。在传统等价空间方法中，选择低阶的等价向量意味着在线实现较为简单，但是性能较差，而选择高阶的等价向量虽然性能较好，但需要较大的计算量，而且容易导致错误的诊断结果。针对传统等价空间方法的不足，文献[77]通过对残差信号进行稳态小波变换，提出了一种在线实现简单并且具有满意的误检测率和合适的响应速度的等价空间方法。文献[78]考虑了系统输入输出非均匀采样的情况，分别给出了适用于小采样间隔和大采样间隔的等价空间方法，并使残差对干扰的敏感度最低。以上研究都局限于线性动态系统，文献[79]基于线性矩阵不等式研究了用模糊模型描述的非线性系统的等价空间方法。文献[80]将等价空间方法用于核电厂蒸汽发动机故障的检测。

基于解析模型的故障诊断利用了对系统内部的深层认识，具有很好的诊断效果，但是这类方法依赖于被诊断对象精确的数学模型，而实际中对象精确的数学模型往往难以建立，此时基于解析模型的故障诊断方法便不再适用。但是，系统在运行过程中积累起来了大量的运行数据，因此需要研究基于过程数据的故障诊断方法。

1.2.3　数据驱动的方法

数据驱动的故障诊断方法就是通过对过程运行数据进行分析处理的基础上，在无须或无法知道系统精确解析模型的情况下，完成对对象的故障诊断。常用的方法有机器学习、多元统计分析、信号处理、信息融合和粗糙集等。

1．机器学习[81,82]

基于机器学习的故障诊断方法的基本思路是，利用对象在正常和各种故障情况下的历史数据，训练神经网络等机器学习算法用于故障诊断。神经网络是在微观结构上有效地模拟了人的认知能力[83]，它是以连接结构为基础，通过模拟人类大脑结构的形象思维来解决实际问题，其知识处理所模拟的是人的经验思维机制，决策时依据的是经验，而不是规则。

神经网络用于工程系统或设备故障诊断与安全评估是近几十年来迅速发展起来的一个新的研究领域。由于神经网络具有并行分布式处理、联想记忆、自组织及自学习能力和极强的非线性映射等特性，能对复杂信息进行识别处理并给予有效分类，所以可用于对由故障引起的对象状态变化进行识别和判断，从而为故障诊断与对象监控提供新的技术和手段。文献[84]将神经网络用于边坡安全预测与评估中，网络输入是定量的特征参数信息，输出是边坡安全性的评价信息，即边坡安全状态或安全系数的估计值；文献[85]、[86]利用神经网络对边坡安全性预测是用研究程度较高的边坡地段作为已知样本对网络进行训练，直到网络掌握数据间的非线性映射关系，然后用该地区其他安全性未知的地段作为预测样本，输入已经学习好的网络，通过网络的联想记忆功能直接预测安全性。

这种方法也存在不足之处，如故障诊断和安全评估问题的解决要依赖于神经网络结构的选择，而训练过度或不足、较慢的收敛速度等原因都可能影响诊断的效果；定性的或是语言化的信息不仅无法在神经网络中直接使用或嵌入，而且难以用训练好的神经网络的输入输出映射关系来解释实际意义的系统安全性预测与评估的判据与规则[87]。总之，由于机器学习算法是以获得对象在故障情况下的样本数据为基础，且精度与样本的完备性和代表性有很大关系，所以难以用于那些无法获得大量故障数据的工程系统。

2. 信号处理[88-90]

这类方法是通过对测量信号利用各种信号处理方法进行分析处理，提取与故障相关的信号在时域或频域的特征后，再进行故障诊断。主要包括谱分析和小波变换等方法。谱分析方法主要处理测量信号是平稳随机信号中的故障诊断问题，并得到了广泛应用。但是实际系统发生故障后的测量信号往往是非平稳的，因此，基于小波变换的故障诊断得到人们高度关注，主要有：①利用小波变换对信号进行多尺度多分辨率分析，从而提取信号在不同尺度上的特征用于故障诊断；②利用小波变换的模极大值可以检测出信号的突变，因此相应的奇异性检测可用于突发型故障的诊断。此外，还有基于小波变换与人工神经网络（Artificial Neural Network，ANN）、支持向量机、模糊逻辑等相结合的故障诊断方法。

然而，由于噪声主要表现为高频信号，所以通过小波变换做突发型故障诊断时，其对噪声的鲁棒性较差；而工程系统中发生缓变类型故障的情况下，当过程中首次出现异常情况时，首先被细尺度上的小波系数检测到；当异常情况持续发生时，较粗尺度上的小波系数也可监测到。然而当过程由异常恢复到正常时，尽管细尺度上小波系数很快监测到变化，但由于粗尺度上的尺度系数对数据变化的不敏感性，仍保持在控制限外，所以只通过分析各层小波系数来判断系统状态，会造成误报或延误的后果。

3. 多元统计分析

它是利用过程多个变量之间的相关性对过程进行故障诊断，是最常用的基于数据驱动的故障方法之一，主要有主元分析（Principal Component Analysis，PCA）和部分最小二乘（Partial Least Squares，PLS）等方法。它的改进或扩展的方法主要有动态主元分析、自适应主元分析、分块主元分析和非线性主元分析等，它们已在大型工程系统或装置、流程工业的异常监控和故障诊断中得到了应用[91,92]。

基于主元分析的异常检测方法在应用过程中，通常需要对数据进行标准化以消除量纲的影响，但是标准化后的数据可能出现各主元"分布均匀"的情况，即各主元对应载荷向量的方差贡献率近似相等，从而无法很好地建立起主元分析监控模型。为了解决这个问题，文献[93]中引入相对主元的概念，根据各观测变量所对应物理量的重要程度，先将观测数据做相对化变换，再对变换后的数据做主元分析。相对主元分析（Relative Principal Component Analysis，RPCA）可以克服多变量量纲不同引起的关键主元难以选取和所选主元的代表性不强的难题。

包括相对主元分析在内的所有主元分析的扩展方法，它们在进行异常检测时，都是在单尺度上进行的，在对故障进行检测和诊断时，均没有考虑到故障和测量信号本身所常呈现出的多尺度特性，因此，相应的检测能力也受到了影响。1998 年 Bakshi 将主元分析方法与小波变换相结合提出了多尺度主元分析（Multiscale Principal Component Analysis，MSPCA）[94]，极大地改进了传统主元分析的对异常监控和故障诊断的性能。

但是，多尺度主元分析的理论研究尚不完善，现有文献中均没有建立多尺度主元分析能够提高检测性能的理论基础。从多变量协方差阵的多尺度谱分解和谱的多尺度分解的角度着手分析多尺度主元分析的检测性能，建立多尺度主元分析的理论框架，研究多尺度框架下相应统计量 T^2 或平方预测误差（Squared Prediction Error，SPE）的分布，根据假设检验的思想确定各尺度上准确的控制限，以进一步丰富多尺度主元分析的有关理论研究；并将其与相对主元分析相结合，建立相应的多尺度相对主元分析异常检测算法等，都是值得进行深入研究的关键技术和前沿科学问题。

虽然基于主元分析等的多元统计分析方法不需要对系统的结构和原理有深入了解，且算法简单，易于实现，但它固有的模式复合效应使得其诊断出来的故障的物理意义不明确，难以解释，从而无法指明系统各变量观测异常是由哪些元部件故障引起的[95]。

4. 指定元分析 [95]

与主元分析仅从观测数据中估计故障方向的思想不同，指定元分析（Designated Component Analysis，DCA）将统计建模与物理建模相结合，根据系统运行状况预先定义一些常见的物理意义明确的变化模式，并称为指定模式；将观测数据投影到这些指定模式上，以得到指定元，依据所计算出的观测数据对各指定模式的显著性大小，判断相应故障是否发生。这不仅克服了主元分析模式复合的不足，还可以方便地进行多故障诊断。

但是，现有的指定元分析故障诊断方法均假设各指定模式是相互正交的，而大多数实际系统都难以满足该假设。建立指定元分析的空间投影框架，开展对象中包含微小和未知故障情况下的多故障诊断问题研究更具有重要的理论价值和实际应用前景。

5. 故障传播方式分析[96,97]

在包含多个紧密耦合子系统的大型工程系统中，故障的传播特性是它的显著特点之一。大型工程系统的异常状态通常并非常能在发生故障处被检测出来，而且由它可能会导致其他子系统或装置的故障，因此称这种行为故障传播。如果一个故障沿紧密耦合的子系统传播，并由此引起相应子系统中多个变量的大幅波动，则常将引发系统级扰动。因此可分析其前后子系统间故障的因果关系，研究故障沿子系统的传播方式，确定故障传播关系矩阵，并预测前一子系统故障对后一子系统的影响程度。这些问题的解决，一方面可追溯引发系统级扰动的故障根源，另一方面可找出对后一子系统有显著影响的故障以对其做有针对性的重点监控。因此，具有重要的理论价值和实际应用前景。

已有的故障传播研究多是基于定性因果模型的，其故障传递概率矩阵的确定包含大量人为因素，且无法避免基于知识方法所固有的知识爆炸问题。基于人工神经网络的故障传播方法因需要大量故障样本数据，从而限制了其实用性。主元分析/部分最小二乘等完全定量的数据驱动方法只需正常样本数据建立统计模型，但是部分最小二乘所揭示的故障模式的物理意义不明确甚至没有物理意义，因此部分最小二乘很少用于故障传播研究。指定元分析可视为一种知识导引的多变量信息提取工具，能明确地解释所诊断出的故障模式的物理意义。因此开展基于指定元分析的故障传播研究，对于追溯大型工程系统中故障的根源、故障监控优先级的确定等问题都具有明显的意义和价值。

在分析上述各类故障诊断方法的同时，我们会发现其中存在一个不可回避的共性问题：随着工程系统日趋大型化和复杂化，针对具有多种属性的被检测或识别目标在常受多种不确定因素干扰的情况下，使用多种传感器协同完成共同的检测任务便是必然的选择[17]。

1.3　基于信息融合的故障诊断与决策方法

多源信息融合理论就是要将各种途径、不同时空域上获取的多类互补和冗余信息作为一个整体，综合利用各种不确定性信息处理方法对它们进行处理，得到一个比单一信息源或方法更优、更准确的结果，从而获得被测对象的一致性解释或描述[98-100]。实际上，故障诊断就可以看作信息融合中基于模式分类的决策问题。所以，故障特征的表示及故障决策中的不确定性，都可以用信息融合框架下的各类不确定性理论或方法加以描述、分析、综合与推理，其中常用的有 Dempster-Shafer 证据理论、贝叶斯（Bayes）理论，以及人工智能中的模糊集理论、神经网络和条件事件代数等[98-112]。这里主要对其中的基于模糊集理论、神经网络和 Dempster-Shafer 证据理论的信息融合方法进行简要介绍和对比分析。

1. 基于模糊集理论的智能融合方法

由于系统行状态的多变性与复杂性，各故障模态间的界限往往不清晰，并且对某些特征信号的描述也常存在不确定性，故障与特征的关系往往也是模糊的。由于此类问题利用模糊隶属度、模糊运算、模糊规则及推理能够得到较好解决，所以产生了模糊故障诊断方法。例如，文献[106]给出一种多级模糊系统实现了线控制动器电路的诊断。该系统利用模糊规则描述模糊故障特征集与故障集之间的对应关系，并经模糊推理实现故障检测和各级硬故障的定位。文献[107]给出了一种容差模拟电路的模糊软故障字典法。首先建立基于屏蔽原理的故障字典，并构造故障阈值函数，从而实现故障检测；然后应用网络分析与模糊集，建立一种故障隶属函数，据此进行容差电路的故障定位。该法有效降低了故障与容差间的模糊性，提高了软故障定位的准确率。

可见，模糊集方法是处理模糊故障信息的强有力工具，如果将其与决策级融合的思想相结合，则可以生成模糊智能融合方法，从而大大降低单源信息诊断的不确定性。其中，较为经典的有基于模糊变换的方法和基于模糊积分的方法[108,109]。前者首先确定故障模式集合 A，以及信息源集合 B，A 和 B 的关系矩阵为 $R_{A \times B}$。信息源（传感器）对各故障模式的判断用定义在 A 上的隶属度函数表示，则 $R_{A \times B}$ 中的元素 μ_{ij} 即为信息源 i 推断出现故障 j 的隶属程度。若 X 表示各传感器判断的可信性权重向量，由 $Y=X \times R_{A \times B}$ 进行模糊变换，则可得到融合后的诊断结果 $Y=(y_1, y_2, \cdots, y_n)$，即各故障决策的可信性向量，根据判定准则就可以用 Y 定位故障。文献[108]利用该方法实现了一类弱信号放大电路的硬故障诊断，融合系统有效提高了故障定位的准确率。第二种方法是利用模糊积分实现对各信息源诊断结果的融合，融合中强调了各局部诊断结果在决策中的主观重要度，该权重由模糊密度表示。文献[109]将该方法用于滤波器电路硬、软故障的诊断，先用神经网络分类器分别获得基于各类电量信息的局部诊断结果，然后用模糊积分进行融合决策，有效消减了元件容差对诊断准确性的影响。

模糊智能融合方法虽然有计算简单、结论明确直观等优势，但对于轨道电路等复杂设备单、并发故障同时存在的情况，多种故障对应的特征信息通常具有较强的关联性和相似性，加之受到人为主观因素影响，此时准确构造"方法一"中的隶属度函数较为困难；"方法二"中在选择各信息源的权重时也易受人为主观因素的影响，所以这些因素都必将影响两种方法对单、并发故障诊断的准确性。此外，这些方法都是在各个独立时段给出的融合诊断结果，未能实现不同时段诊断结果的比较与动态融合。这些因素都决定了该类方法较难全面解决轨道电路故障诊断中的几个关键问题。但是，将模糊集理论作为一种处理模糊信息的有效方法，将其引入故障诊断领域已是一种符合事物本质的必然趋势。

2. 基于神经网络的智能融合方法

从故障诊断原理可知，诊断过程即为从故障特征空间到故障模式空间的非线性映射过程。通常这种映射是多对多的映射关系，即同一故障可以表现出多种特征，同一特征可能由不同故障引起，所以诊断过程就是一个多特征信息的融合识别过程，并且该过程难以用明确的数学模型来描述。神经网络以其具有并行处理、自组织、自学习和极强的非线性映射等能力，能够很好地实现基于多故障特征的融合识别。

特别是它对输入的容错能力能在一定程度上克服容差不确定性的影响，且模拟电路的非线性也能利用神经网络的非线性映射能力加以解决。

神经网络智能融合方法的基本思路是，将故障特征集中的各种特征作为网络输入，利用非线性映射能力对网路输入的各种特征信息进行融合识别，最终由输出层输出识别结果，即各故障发生的可能性度量，然后再依据判定准则定位故障。文献[110]基于该思想，给出一种 BP 神经网络智能融合方法，用于一类典型容差电路故障的定位。另外一类方法是将模糊集和神经网络相结合，首先分别给出每个信息源所提供的故障特征信息对各类故障的隶属度值，然后将这些故障隶属度值矢量作为神经网络的输入，网络输出即为融合后各类故障的隶属度值向量，最后利用相关判定规则实现故障决策。文献[111]中利用该方法诊断一类弱信号放大电路的故障，并将其与基于模糊变换的融合方法相比较，说明由于信息源可信性权重受主观因素的影响，在故障判定准则要求提高的情况下，神经网络方法具有更好的故障识别效果。

神经网络方法的不足之处也在于：单、并发故障特征的关联性和相似性，会引起多种故障的特征训练样本集之间存在一些相同部分，从而容易造成类间边界区的误分类问题[105,113]；对于轨道电路这种规模较大的电路，神经网络的输入、输出节点较多，这会导致训练时间过长等问题[113]。此外，这类方法与模糊智能融合方法类似，也不具有对不同时段诊断结果进行比较与动态融合的能力，这些原因都说明神经网络方法也不能全面地解决复杂工程系统故障诊断中的诸多问题。

3. 基于证据理论的综合性决策融合方法

一般情况下，由于设备故障状态并非清晰，表征故障的特征信息也常受到元件容差、测量噪声等干扰，从而这些信息会表现出不完备、不准确甚至不一致性。此时，若某些可能的故障产生一些特征（征兆），则每个特征下各种故障都会有一定的发生概率。在证据理论中，可以用论域（辨识框架）中的元素建模可能发生的故障命题（模式）；用基本信度赋值（Basic Belief Assignment，BBA）表示故障特征对论域中元素和子集发生的概率支持度（称为证据或证据体），即用其可以对论域幂集上的所有元素提供决策支持[99,100]。这样就考虑了所有可能的故障命题假设，利用基本信度赋值不仅可以自然、灵活地描述决策的不确定性，还可以用赋予整个论域的基本信度赋值度量"完全未知性"。当从不同故障特征得到多个局部证据时，就可以利用证据组合规则对它们进行融合，从而得到多源故障特征对各种故障命题的一致性诊断结果，即融合后得到的基本信度赋值，最后根据一定的判定准则确定所发生的故障。

在基于证据理论的决策融合方法中，从各信息源获取局部诊断证据的过程通常是通过模糊集方法、神经网络等来实现的。文献[114]将证据理论和神经网络相结合，给出一种轨道电路补偿电容故障诊断的方法，它是先把从列车车轮短路电流中提取的特征量作为输入，经神经网络分类器后得到每个补偿电容发生故障的诊断证据；

然后利用经 Dempster 证据组合规则融合后的结果定位补偿电容的硬、软故障，并通过试验说明该方法的故障定位准确率优于传统的故障树方法。文献[112]将证据理论和模糊集理论相结合，用于典型模拟电子线路的故障诊断。书中用隶属度函数描述被诊断元件的故障特征，并给出基于该隶属度的诊断证据求取方法。经证据融合后的诊断效果表明了多源特征融合的优越性。

从以上对智能融合方法的分析可以看出，基于证据理论的方法，通过"证据的融合"实现了多种智能方法的综合。神经网络及模糊等智能方法用于提取故障特征并给出局部诊断证据，在决策层使用证据组合规则融合证据，从而可以得到比局部证据更优、更一致的结果。

1.4　证据理论的最新进展为融合诊断技术提供推动力

基于证据理论的信息融合故障诊断方法通常由以下三部分构成：①构造故障辨识框架，标记为Θ，即故障集合，其中包含了所有需要辨识的故障模式或假设。不同的假设类型可以解决不同的故障诊断问题。如果我们仅关心系统是否正常，那么建立的辨识框架包含两个假设$\Theta=\{F_0, F\}$，其中 F_0 表示设备正常，F 表示设备异常，在此框架下就可以解决故障检测问题；如果我们想定位故障发生的位置，或确定发生的具体故障类型，可定义辨识框架为$\Theta=\{F_0, F_1, \cdots, F_N\}$，其中 $F_1, \cdots, F_N$ 分别代表 N 种不同的故障模式或 N 个不同的故障发生位置，那么在此框架下可以解决故障定位问题；如果要分析故障 A 发生的程度，则可以定义相应的辨识框架$\Theta=\{SL(slight), M(moderate), SE(severe)\}$，其中 SL、M 和 SE 分别代表故障 A 发生的程度：轻微、中等和严重，从而解决故障识别问题。②获取诊断证据。诊断证据被表示成基本信度赋值（BBA）的形式，它表示在线所获取的故障信息对于每个故障模式或者假设，以及组成的子集的支持程度/信度，那么信度最大的那个故障命题最可能发生。目前有许多方法可以在不同的应用背景下从传感器监测数据或专家知识中提取出诊断证据，主要包括模糊匹配[115]、神经网络[114]、决策树[3]、专家系统和遗传算法[116]等方法。③选取适当的组合规则融合这些来自不同信源的基本信度赋值，并根据融合结果做出诊断决策。当然，除了 Dempster 组合规则，其他的一些改进型组合规则也被提出，用于处理冲突性、相关性诊断证据的融合[117,118]。

尽管基于证据理论中的信息融合方法在实际的故障诊断与决策中得到了广泛应用，但是原有基于证据理论的融合诊断机制中还存在一些不可回避的问题，这里首先对这些问题进行简要讨论，并且作者力图用证据理论的最新的研究方法来解决这些问题，具体的解决方法会在随后的章节中呈现。

（1）传统证据理论中的诊断证据以基本信度函数的形式呈现，但是其只能提供"单值"形式的信度，这种描述不确定信度的形式较为简单，若用于生成诊断证据所用诊断信息具有较大的不确定性和不完整性，则易导致单值形式可能扭曲原始诊断信息的真实含义，使得给出的信度赋值不准确，或不能正确反映可能发生的故障模式[119]。区间值信度函数理论作为 Dempster-Shafer 证据理论的一种扩展，以其在不确定信息的量化描述、融合与推理方面的显著优势，在信息融合领域内引起了广泛的关注[120-122]。该理论中取值为区间的信度函数（Interval-valued Belief Structures，IBS），即区间证据，能够用来描述某信息源对辨识框架中单个故障的支持信度或对故障子集的支持信度。与取值为单点的基本信度赋值相比，区间形式的信度表示方式对不确定性的描述更为全面，也更符合人的常性思维和主观理解[120]。同时，该理论中也提供了相应的区间值信度函数的组合规则，可将多个特征参数提供的区间信度进行融合，利用融合结果就有望给出更为客观的诊断结果。文献[119]也首先将其应用于机电设备的故障诊断当中，取得了比传统点值信度函数融合更为准确的诊断结果。

（2）Dempster 及其改进的证据组合机制本质上只能实现"对称的"和"静态的"融合[123,124]，即它们通常适用于融合同一时刻（或时段）获取的多个诊断证据。这些证据从不同角度描述设备在该时刻的运行状态，所以它们是对称的；同时，该时刻多个诊断证据的融合与其他时刻的诊断证据的融合是无关的，所以这种融合是静态的。而实际中设备运行状态是随时间变化的，则其相应的诊断证据也是动态变化的，那么基于在线故障信息的融合决策应该是一个连续的动态过程。为了获取更为可靠的决策结果，就需要考虑将历史诊断证据与当前时刻诊断证据进行动态融合，以期获取对当前时刻设备状态更为全面的判断。这也符合实际现场故障专家通过历史与当前信息的比对与分析做出诊断的一般性常理。显然，在此过程中用到的历史（老）证据与当前（新）证据之间是不对称的，所以原有处理对称型证据融合的规则不再适用。此时，可以将诊断中可用的信息分为两部分：一是当前时刻获取的诊断证据，其描述当前设备的运行状况；二是历史证据，即从先前时刻获取的证据中提取出的诊断知识。一般来说，后者相对于前者包含更为全面的设备运行规律性信息，而前者又反映了设备的最新状况。所以，根据人的推理常识，应该引入更新过程，即利用当前证据对历史诊断证据进行更新（修正），那么根据所得更新结果进行的故障决策要比任何一部分单独给出的决策更为全面和可靠。实际上，证据的更新过程可以理解为一种动态的融合，区别于静态融合，当前证据和历史证据在融合中的作用不是对称的，所以就需要定义和研究不同于 Dempster 组合规则的更新规则，解决故障诊断中的动态证据融合问题[125-127]。

（3）确诊率和误报率是评价诊断算法好坏与否的一般性指标[114]。但是，这种"硬"指标只关心诊断"正确（对所发生故障模式的信度为 1）"或者"错误（对所发生故障模式的信度为 0）"。但是，由于不确定性的存在，诊断证据及其融合结果提供的对故障命题及命题子集的支持信度往往是 0～1 的值，所以在证据理论的框架下，这种"硬"指标难以度量信度赋值接近设备真实故障的程度。尤其是在需要综合考虑

"对称型"和"不对称型"融合过程的时候，更需要设计适用于不确定性故障信度形式的新指标，度量诊断证据静态与动态融合的性能。进一步，可以基于该指标对融合过程中的相关参数进行训练，优化融合系统性能。但是，目前多数已有研究都集中在给出功能各异的融合诊断算法，鲜有考虑如何给出"软"指标来评价融合结果的性能，特别是动态融合时，不仅要考虑动态更新结果收敛于真实状态的程度，还要考虑收敛的速度。只有给出了合理的性能指标，才能对各种融合算法进行全面的评价，进一步才能根据性能要求，对算法中的相关参数（如描述诊断证据可靠性的折扣系数等）进行优化，提升算法的收敛程度和速度。

（4）证据理论中还给出了证据折扣方法，通过设置证据折扣因子来描述传感器或其提供证据的可靠性或重要性[128,129]。但是证据的可靠性和重要性具有不同的物理意义，而已有的折扣方法并未将两个概念加以区分[130]。此外，折扣证据所得到的剩余信度被赋给"完全未知"，即整个辨识框架（所讨论命题的全集），这人为增加了单个证据的非精确性，并从本质上改变了原有证据的概率特征，即特异性（specificity），从而导致经 Dempster 规则融合得到的证据的非精确性不仅人为地放大并且失真了。新近被提出的证据推理（Evidence Reasoning，ER）规则，明确地区分了证据可靠性和重要性的概念，此外，基于正交和定理给出的证据推理规则，是一个严格的概率推理过程，在每个证据都完全可靠的情况下，Dempster 规则成为它的一种特殊情况[130]。证据推理理论与方法，为证据的精细化描述与融合结果优化提供了可行的研究思路，这方面的研究将有望推动证据理论的理论革新，解决传统贝叶斯理论未能解决的复杂不确定性决策与信息可用性评估问题。

以上从四个方面指出了传统的证据理论在融合诊断决策中所遇到的问题，这些问题在实际中有时单一出现，更多时候是同时出现的，并且各个问题之间紧密联系并相互影响，所以如何利用区间值信度函数理论、证据更新以及证据推理中的新思路和新方法全面解决这些问题是本书写作的初衷。在随后的各个章节中，以典型旋转机械、电子电路系统，以及流程工业中出现的故障检测、故障定位与识别案例为背景，深入剖析了以上信息融合故障诊断中出现的新问题，以及相应的解决办法。以期为广大致力于相关问题研究的学者和工程人员提供新的思路与方法。

参 考 文 献

[1] Ding S X. 基于模型的故障诊断技术. 郁军, 张永详, 张献, 译. 北京: 电子工业出版社, 2016.

[2] 张金玉, 张炜. 装备智能故障诊断与预测. 北京: 国防工业出版社, 2013.

[3] 周东华, 叶银忠. 现代故障诊断与容错控制. 北京: 清华大学出版社, 2000.

[4] 文成林, 徐晓滨. 多源不确定信息融合理论及应用——故障诊断与可靠性评估. 北京: 科学出版社, 2012.

[5] 夏丙铎. 边坡稳定性评估中的不确定性信息处理方法[硕士学位论文]. 杭州: 杭州电子科技大学, 2011.

[6] 王玉成. 冲突证据的相似性度量方法及其在信息融合故障诊断中的应用[硕士学位论文]. 杭州: 杭州电子科技大学, 2011.

[7] Xu J X, Dong W, Ji Y D, et al. Frequency-dependent model for rail in track circuit. The 23th China Process Control Conference, Xiamen, 2012.

[8] Xu X B, Zhou D H, Ji Y D, et al. Approximating probability distribution of circuit performance function for parametric yield estimation fusion using transferable belief model. Science in China Series F-Information Science, 2013, 56(11): 1-19.

[9] 国家中长期科学和技术发展规划纲要(2006—2020 年). http: //www. gov.cn/jrzg/2006-02/09/content_ 183787. htm[2006-02-09].

[10] Chen M Z, Zhou D H, Liu G P. A new particle predictor for fault prediction of nonlinear time-varying systems. Developments in Chemical Engineering and Mineral Processing, 2005, 13(3-4): 379-388.

[11] Dindarloo S. Reliability forecasting of a load-haul-dump machine: a comparative study of ARIMA and neural networks. Quality & Reliability Engineering, 2015, 32(4): 1545-1552.

[12] Wang M H, Hung C P. Novel grey model for the prediction of trend of dissolved gases in oiled power apparatus. Electric Power Systems Research, 2003, 67(1): 53-58.

[13] Zhang Q, Liu F, Wan X, et al. An adaptive support vector regression machine for the state prognosis of mechanical systems. Shock & Vibration, 2015: 1-8.

[14] Wang W Q, Golnaraghi M F, Ismail F. Prognosis of machine health condition using neuro-fuzzy systems. Mechanical Systems and Signal Processing, 2004, 18(4): 813-831.

[15] Si X S, Hu C H, Yang J B, et al. On the dynamic evidential reasoning algorithm for fault prediction. Expert Systems with Applications, 2011, 38(5): 5061-5080.

[16] Tran V T, Yang B S, Oh M S, et al. Machine condition prognosis based on regression trees and one-step-ahead prediction. Mechanical Systems and Signal Processing, 2008, 22(5): 1179-1193.

[17] 王成红. 我国自动化领域目前研究的一些热点问题. 自动化学报, 2002, 28(S): 165-170.

[18] Beard R V. Failure Accommodation in Linear Systems Through Self-reorganization. Cambridge: MIT, 1971.

[19] Mehra R K, Reschon J. An innovation approach to fault detection and diagnosis in dynamics. Automatica, 1971, 7(5): 637-640.

[20] Willsky A S. A survey of design methods for failure detection in dynamic systems. Automatica, 1976, 12(6): 601-611.

[21] Himmelblau D M. Fault Detection and Diagnosis in Chemical and Petrochemical Process. Amsterdam: Elsevier Press, 1978.

[22] Frank P M. Fault diagnosis in dynamics systems using analytical and knowledge-based redundancy: a survey and some new results. Automatica, 1990, 26(3): 459-474.

[23] Frank P M, Ding S X. Survey of robust residual generation and evaluation methods in observer-based fault detection systems. Journal of Process Control, 1997, 7(6): 403-424.

[24] Patton R J, Frank P M, Clark R N. Issues of Fault Diagnosis for Dynamic Systems. London: Springer-Verlag, 2000.

[25] 周东华, 孙优贤. 控制系统的故障检测与诊断技术. 北京: 清华大学出版社, 1994.

[26] Venkatasubramanian V, Rengaswamy R, Yin K , et al. A review of process fault detection and diagnosis part I: quantitative model-based methods. Computer and Chemical Engineering, 2003, 27(3): 293-311.

[27] Venkatasubramanian V, Rengaswamy R, Kavuri S N. A review of process fault detection and diagnosis part II: qualitative models and search strategies. Computer and Chemical Engineering, 2003, 27(3): 313-326.

[28] Venkatasubramanian V, Rengaswamy R, Kavuri S N, et al. A review of process fault detection and diagnosis part III: process history based methods. Computer and Chemical Engineering, 2003, 27(3): 327-346.

[29] 周东华, 李钢, 李元. 数据驱动的工业过程故障诊断技术. 北京: 科学出版社, 2011.

[30] Iri M, Aoki K, O'shima E, et al. An algorithm for diagnosis of system failures in the chemical process. Computers and Chemical Engineering, 1979, 3(1-4): 489-493.

[31] Song Q, Xu M, Wang R. Fault diagnosis approach based on fuzzy probabilistic SDG model and Bayesian inference. IEEE Circuits and Systems International Conference on Testing and Diagnosis, 2009: 1-6.

[32] 彭昭, 王文辉, 周东华. 一类混杂系统传感器与执行器故障的半定性诊断方法. 第五届全球智能控制与自动化大会会议论文集, 2004: 1771-1774.

[33] Yu C C, Lee C. Fault diagnosis based on qualitative/quantitative process knowledge. AIChE Journal, 1991, 37(4): 617-628.

[34] Yang F, Xiao D Y. Model and fault inference with the framework of probabilistic SDG. The 9th International Conference on Control, Automation, Robotics and Vision, Piscataway, 2006: 1-6.

[35] Tarifa E E, Scenna N J. Methodology for fault diagnosis in large chemical processes and an application to a multistage flash desalination process: part II. Reliability Engineering and System Safety, 1998, 60(1): 41-51.

[36] 邢晓辰, 蔡远文, 程龙, 等. 基于故障树的目标航天器在轨故障定位. 兵工自动化, 2013(10): 71-75.

[37] 刘帆, 张玉锋, 李明, 等. 基于航天器故障树的过程性诊断方法研究. 飞行器测控学报, 2010, 29(1): 12-16.

[38] Chang S Y, Lin C R, Chang C T. A fuzzy diagnosis approach using dynamic fault trees.

Chemical Engineering Science, 2002, 57(15): 2971-2985.

[39] Khoo L P, Tor S B, Li J R. A rough set approach to the ordering of basic events in a fault tree for fault diagnosis. International Journal of Advanced Manufacturing Technology, 2001, 17(10): 769-774.

[40] Dokas I M, Karras D A, Panagiotakopoulos D C. Fault tree analysis and fuzzy expert systems: early warning and emergency response of landfill operations. Environmental Modelling and Software, 2008, 24(1): 8-25.

[41] Bergman S, Åström K J, Johan K. Fault detection in boiling water reactors by noise analysis. Proceedings of the 5th Power Plant Dynamics, Control and Testing Symposium, Knoxville, 1983: 1-20.

[42] 扈猛, 王万玉, 陶孙杰, 等. 遥感卫星接收系统故障诊断专家系统知识库设计. 现代电子技术, 2016(3): 104-108.

[43] Ramesh T S, Davis J F, Schwenzer G M. Knowledge-based diagnostic systems for continuous process operations based upon the task framework. Computers and Chemical Engineering, 1992, 16(2): 109-127.

[44] Rich S H, Venkatasubramanian V, Nasrallah M, et al. Development of a diagnostic expert system for a whipped toppings process. Journal of Loss Prevention in the Process Industries, 1989, 2(3): 145-154.

[45] Sutton R, Parkins M J. Early detection of steam leaks in nuclear plant. International Conference on Control, London, 1991: 75-80.

[46] Wu J D, Wang Y H, Bai M R. Development of an expert system for fault diagnosis in scooter engine platform using fuzzy-logic inference. Expert Systems with Applications, 2007, 33(4): 1063-1075.

[47] Yang J B, Liu J, Wang J, et al. Belief rule-base inference methodology using the evidential reasoning approach-RIMER. IEEE Transactions on Systems, Man, and Cybernetics Part A: Systems and Humans, 2006, 36(2): 266-285.

[48] Yang J B, Wang Y M, Xu D L, et al. The evidential reasoning approach for MADA under both probabilistic and fuzzy uncertainties. European Journal of Operational Research, 2006, 171(1): 309-343.

[49] Yang J B, Liu J, Xu D L, et al. Optimal learning method for training belief rule based systems. IEEE Transactions on Systems, Man, and Cybernetics Part A: Systems and Humans, 2007, 37(4): 569-585.

[50] Xu D L, Liu J, Yang J B, et al. Inference and learning methodology of belief-rule-based expert system for pipeline leak detection. Expert Systems with Applications, 2007, 32(1): 103-113.

[51] Hwee T N. Model-based multiple fault diagnosis of time-varying continuous physical devices. Proceedings of the 6th Conference on Artificial Intelligence Applications, Piscataway, 1990: 9-15.

[52] Zhuang Z, Frank P M. Qualitative observer and its application to fault detection and isolation systems. Proceedings of the Institution of Mechanical Engineers Part I: Journal of Systems and Control Engineering, 1997, 211(4): 253-262.

[53] 邵晨曦, 张俊涛, 范金锋, 等. 基于定性定量知识的故障诊断. 计算机工程, 2006, 32(6): 189-191.

[54] Vinson J M, Ungar L H. Dynamic process monitoring and fault diagnosis with qualitative models. IEEE Transactions on Systems, Man and Cybernetics, 1995, 25(1): 181-189.

[55] 王洪江, 孙保民, 田进步. 定性仿真在锅炉状态监控和故障诊断中的应用. 工程热物理学报, 2007, 28(1): 12-14.

[56] Montgomery R C, Caglayan A K. Failure accommodation in digital flight control systems by Bayesian decision theory. Journal of Aircraft, 1976, 13(2): 69-75.

[57] Watanabe K, Himmelblau D M. Instrument fault detection in systems with uncertainties. International Journal of Systems Science, 1982, 13(2): 137-158.

[58] Clark R N. The dedicated observer approach to instrument fault detection. Proceedings of the IEEE Conference on Decision and Control, NewYork, 1979: 237-241.

[59] Demetriou M A, Polycarpou M M. Incipient fault diagnosis of dynamical systems using online approximators. IEEE Transactions on Automatic Control, 1998, 43(11): 1612-1617.

[60] Li L L, Zhou D H. Fast and robust fault diagnosis for a class of nonlinear systems: detectability analysis. Computers and Chemical Engineering, 2004, 28(12): 2635-2646.

[61] Chen J, Toribio L, Patton R J. Non-linear dynamic systems fault detection and isolation using fuzzy observers. Proceedings of the Institution of Mechanical Engineers Part I: Journal of Systems and Control Engineering, 1999, 213(6): 467-476.

[62] Zhang P, Ding S X, Wang G Z, et al. A frequency domain approach to fault detection in sampled-data systems. Automatica, 2003, 39(7): 1303-1307.

[63] Zhang P, Ding S X, Wang G Z, et al. Fault detection of linear discrete-time periodic systems. IEEE Transactions on Automatic Control, 2005, 50(2): 239-244.

[64] Wang W H, Zhou D H, Li Z X. Robust state estimation and fault diagnosis for uncertain hybrid systems. Nonlinear Analysis-Theory Methods and Applications, 2006, 65(12): 2193-2215.

[65] Mosallaei M, Salahshoor K, Bayat M R. Process fault detection and diagnosis by synchronous and asynchronous decentralized Kalman filtering using state-vector fusion technique. Proceedings of 3rd International Conference on Intelligent Sensors, Sensor Networks and Information, Piscataway, 2007: 209-214.

[66] He X, Wang Z D, Ji Y D, et al. Network-based fault detection for discrete-time state-delay systems: a new measurement model. International Journal of Adaptive Control and Signal Processing, 2008, 22(5): 510-528.

[67] Upadhyaya B R, Kitamura M, Kerlin T W. Signature monitoring of nuclear power plant dynamics stochastic modeling and case studies. Proceedings of the IEEE Conference on Decision and Control, Piscataway, 1980: 121-126.

[68] Park S, Himmelblau D M. Fault detection and diagnosis via parameter estimation in lumped dynamic systems. Industrial and Engineering Chemistry, Process Design and Development, 1983, 22(3): 482-487.

[69] Zhou D H, Xi Y G, Zhang Z J. Real-time detection and diagnostics of "parameter bias" fault for nonlinear systems. Preprints of 1st IFAC/IMACs Symposium on Fault Detection, Supervision and Safety for Technical Processes, 1991: 181-186.

[70] Zhou D H, Sun Y X, Xi Y G, et al. Extension of friedland's separate-bias estimation to randomly time-varying bias of nonlinear systems. IEEE Transactions on Automatic Control, 1993, 38(8): 1270-1273.

[71] Bagheri F, Khaloozaded H, Abbaszadeh K. Stator fault detection in induction machines by parameter estimation, using adaptive Kalman filter. 2007 Mediterranean Conference on Control and Automation, Piscataway, 2007: 1-6.

[72] Blodt M, Chabert M, Regnier J, et al. Maximum-likelihood parameter estimation for current-based mechanical fault detection in induction motors. 2006 IEEE International Conference on Acoustics, Speech, and Signal Processing-Proceedings, Piscataway, 2006, 3: 269-272.

[73] Gerica E A, Huo Z, Frank P M. FDI based parameter and output estimation: an integrated approach. Proceedings of European Control Conference, 1999: 1125-1137.

[74] Wang A P, Wang H. Fault diagnosis for nonlinear systems via neural networks and parameter estimation. Proceedings of International Conference on Control and Automation, NewYork, 2005: 559-563.

[75] Luo J H, Namburu M, Pattipati K R, et al. Integrated model-based and data-driven diagnostic strategies applied to an anti-lock brake system. Proceedings of IEEE Aerospace Conference, Piscataway, 2005: 3702-3708.

[76] Chow E Y, Willsky A S. Analytical redundancy and the design of robust failure detection systems. IEEE Transactions on Automatic Control, 1984, 29(7): 603-614.

[77] Ye H, Wang G Z, Ding S X. A new parity space approach for fault detection based on stationary wavelet transform. IEEE Transactions on Automatic Control, 2004, 49(2): 281-287.

[78] Izadi I, Shah S L, Chen T W. Parity space fault detection based on irregularly sampled data. Proceedings of American Control Conference, Piscataway, 2008: 2798-2803.

[79] Nguang S K, Zhang P, Ding S X. Parity based fault estimation for nonlinear systems: an LMI approach. International Journal of Automation and Computing, 2007, 4(2): 164-168.

[80] Prock J. Mathematical modeling for a steam generator for sensor fault detection. Applied

Mathematical Modelling, 1988, 12(6): 581-592.

[81] Zhang J. Improved on-line process fault diagnosis through information fusion in multiple neural networks. Computers and Chemical Engineering, 2006, 30(3): 558-571.

[82] Dong L X, Xiao D M, Liang Y S, et al. Rough set and fuzzy wavelet neural network integrated with least square weighted fusion algorithm based fault diagnosis research for power transformers. Electric Power Systems Research, 2008, 78(1): 129-136.

[83] Hong S J, May G S. Neural-network-based sensor fusion of optical emission and mass spectroscopy data for real-time fault detection in reactive ion etching. IEEE Transactions on Industrial Electronics, 2005, 52(4): 1063-1072.

[84] 邓勇, 施文康. 条件事件代数在专家系统中的应用研究. 小型微型计算机系统, 2003, 24(2): 292-294.

[85] Caniani D, Pascale S. Neural networks and landslide susceptibility: a case study of the urban area of Potenza. Natural Hazards, 2008, 45(1): 55-72.

[86] Ermini L, Catani F, Casagli N. Artificial neural networks applied to landslide susceptibility assessment. Geomorphology, 2005, 66(1): 327-343.

[87] Lee T, Lin H, Lu Y. Assessment of highway slope failure using neural networks. Journal of Zhejiang University SCIENCE A, 2009, 10(1): 101-108.

[88] Sun Q, Tang Y. Singularity analysis using continuous wavelet transform for bearing fault diagnosis. Mechanical Systems and Signal Processing, 2002, 16(6): 1025-1041.

[89] 谭阳红, 叶佳卓. 模拟电路故障诊断的小波方法. 电子与信息学报, 2006, 28(9): 1748-1751.

[90] Parikh U B, Das B, Maheshwari R P. Combined wavelet SVM technique for fault zone detection in a series compensated transmission line. IEEE Transactions on Power Delivery, 2008, 23(4): 1789-1794.

[91] Dunia R, Qin S J. Subspace approach to multidimensional fault identification and reconstruction. AIChE Journal, 1998, 44(8): 1813-1831.

[92] Wang X, Kruger U, Irwin G W, et al. Nonlinear PCA with the local approach for diesel engine fault detection and diagnosis. IEEE Transactions on Control Systems Technology, 2008, 16(1): 122-129.

[93] 文成林, 胡静, 王天真, 等. 相对主元分析及在数据压缩和故障诊断中的应用研究. 自动化学报, 2008, 35(9): 1129-1140.

[94] Bakshi B R. Multiscale PCA with application to multivariate statistical process monitoring. AIChE Journal, 1998, 44(7): 1596-1610.

[95] 周福娜, 文成林, 汤天浩, 等. 基于指定元分析的多故障诊断方法. 自动化学报, 2009, 35(7): 971-982.

[96] 周福娜. 基于统计特征提取的多故障诊断方法及应用研究[博士学位论文]. 上海: 上海海事

大学, 2009.

[97] Fu C, Ye L, Liu Y, et al. Predictive maintenance in intelligent-control-maintenance-management system for hydroelectric generating unit. IEEE Transaction on Energy Conversion, 2004, 19(1): 179-186.

[98] 朱大奇, 刘永安. 故障诊断的信息融合方法. 控制与决策, 2007, 22(12): 1321-1328.

[99] Fan X F, Zuo M J. Fault diagnosis of machines based on D-S evidence theory part 2: application of the improved D-S evidence theory in gearbox fault diagnosis. Pattern Recognition Letter, 2006, 5(27): 377-385.

[100] 徐晓滨, 文成林, 王迎昌. 基于模糊故障特征信息的随机集度量信息融合诊断方法. 电子与信息学报, 2008, 31(7): 1635-1640.

[101] 徐晓滨, 文成林, 刘荣利. 基于随机集理论的多源信息统一表示与建模方法. 电子学报, 2008, 26(6): 1-7.

[102] Xu X B, Wen C L. Random sets: a unified framework for multisource information fusion. Journal of Electronics(China), 2009, 26(6): 723-730.

[103] 韩崇昭, 朱洪艳, 段战胜. 多源信息融合. 北京: 清华大学出版社, 2006: 90-95.

[104] 杨士元, 胡梅, 王红. 模拟电路软故障诊断的研究. 微电子学与计算机, 2008, 25(1): 1-7.

[105] 彭敏放. 容差模拟电路故障诊断屏蔽理论与信息融合方法研究[博士学位论文]. 长沙: 湖南大学, 2006: 1-7.

[106] Masrur M A, Wu H J, Mi C, et al. Fault diagnostics in power electronics based brake by wire systems. Journal of Automobile Engineering, 2008, 222(1): 1-11.

[107] 彭敏放, 何怡刚. 容差模拟电路的模糊软故障字典法诊断. 湖南大学学报, 2005, 32(1): 25-28.

[108] 朱大奇, 于盛林, 田裕鹏. 应用模糊数据融合实现电子电路的故障诊断. 小型微型计算机系统, 2002, 23(5): 632-635.

[109] 彭敏放, 何怡刚, 王耀南, 等. 模拟电路的融合智能故障诊断. 中国电机工程学报, 2006, 26(3): 19-24.

[110] 彭敏放, 沈美娥, 贺建飚, 等. 容差电路软故障检测与定位. 电工技术学报, 2009, 24(3): 222-228.

[111] 朱大奇. 航空电子设备故障诊断技术研究[博士学位论文]. 南京: 南京航空航天大学, 2002: 55-63.

[112] 朱大奇. 基于D-S证据理论的数据融合算法及其在电路故障诊断中的应用. 电子学报, 2002, 30(2): 221-223.

[113] Chen J, Roberts C, Weston P. Fault detection and diagnosis for railway track circuits using neuro-fuzzy systems. Control Engineering Practice, 2008(16): 585-596.

[114] Oukhello L, Debioless A, Denoeux T. Fault diagnosis in railway track circuits using

Dempster-Shafer classifier. Engineering Applications of Artificial Intelligence, 2010, 23(1): 117-128.

[115] Xu X, Zhou Z, Wen C. Data fusion algorithm of fault diagnosis considering sensor measurement uncertainty. International Journal on Smart Sensing and Intelligent System, 2013, 6(1): 171-190.

[116] Lardon L, Punal A, Steyer J P. On-line diagnosis and uncertainty management using evidence theory-experimental illustration to anaerobic digestion processes. Journal of Process Control, 2014, 14(7): 747-763.

[117] Basir O, Yuan X. Engine fault diagnosis based on multi-sensor information fusion using Dempster-Shafer evidence theory. Information Fusion, 2007, 8(4): 379-386.

[118] Wen C, Xu X, Li Z. Research on unified description and extension of combination rules of evidence based on random set theory. Chinese Journal of Electronics, 2008, 17(2): 279-289.

[119] Xu X, Feng H, Wen C, et al. An information fusion method of fault diagnosis based on interval basic probability assignment. Chinese Journal of Electronics, 2011, 20(2): 255-260.

[120] Wang Y M, Yang J B, Xu D L, et al. On the combination and normalization of interval-valued belief structures. Information Sciences, 2007, 177(5): 1230-1247.

[121] Xu D L. An introduction and survey of the evidential reasoning approach for multiple criteria decision analysis. Annals of Operations Research, 2012, 195(1): 163-187.

[122] Xu X B, Feng H S, Wen C L. A normalization method of interval-valued belief structures. International Journal on Information, 2012, 15(1): 239-248.

[123] Smets P. About updating. Proceedings of the Seventh Conference on Uncertainty in Artificial Intelligence, 1999: 378-385.

[124] Dubois D, Prade H. Updating with belief functions, ordinal conditional functions and possibility measures. Proceedings of the Sixth Conference on Uncertainty in Artificial Intelligence, Cambridge, 1990: 311-330.

[125] 宋晓静. 基于证据理论的工业报警器设计方法研究[博士学位论文]. 杭州: 杭州电子科技大学, 2012.

[126] 史健. 基于证据理论的动态融合方法研究[硕士学位论文]. 杭州: 杭州电子科技大学, 2012.

[127] 王玉成. 冲突证据的相似性度量方法及其在信息融合故障诊断中的应用[硕士学位论文]. 杭州: 杭州电子科技大学, 2011.

[128] 徐晓滨, 王玉成, 文成林. 基于诊断证据可靠性评估的信息融合故障诊断方法. 控制理论与应用, 2011, 28(4): 504-510.

[129] Shafer G. A Mathematical Theory of Evidence. Princeton: Princeton University Press, 1976.

[130] Yang J B, Xu D L. Evidence reasoning rule for evidence combination. Artificial Intelligence, 2013, 205: 1-29.

第 2 章 Dempster-Shafer 证据理论

2.1 引 言

Dempster-Shafer 证据理论的基本框架是由 Dempster 在 1967 年首先建立的，它是利用多值映射推导出事件的上下概率，并用其建模各类信息[1]。之后，Shafer 进一步完善了 Dempster 提出的框架结构，建立了命题和集合之间的一一对应关系，把命题的不确定性问题转化为集合的不确定性问题，从而满足了比概率论弱的情况，形成了证据推理的数学理论[2]。通常将它简称为证据理论，其中所定义的基本信度赋值函数及其相应的置信函数和似真函数，对信息的非精确和狭义不确定等认知方面的表示、度量和处理比概率论更加灵活、有效。

以下给出证据理论中的基本概念、证据组合规则，可传递信度模型及其与随机集理论之间的关联关系，详细介绍请参见文献[1]~[5]。

2.2 Dempster-Shafer 证据理论的基本原理

2.2.1 证据理论的基本概念

鉴于表示的方便，首先给出一些符号的定义。

定义 2.1 令 $\Theta = \{\theta_1, \theta_2, \cdots, \theta_n\}$ 是一个辨识框架

该框架即为论域，其中的元素或子集是我们要研究的对象。2^Θ 是 Θ 的所有子集组成的**幂集**，且满足 $\varnothing \in 2^\Theta$，$\Theta \in 2^\Theta$。

定义 2.2 基本信度赋值函数 BBA（质量函数）

映射 $m: 2^\Theta \to [0,1]$ 是一个定义在 Θ 上的质量函数，它满足：

（1）对于空集 $\varnothing$，有 $m(\varnothing) = 0$；

（2）对 $\forall A \in 2^\Theta$，$\sum_A m(A) = 1$。

其中，集函数 $m(A)$ 表示对子集 A 本身赋予的置信度。可见，与概率论相比，证据理论是专门研究 2^Θ 中的每个子集 A，而不再单单是研究 Θ 中的每个元素，并且如果排除了信息的非精确性，则证据推理可以简化为标准的贝叶斯推理[2]。通常，BBA 是从某一信息源所提供的信息中获取的，所以简称其为证据体或证据。

定义 2.3　置信函数

映射 $\text{Bel}:2^{\Theta}\rightarrow[0,1]$ 是一个定义在 Θ 上的置信函数，它满足：

（1）$\text{Bel}(\Theta)=1$，$\text{Bel}(\varnothing)=0$；

（2）对 $\forall A\subseteq\Theta$，$\text{Bel}(\bigcup_{i=1}^{n}A_i)\geqslant\displaystyle\sum_{I\subseteq\{1,2,\cdots,n\},I\neq\varnothing}(-1)^{|I|+1}\text{Bel}(\bigcap_{i\in I}A_i)$。

而 $m(A)$ 和 $\text{Bel}(A)$ 的区别在于，前者相当于只对子集 A 赋予置信度，而后者不仅对子集 A 赋予了置信度，同时也对其全部子集赋予了置信度，并有

$$\text{Bel}(B)=\sum_{A\subseteq B}m(A)\tag{2.1}$$

当 $m(A)>0$ 时，则称 A 是质量函数的焦元，如果所有的焦元是 Θ 的单点集，则相应的质量函数简化为 Θ 上的概率测度。以此就可将质量函数看作概率测度的一种扩展。若对整个辨识框架毫无认知，则 $m(\Theta)=1$，对 $\forall A\in2^{\Theta}$，$m(A)=0$。

定义 2.4　似真函数

映射 $\text{Pl}:2^{\Theta}\rightarrow[0,1]$ 是一个定义在 Θ 上的似真函数，满足：

（1）$\text{Pl}(\Theta)=1$，$\text{Pl}(\varnothing)=0$；

（2）对 $\forall A\subseteq\Theta$，$\text{Pl}(\bigcap_{i=1}^{n}A_i)\leqslant\displaystyle\sum_{I\subseteq\{1,2,\cdots,n\},I\neq\varnothing}(-1)^{|I|+1}\text{Pl}(\bigcup_{i\in I}A_i)$。

函数 Pl 和 Bel 存在关系

$$\text{Pl}(A)=1-\text{Bel}(A^c)\tag{2.2}$$

其中，A^c 为 A 的补集，$\text{Pl}(A)$ 表示证据不拒绝 A 的程度，并有

$$\text{Pl}(A)=\sum_{A\cap B\neq\varnothing}m(B)\tag{2.3}$$

由置信函数和似真函数就可以得到证据的信度区间 $[\text{Bel}(A), \text{Pl}(A)]$，也称为不确定区间。如图 2.1 所示，用其可以表示证据的不确定度。设 $\text{Bel}(A)=a$，$\text{Pl}(A)=b$，则信度区间 $[a, b]$ 表示对 A 有一定程度的信任，也有一定程度的不信任；$[a, 1]$ 表示对 A 有一定程度的信任，但无不信任；$[0, b]$ 表示对 A 有一定程度的不信任，但无信任；$[1, 1]$ 表示 A 为真；$[0, 0]$ 表示 A 为假；$[0, 1]$ 表示对 A 完全不知道。减小信度区间 $[a, b]$ 的长度是证据推理的目的之一。

图 2.1　证据推理的确定区间与不确定区间

定义 2.5 Dempster 组合规则

如果 m_1, m_2 分别是定义在 Θ 上的两个质量函数，则定义 $m = m_1 \oplus m_2$ 为组合后的质量函数，即

$$m(C) = \frac{\sum_{A \cap B = C} m_1(A) m_2(B)}{1 - \sum_{A \cap B = \varnothing} m_1(A) m_2(B)} \tag{2.4}$$

其中，$\oplus$ 表示 Dempster 组合规则可作用于两个或多个质量函数上，可令

$$k = \sum_{A \cap B = \varnothing} m_1(A) m_2(B) \tag{2.5}$$

用它可以度量两个或多个证据之间的冲突程度大小。在产生组合的质量函数之后，就可以进一步得到相应的置信函数和似真函数，从而得到组合后的信任区间，完成证据的推理。组合规则只有在 $k<1$ 的时候才是有意义的，即来自不同信息源的证据之间不完全冲突的情况下才能使用此组合规则。

Dempster 组合规则满足交换律和分配律，即

（1）$m_1 \oplus m_2 = m_2 \oplus m_1$（交换律）；

（2）$(m_1 \oplus m_2) \oplus m_3 = m_1 \oplus (m_2 \oplus m_3)$（分配律）。

上述这两个特性表明，多条证据可以以任意顺序融合。因此，在多条证据系统中，Dempster 组合规则可采用任意的两两融合顺序。Dempster 组合规则是证据理论在同一个辨识框架上处理多批证据同时作用的方法，也是证据理论的核心。

2.2.2　证据折扣因子

一个信息源的可靠性反映了使用者对信息源的信任程度。在证据理论中，证据的可靠性可以通过对原始证据进行折扣来实现。Shafer 和 Smets 认为一个证据的可靠性和折扣因子的大小是有关系的，一个证据体越可靠，其折扣因子越小，即对其采取的折扣越小[2]。若设定证据可靠性的折扣因子为 $\lambda (0 \leqslant \lambda \leqslant 1)$，则修正后的证据 BBA 按式（2.6）计算。

$$m^{\lambda}(A) = \begin{cases} (1-\lambda)m(A), & \forall A \subseteq \Theta, A \neq \Theta \\ (1-\lambda)m(A) + \lambda, & A = \Theta \end{cases} \tag{2.6}$$

式（2.6）表示将证据体的不可靠信息部分转移到辨识框架 Θ 中，以表示未知不确定性因素。系数 $1-\lambda$ 代表了证据的可靠度，$\lambda = 0$ 表示当前证据完全可靠，$\lambda = 1$ 表示当前证据提供的信息完全不可靠，此时 $m(\Theta)=1$，意味着信息源提供的信息完全被丢弃了。

2.2.3　可传递信度模型

在证据理论的基础上，Smets 于 20 世纪 90 年代初期提出了可传递信度模型

（Transferable Belief Model，TBM）[3]，该模型是原有证据理论的一个重要研究分支。可传递信度模型是一种基于信度函数（基本信度赋值函数 BBA）表达量化信度的模型，信度有两个层次：①在表示层，对论域中所研究问题或元素的信度由基本信度函数来量化和描述；②在决策层，信度通过近似概率函数来量化，并用其进行决策。所以，在需要决策时要完成从信度函数到近似概率函数的转化，该近似概率函数即为 Pignistic 概率函数。

定义 2.6　离散域下的 Pignistic 概率函数

设 Θ 为辨识框架，A 为 Θ 的子集，m 为 Θ 上的基本信度赋值函数，定义 Bet$P$：$\Theta \to [0,1]$，且满足[3]：

$$\mathrm{Bet}P(A) = \sum_{X \subseteq \Theta} \frac{|X \cap A|}{|X|} \frac{m(X)}{1 - m(\varnothing)} \tag{2.7}$$

式中，$|X|$ 表示集合 X 中元素的个数，$m(\varnothing) \neq 1$，则称 Bet$P$ 为辨识框架 Θ 上的 Pignistic 概率函数。

相应地，在证据理论框架下，经典的 Pignistic 转换（Classical Pignistic Transformation，CPT）为

$$\mathrm{Bet}P(A) = \sum_{X \subseteq \Theta} \frac{|X \cap A|}{|X|} m(X) \tag{2.8}$$

2.2.4　证据的随机集表示与随机集扩展准则

定义 2.7　证据的随机集表示[6]

称 $(\mathcal{F}, m)$ 是定义在 Θ 上的随机集，论域 Θ 是一个非空有限集合。这里 $\mathcal{F}$ 是由 Θ 中的非空子集构成的集类。m 是一个映射，$m: \mathcal{F} \to [0,1]$，且满足 $\sum_{A \in \mathcal{F}} m(A) = 1$，此时称 $\mathcal{F}$ 为随机集 $(\mathcal{F}, m)$ 的支撑，m 是一个 BBA。对于 $\forall A \in \mathcal{F}$，若 $m(A) > 0$，则称 A 为 $(\mathcal{F}, m)$ 的一个**焦元**。

实际上，随机集是将 BBA 和相应的焦元表示成为由数对组成的集合。设 ξ 为取值在 Θ 上的参数变量，若它是随机的，则 $m(A)$ 可解释为 ξ 的取值落入集合 A 中的概率。随机集 $(\mathcal{F}, m)$ 等同于证据理论中的**置信函数** Bel，并可由式（2.9）给出两者的关系。

$$\mathrm{Bel}(A) = \sum_{B \subseteq A} m(B) \tag{2.9}$$

由此，可得到**似真函数**为

$$\mathrm{Pl}(A) = 1 - \mathrm{Bel}(A^c) = \sum_{A \cap B \neq \varnothing} m(B) \tag{2.10}$$

反之，利用 Bel 的莫比乌斯逆变换（Moebius inversion）可得

$$m(A) = \sum_{B \subseteq A} (-1)^{|A-B|} \, \mathrm{Bel}(B) \qquad (2.11)$$

所以，由 Bel 也可以构造相应的随机集。

定义 2.8　随机关系

设 $\Theta = \Theta_1 \times \cdots \times \Theta_n$ 是一个 n 维的笛卡儿积（Cartesian product），称随机集 $(\mathcal{F}, m)$ 为定义在 Θ 上的一个**随机关系**（random relation）[6]，这里 $\mathcal{F}$ 是 Θ 中的非空子集构成的集类。

Shafer 定义随机关系 $(\mathcal{F}, m)$ 在 Θ 上的投影为 $(\mathcal{F}_k, m_k)$ $(k=1,\cdots,n)$，并称其为**边缘随机集**（marginal random set），即

$$\forall C_k \subseteq \Theta_k, m_k(C_k) = \sum \{ m(A) \mid C_k = \mathrm{Proj}_{\Theta_k}(A) \} \qquad (2.12)$$

$$\mathrm{Proj}_{\Theta_k}(A) = \{ u_k \in \Theta_k \mid \exists u = (u_1,\cdots,u_k,\cdots,u_n) \in A \} \qquad (2.13)$$

若对 $\forall A \in \mathcal{F}$，$A = C_1 \times \cdots \times C_n$，有 $m(A) = m_1(C_1) \times \cdots \times m_n(C_n)$，则称 $(\mathcal{F}, m)$ 是一个**可分解的笛卡儿积随机关系**，并且边缘随机集 $(\mathcal{F}_1, m_1),\cdots,(\mathcal{F}_n, m_n)$ 相互独立。

定义 2.9　扩展准则

设 $\xi = (\xi_1,\cdots,\xi_n)$ 为取值在 $\Theta = \Theta_1 \times \cdots \times \Theta_n$ 上的变量，令 $\zeta = f(\xi)$，$\zeta \in V$，$f : \Theta \to V$ 是关于 ξ 的函数。文献[6]给出**扩展准则**（extension principles）来实现 ξ 的随机关系 $(\mathcal{F}, m)$ 到 ζ 的随机集 $(\mathcal{R}, \rho)$ 之间的变换，即

$$\mathcal{R} = \{ R_j = f(A_i) \mid A_i \in \mathcal{F} \} \qquad (2.14)$$

$$\rho(R_j) = \sum \{ m(A_i) \mid R_j = f(A_i) \} \qquad (2.15)$$

式中

$$f(A_i) = \{ f(u) \mid u \in A_i \}, i = 1,\cdots,M \qquad (2.16)$$

其中，M 是 $\mathcal{F}$ 中元素的个数。通过映射 f，就把 Θ 中对任意非空子集 A_i 的度量 $m(A_i)$，传递到 V 中对子集 R 的度量 $\rho(R)$，并且从式（2.14）可以看出，多个焦元 A_i 可能对应同一个像 R_j。

特别地，若 $\xi = (\xi_1,\cdots,\xi_n)$ 是一取值在 Θ 上的离散随机变量，每个焦元 A_i 是由单个元素构成的集合，则 m 是 ξ 的一个联合概率质量函数，由式（2.15）可得 ρ，也就是 ζ 的概率质量函数

$$\rho(y) = p_\zeta(y) = \sum \{ m(u) \mid y = f(u) \} \qquad (2.17)$$

在构造 $(\mathcal{R}, \rho)$ 时，一个关键的问题就是如何通过函数 f 计算焦元 A_i 的像，一般来说，计算过程中要运用两次全局最优化方法[7]。下面根据 f 的性质，分情况讨论像的求法。

若 $A \in \mathcal{F}$ 是一个有限闭集，f 是一个连续函数，则

$$f(A) = [a, b] \tag{2.18}$$

这里，$a = \min\limits_{u \in A}(f(u))$，$b = \max\limits_{u \in A}(f(u))$。

若 ξ 的每个分量 $\xi_k, k = 1, \cdots, n$ 都有一个边缘随机集 $(\mathcal{F}_k, m_k)$ 与其对应，$(\mathcal{F}_k, m_k)$ 的焦元是一个区间 $[l_k, r_k]$，则 $(\mathcal{F}, m)$ 的焦元有如下形式，即

$$A = C_1 \times \cdots \times C_n = [l_1, r_1] \times \cdots \times [l_n, r_n] \tag{2.19}$$

这时可以用区间分析方法求解 A 的像[8]；若 A 是凸集，则它含有 2^n 个顶点，记为 v_j $(j = 1, \cdots, 2^n)$。在函数 f 具有某些特殊性质时，运用顶点分析方法（vertex method）可大幅度减少计算量[9]。

命题 2.1　对于 $\forall A \in \mathcal{F}$，如果 $\zeta = f(\xi)$ 在 A 上是连续的，且不存在极限点（包括 ξ 取 A 边界上的点时），则

$$f(A) = [\min_j\{f(v_j): j = 1, \cdots, 2^n\}, \max_j\{f(v_j): j = 1, \cdots, 2^n\}] \tag{2.20}$$

证明　可参见文献[9]。

由此可见，对于每个 A_i，要进行 2^n 次计算才能得到 $f(A_i)$，当 n 比较大时，计算量仍然很大。如果 $f(A_i)$ 满足下面的命题 2.2[9,10]，则计算量将大幅度减少。

命题 2.2　如果 f 及其偏导数都连续，且 f 关于每个参数 ξ_k $(k = 1, \cdots, n)$ 都严格单调，则

$$\exists v_k，使得 f(v_k) = \min_j\{f(v_j): j = 1, \cdots, 2^n\} \tag{2.21}$$

$$\exists v_h，使得 f(v_h) = \max_j\{f(v_j): j = 1, \cdots, 2^n\} \tag{2.22}$$

证明　可参见文献[10]。

例如，$\xi = (\xi_1, \xi_2, \xi_3)$，$A = C_1 \times C_2 \times C_3 = [l_1, r_1] \times [l_2, r_2] \times [l_3, r_3]$，$f$ 及其偏导数连续，且分别关于 ξ_1, ξ_2 单调递增，ξ_3 单调下降，由命题 2.2 可知，$v_{\min} = [l_1, l_2, r_3]$，$v_{\max} = [r_1, r_2, l_3]$。经过两次计算就可以得到 $f(A_i) = [f(v_{\min}), f(v_{\max})]$，合计进行 $2M$ 次计算就可以得到 $(\mathcal{F}, m)$ 整个的像。

2.3　证据理论中的融合决策准则

基于证据推理的决策方法已经在目标识别、系统评估和故障诊断等领域中得到了广泛应用[11-15]。这些方法中需要共同注意的一个问题是，必须给出决策准则以便根据 Dempster 组合得到的质量函数判断哪个集合是最可能的决策结果。一般来说有三种制定准则的方法。

（1）基于置信函数的方法，即利用求出的置信函数进行判决。运用最小点原则[11]，缩小结果范围或者找出确定的结果，删除可以去掉的元素。从 Dempster 组合后得到的置信函数判断出决策结果应该存在于集合 A 中，当且仅当下式成立时，决策结果为属于 A 的子集 B。

$$|\mathrm{Bel}(A) - \mathrm{Bel}(B)| < \varepsilon \qquad (2.23)$$

式中，ε 是门限值。

（2）基于质量函数的方法。设存在 $A_1, A_2 \subset \Theta$，满足

$$m(A_1) = \max\{m(A_i), A_i \subset \Theta\} \qquad (2.24)$$

$$m(A_2) = \max\{m(A_i), A_i \subset \Theta, A_i \neq A_1\} \qquad (2.25)$$

若有 $m(A_1) - m(A_2) > \varepsilon_1$，$m(U) > \varepsilon_2$，$m(A_1) - m(U) > \varepsilon_1$，则 A_1 为判决结果，$\varepsilon_1, \varepsilon_2$ 是预置的门限值。

（3）利用可传递信度模型中的 Pignistic 函数来做决策。在得到表示层上的信度函数（质量函数或 BBA）后，利用式（2.7）将对辨识框架中子集或者单元素的信度转换到决策层上对每个单元素的 Pignistic 概率，概率最大的元素即为决策结果。

2.4　证据理论中的新进展

本节着力介绍在证据理论的框架下，近些年来又出现的新的研究分支，包括区间值信度结构、证据更新规则、证据推理和置信规则库推理的相关新理论与新方法。它们都是在证据理论基本原理的基础上，在不确定信息描述与建模、融合推理等方面提出的新思路与新看法，这些理论与方法受到了证据理论研究者的高度关注，并逐步应用于系统辨识、故障诊断、模式识别、状态估计等研究方向或领域。这里分别对这些新理论与新方法的原理进行介绍，详细内容请参见文献[16]～[33]。

2.4.1　区间值信度结构

经典证据理论需要精确（单值）的证据，而在实际当中，由于传感器所获信息往往存在不确定性和不完整性、专家提供的知识通常具有主观性，这加大了获取单值证据的难度，此外单值证据对不确定性信息或模糊信息的度量并不全面，且可能会丢失很多有用的信息，故 Wang 等提出了区间基本信度赋值（Interval Basic Belief Assignment，IBBA），即区间证据[19,20]。这种形式的证据能够较为全面地度量信息的不确定性，而且符合人的常性思维和主观概念。

令 $\Theta = \{\theta_1, \theta_2, \cdots, \theta_n\}$ 是一个非空的有限子集，其中的元素两两互斥，称其为辨识框架。Θ 中包含了所有可能的命题。

定义 2.10　区间基本信度赋值（IBBA）

对于 Θ 的 N 个子集 $A_i(i=1,2,\cdots,N)$，则其 IBBA 定义为

$$m(A_i)=[a_i,\ b_i] \tag{2.26}$$

其中，$0\le a_i\le b_i\le 1$。$m(A_i)$ 是 $\boldsymbol{m}(A_i)$ 中的一个元素，若 IBBA 同时满足：

（1）$a_i\le m(A_i)\le b_i(0\le a_i\le b_i\le 1,i=1,\cdots,N)$；

（2）$\sum_{i=1}^{N}a_i\le 1$ 且 $\sum_{i=1}^{N}b_i\ge 1$；

（3）$m(H)=0,\forall H\notin\{A_1,A_2,\cdots,A_N\}$。

则称 $\boldsymbol{m}$ 为有效的 IBBA，也称为有效的区间信度结构。如果 $\sum_{i=1}^{N}a_i>1$ 或 $\sum_{i=1}^{N}b_i<1$，则此时 $\boldsymbol{m}$ 为无效的 IBBA，需要对其进行修正或调整。

定义 2.11　归一化准则

若 $\boldsymbol{m}$ 是一个有效的 IBBA，且 $m(A_i)=[a_i,\ b_i](0\le a_i\le b_i\le 1)$，$a_i$ 和 b_i 同时满足：

$$\sum_{j=1}^{N}b_j-(b_i-a_i)\ge 1 \tag{2.27}$$

$$\sum_{j=1}^{N}a_j+(b_i-a_i)\le 1 \tag{2.28}$$

其中，$i,j=1,2,\cdots,N$，则称 $\boldsymbol{m}$ 为归一化的 IBBA。

$\boldsymbol{m}$ 可能是一个有效的 IBBA，但不一定是归一化的 IBBA，定义 2.11 是判断一个有效 IBBA 是否归一化的判据，若未归一化，则用式（2.29）进行归一化处理，即

$$\max\left[a_i,1-\sum_{j=1,j\ne i}^{N}b_j\right]\le m(A_i)\le\min\left[b_i,1-\sum_{j=1,j\ne i}^{N}a_j\right] \tag{2.29}$$

式（2.29）对有效的 IBBA 进行归一化处理，减小区间的宽度、降低冗余，得到简洁、等效的 IBBA。

定义 2.12　Dempster 区间证据组合规则

若 $\boldsymbol{m}_1$ 和 $\boldsymbol{m}_2$ 是有效且归一化的 IBBA，分别为 $[a_i,\ b_i](0\le a_i\le m_1(A_i)\le b_i\le 1,i=1,2,\cdots,N)$ 和 $[c_j,\ d_j](0\le c_j\le m_2(A_j)\le d_j\le 1,j=1,2,\cdots,N)$，则融合结果标记为 $\boldsymbol{m}_1\oplus\boldsymbol{m}_2$，其为区间值：

$$[\boldsymbol{m}_1\oplus\boldsymbol{m}_2](C)=\begin{cases}0,&C=\varnothing\\ [(m_1\oplus m_2)^-(C),(m_1\oplus m_2)^+(C)],&C\ne\varnothing\end{cases} \tag{2.30}$$

其中，$(m_1\oplus m_2)^-(C)$ 和 $(m_1\oplus m_2)^+(C)$ 分别为如下融合公式的最小值与最大值。

$$\max/\min\quad[\boldsymbol{m}_1\oplus\boldsymbol{m}_2](C)=\frac{\sum_{A_i\cap A_j=C}m_1(A_i)m_2(A_j)}{1-\sum_{A_i\cap A_j=\varnothing}m_1(A_i)m_2(A_j)}$$

$$\text{s.t.}\quad\sum_{i=1}^{N}m_1(A_i)=1,\quad a_i\le m_1(A_i)\le b_i,i=1,2,\cdots,N \tag{2.31}$$

$$\sum_{j=1}^{N}m_2(A_j)=1,\quad c_j\le m_2(A_j)\le d_j,j=1,2,\cdots,N$$

实际上，对于满足定义 2.10 和定义 2.11 的 IBBA m，如果其中的点 $m(A_i)$ 满足约束条件 $\sum_{i=1}^{N} m(A_i) = 1$，则 $m(A_i)$ 是一个单值 BBA。因此，定义 2.12 融合规则的主要内容可描述为：首先，从各个不同的有效且归一化的 IBBA 选取相应的单值 BBA；然后，利用经典 Dempster 组合规则融合这些单值 BBA；最后，对融合后的结果进行取最大/最小作为融合区间证据的上下界。更重要的是，式（2.31）融合过程中区间证据的融合和归一化一步进行，并且同时最优化它们，这样可抓住区间证据中的本质联系信息，从而保证了融合结果的最优性。

2.4.2 证据更新规则

证据更新也被称为"证据修正"，其刻画了利用新到证据对历史证据进行更新或修正的过程[21]。在人工智能领域中，修正或更新策略已经在逻辑推理及概率动力学研究中得到了广泛研究。然而，目前对于证据更新策略的研究仍然方兴未艾。在传统的证据理论中，所研究的证据组合规则，特别是 Dempster 组合规则，其要求待融合的证据是"相互对称"的，即它们的地位和作用是一样的。如果其中一个证据不可靠，传统证据理论中会对其进行折扣，然后再与另外一个证据融合。但是，证据更新并不是为了解决证据可靠性问题，而是考虑利用新到的证据去更新历史证据，此时新老证据之间是不对称的。在实际应用中，诊断信息都是随时间动态获取的，与其相应的诊断证据，也存在获取的先后次序，此时新、老证据之间是非对称的，这为动态证据更新的研究提出了需求。本节介绍了几种主要的证据更新规则及其特点，并在后续的章节中逐步展开，将其应用于动态诊断中。

1. Jeffery 规则[22]

当获取新信息时，对于满足可加性的概率分布可以用 Jeffery 条件规则来进行更新。该规则是对传统 Bayes 推理的推广。

在经典概率中，条件概率可以通过如下公式来进行定义：

$$P(A \mid B) = \frac{P(A \cap B)}{P(B)} \qquad (2.32)$$

其中，P 代表先验概率，B 表示被观测到概率（完全确定），$P(\cdot \mid B)$ 代表在 B 肯定发生情况下的后验概率。

Jeffery 规则实际上是对 Bayes 条件规则的一种扩展，使其用于观测 B 具有不确定性的场合。设 a 表示 B 被观测到的概率，$1-a$ 表示 B^c 被观测到的概率。通过式（2.33）可以完成对概率测度的更新。

$$P'(A) = a \times P(A \mid B) + (1-a) \times P(A \mid B^c) \qquad (2.33)$$

式（2.33）还可以写成更一般的形式

$$P'(A) = \sum_{i=1}^{s} a_i P(A \mid B_i) \tag{2.34}$$

其中，所有可能观测 $B_1, B_2, \cdots, B_s$ 构成一个关系划分。a_i 表示观测到 B_i 的确定程度，并满足 $\sum_{i=1}^{s} a_i = 1$。

证据理论框架下，诸多学者都在致力于研究并推广使用 Jeffery 更新规则，使其可以应用于基本信度赋值函数或者置信函数的更新。由于基本信度赋值函数并不满足可列可加性，所以对 Jeffery 规则推广后产生的规则一般也称为类 Jeffery 规则[23]。

2. 类 Jeffery 更新规则[23]

设 (X_1, m_1) 和 (X_2, m_2) 是定义在辨识框架 Θ 上的两条独立的证据，它们的焦元集合分别为 $X_1 = \{B_i \mid i=1, 2, \cdots, N_1\}$，$X_2 = \{A_j \mid j=1, 2, \cdots, N_2\}$。假设 m_1 和 m_2 分别代表历史证据与当前证据信度赋值。类 Jeffery 更新规则定义为

$$m(C \mid m_2) = \sum_{A_j \in X_2} m_2(A_j) m_1(C \mid A_j) \tag{2.35}$$

其中

$$m_1(C \mid A_j) = \sum_{\varnothing \neq C = B_i \cap A_j} m_1(B_i) \Big/ \mathrm{Pl}_1(A_j) \tag{2.36}$$

利用当前证据 m_2 更新历史证据 m_1，可获得焦元 $C \in X_1 \cap X_2$ 的更新后信度 $m(C \mid m_2)$。该规则本质上重新分配了被 m_1 和 m_2 同时支持命题 C 的信度。

需要注意的是，当证据的焦元是论域的划分时，即对任意的 $A_{j1}, A_{j2} \subseteq \Theta$，$A_{j1} \cap A_{j2} = \varnothing$，$j_1, j_2 = 1, 2, \cdots, N_2$，则 $m(C \mid m_2) = m_2(C)$。这时该方法的更新结果仅与当前证据 m_2 有关，与历史诊断证据 m_1 无关。很显然，在此情况下，它违背了动态证据更新的初衷"证据更新是要整合历史和当前信息，进而给出全局性和更为稳定的融合结果"[24,25]。而这种信息源提供焦元为论域的一个划分的情况，经常在故障诊断证据获取方法中出现[25]，因此，基于类 Jeffery 的诊断证据更新规则是不完全适用于动态故障诊断的环境。

3. 条件化线性更新规则[26]

在文献[27]中，Fagin 等定义了条件化信度函数和似然函数的概念。对于辨识框架 Θ 上的两个焦元 A 和 B，则条件化置信函数和条件化似真函数分别表示为

$$\mathrm{Bel}(B \mid A) = \frac{\mathrm{Bel}(A \cap B)}{\mathrm{Bel}(A \cap B) + \mathrm{Pl}(A - B)}, \quad \mathrm{Pl}(B \mid A) = \frac{\mathrm{Pl}(A \cap B)}{\mathrm{Pl}(A \cap B) + \mathrm{Bel}(A - B)} \tag{2.37}$$

基于 $\mathrm{Bel}(B|A)$ 和 $\mathrm{Pl}(B|A)$，Kulasekere 等[26]在假设 $B \subseteq A$ 时直接推导出条件化 BBA：

$$m(B \mid A) = \frac{\sum_{C:C\subseteq B} m(C)}{\mathrm{Pl}(A) - \sum_{E:E\in\ell(B)} m(E)} - \sum_{C:C\subset B} m(C \mid A) \qquad (2.38)$$

其中，$\ell(B)=\{E\subseteq\Theta: E = D\bigcup C \text{ s.t. } \varnothing \neq D\subseteq\bar{A}, \varnothing \neq C\subseteq B\subseteq A\}$，当 $\bar{A}\bigcap B\neq\varnothing$ 时，$m(B \mid A)=0$，并且对于所有的 $B\subseteq A$，若 $m(B)=\mathrm{Bel}(B)$，则式（2.38）被简化为

$$m(B \mid A) = \frac{m(B)}{\mathrm{Pl}(A) - \sum_{E:E\in\ell(B)} m(E)} = \frac{m(B)}{m(B)+\mathrm{Pl}(A-B)} \qquad (2.39)$$

基于条件化 BBA，Kulasekere 等进而定义了基于条件化线性组合的证据更新规则[26]：

$$m_A(B) = \alpha_A m(B) + \beta_A m(B \mid A) \qquad (2.40)$$

其中，$m(B)$ 是历史证据对 B 的信度赋值，A 为当前证据支持的焦元，且当前证据对它的支持度（基本信度赋值）为 1，那么 $m(B|A)$ 反映了在当前证据"绝对"支持 A 的条件下，对焦元 B 的信度赋值，即当前出现的焦元 A 支持或影响 B 的程度。以 A 为条件 B 的更新后信度 $m_A(B)$，则为 $m(B|A)$ 和 $m(B)$ 的线性组合。以上条件化 BBA $m(B|A)$、式（2.40）的推导过程以及该规则的概率解释请参见文献[26]，这里不再赘述。式（2.40）中的 α_A 和 β_A 是非负的线性组合权重，并有 $\alpha_A + \beta_A=1$，通过调整这两个因子，可以灵活地度量历史（惯性）证据和当前条件证据在更新后证据中的作用。文献[26]给出选取 α_A 和 β_A 的几种基本策略：①选取 $\{\alpha_A,\beta_A\}=\{1,0\}$，称为无限惯性更新策略，其针对的是当前所获证据完全不可靠，历史证据完全可靠的情况；②选取 $\{\alpha_A,\beta_A\}=\{0,1\}$，称为零惯性更新策略，其针对的是当前证据完全可靠，而历史证据完全不可靠的情况；③选取 $\{\alpha_A,\beta_A\}=\{T/(T+1),1/(T+1)\}$，称为比例惯性更新策略，$T$ 为当前所获证据序列的长度。

在故障诊断的应用中，用于诊断的证据通常都是在连续采样时刻由信息源或传感器提供的。每个时刻都可用式（2.40）递归地动态获取更新结果，那么它就同时含有当前和历史时刻所有的诊断信息，必定比二者中的任何一个更为可信和可靠。但是，上述三种选择 $\{\alpha_A,\beta_A\}$ 的方法都缺乏实时根据证据的变化情况，自适应调整组合权重的能力，本质上是静态的选取策略。文献[25]用当前诊断证据和历史诊断证据之间的相似性动态选取 $\{\alpha_A,\beta_A\}$，因此其方法相比于上述策略对诊断证据的更新结果更接近于设备运行的真实状态。

2.4.3　证据推理与置信规则库推理

近年来被提出的证据推理（ER）规则，明确地区分了证据可靠性和重要性的概念，此外，基于正交和定理给出的 ER 规则，是一个严格的概率推理过程[28,29]。ER

规则源于 ER 算法，当假设证据的重要性和可靠性取值都为 1 时，ER 规则就简化为 ER 算法，在每个证据都完全可靠的情况下，Dempster 规则成为它的一种特殊情况[28]。基于证据推理的置信规则库推理方法（belief Rule-base Inference Methodology using the Evidential Reasoning approach，RIMER），是在 ER 算法的基础上，将证据融合推理与模糊规则推理相结合给出的一种新的推理方法[31]。RIMER 以其在模糊、不完整等主/客观信息的不确定性描述，非线性输入输出因果关系建模方面的优势，在复杂系统状态检测与安全分析等领域得到了较好的应用[32,33]。

1. 证据推理规则[28]

令 $\Theta = \{h_1, h_2, \cdots, h_N\}$ 是由 N 个两两互斥的假设构成的集合，它包含了所有可能的命题或假设，称该集合为辨识框架。由 Θ 及其所有子集组成的集类称为幂集，记为 $P(\Theta)$ 或 2^Θ。一条证据可表示为式（2.41）所示的信度分布。

$$e_j = \{(\theta, p_{\theta,j}) \mid \forall \theta \subseteq \Theta, \sum_{\theta \subseteq \Theta} p_{\theta,j} = 1\} \tag{2.41}$$

其中，$(\theta, p_{\theta,j})$ 是证据 e_j 的元素，表示 e_j 支持命题 θ 的程度为 $p_{\theta,j}$，此时，$p_{\theta,j}$ 即定义为信度函数或信度分布，这里 θ 可取 $P(\Theta)$ 中除了空集之外的任一元素，若有 $p_{\theta,j} > 0$，则称 $(\theta, p_{\theta,j})$ 是 e_j 的焦元。

在 ER 规则中，定义了证据 e_j 的可靠性因子 r_j 和重要性权重 w_j。可靠性因子 r_j 体现了生成 e_j 的信息源能够对给定问题提供精确评估或解答的能力，它是证据的固有特性；重要性权重 w_j 定义了 e_j 相较于其他证据的相对重要性，它取决于什么样的证据参与融合、由谁来使用这些证据以及证据使用的具体场合[28]。可见，权重 w_j 可根据以上的具体情况主观确定，其意义不一定等同于证据的可靠性。含有可靠性因子和重要性权重的信度分布函数定义为

$$m_j = \{(\theta, \tilde{m}_{\theta,j}) \mid \forall \theta \subseteq \Theta; (P(\Theta), \tilde{m}_{P(\Theta),j})\} \tag{2.42}$$

其中，$\tilde{m}_{\theta,j}$ 为考虑可靠性因子和重要性权重的证据 e_j 对命题 θ 的支持程度，定义为

$$\tilde{m}_{\theta,j} = \begin{cases} 0, & \theta = \varnothing \\ c_{\mathrm{rw},j} m_{\theta,j}, & \theta \subseteq \Theta, \theta \neq \varnothing \\ c_{\mathrm{rw},j}(1 - r_j), & \theta = P(\Theta) \end{cases} \tag{2.43}$$

其中，$m_{\theta,j} = w_j p_{\theta,j}$，$c_{\mathrm{rw},j} = 1/(1 + w_j - r_j)$ 是归一化因子，其保证了 $\sum_{\theta \subseteq \Theta} \tilde{m}_{\theta,j} + \tilde{m}_{P(\Theta),j} = 1$ 成立，并有 $\sum_{\theta \subseteq \Theta} p_{\theta,j} = 1$。相比于 Shafer 提出的证据折扣方法[2]，ER 规则中将考虑证据可靠性后得到的剩余信度定义为该证据的不可靠性 $(1 - r_j)$，不是将其预先分配给 Θ 的任何子集，而是在证据融合前将其暂记在幂集 $P(\Theta)$ 的名下，即该信度可能支持全集 Θ 及其任何子集，而不是只能支持 Θ。这也是因为 $p_{\Theta,j}$ 是 e_j 的内部特性，应该与其他 θ 一样对待，接受 $c_{\mathrm{rw},j}$ 的同等折扣。这样做就可以保持 e_j 和 m_j 具有相同的（概

率）特征[28,29]。基于上述定义，某个证据的剩余信度反映了该证据的不可靠程度。因此，证据的剩余信度应该如何分配不是也不能由该证据本身决定，而是取决于与其融合的其他证据的信度分布。

如果两组证据 e_1 和 e_2 是相互独立的，那么可利用 ER 融合规则对它们进行融合，得到 e_1 和 e_2 联合支持命题 θ 的信度函数 $p_{\theta,e(2)}$，如

$$p_{\theta,e(2)} = \begin{cases} 0, & \theta = \varnothing \\ \dfrac{\hat{m}_{\theta,e(2)}}{\sum_{D\subseteq\Theta}\hat{m}_{D,e(2)}}, & \theta \subseteq \Theta, \theta \neq \varnothing \end{cases} \qquad (2.44)$$

$$\hat{m}_{\theta,e(2)} = [(1-r_2)m_{\theta,1} + (1-r_1)m_{\theta,2}] + \sum_{B\cap C=\theta} m_{B,1}m_{C,2}, \quad \forall \theta \subseteq \Theta$$

与 Dempster 组合规则类似，该规则也满足交换律和分配律，所以可以递归地用于多条证据以任意顺序的融合。

2. 基于证据推理的置信规则库推理[31]

为了能够利用各种具有不确定性的定量信息和定性知识实现复杂决策问题的建模，Yang 等提出了基于证据推理算法的置信规则库推理方法（RIMER），RIMER 是在证据理论、决策理论、模糊理论和传统的 if-then 规则库的基础上发展起来的，具有对带有不完整、模糊、概率不确定性、主/客观性以及非线性特征的数据进行建模的能力[32,33]。RIMER 主要包括知识的表达和知识的推理两个部分。知识的表达是由置信规则库（Belief Rule Base，BRB）专家系统实现的，其中的置信规则是在传统的 if-then 规则的后项部分加入了证据形式的置信结构，并定义了前项属性权重和规则权重等可调参数，知识的推理是通过 ER 算法实现的。当输入到来时，其激活相关的置信规则，利用 ER 算法对激活的置信规则进行组合，即可得到 BRB 的最终输出。在建立 BRB 时，专家可以根据自身所具有的主观不确定性知识建立初始的 BRB 系统，并设置相应的属性权重、置信规则后项置信度等参数的初始取值，然后在获得部分客观不确定性输入和输出数据之后，可以通过相应的优化方法对初始系统参数取值进行调整，使得优化后的 BRB 系统能够更精确地描述输入和输出变量之间非线性的映射关系。通过以上过程，RIMER 即可实现综合利用主/客观不确定性信息进行建模的目的，且系统参数的物理意义明确，便于使用者根据需要进行调整。

BRB 由形如式（2.45）所示的置信规则构成[31]：

$$R_k: \text{if } x_1 \text{ is } A_1^k \wedge x_2 \text{ is } A_2^k \wedge \cdots \wedge x_M \text{ is } A_M^k, \text{ then } \{(D_1, \beta_{1,k}),(D_2,\beta_{2,k}),\cdots,(D_N,\beta_{N,k})\}$$
$$\text{规则权重} \theta_k, \text{属性权重} \delta_1, \delta_2, \cdots, \delta_M \qquad (2.45)$$

其中，x_i（$i=1, 2, \cdots, M$）为第 k（$k=1, 2, \cdots, L$）条规则（R_k）中第 i 个输入变量（前项属性），A_i^k 为在第 k 条规则中第 i 个前项属性的参考值，L 为置信规则的总数。后项

共计有 N 个输出元素（后项属性）D_1, D_2, $\cdots$, D_N, $\beta_{j,k} \in [0,1]$（$j=1, 2, \cdots, N$）为分配给 D_j 的置信度，则后项二元数组集合$\{(D_1, \beta_{1,k}), (D_2, \beta_{2,k}), \cdots, (D_N, \beta_{N,k})\}$即表示 Dempster-Shafer 证据理论中的一条证据（置信结构）。当$\sum_{i=1}^{N} \beta_{i,k} = 1$时，表示此规则是完整的；当$\sum_{i=1}^{N} \beta_{i,k} < 1$时，表示此规则是不完整的。"$\wedge$"为逻辑连接符，表示"与"的关系。$\theta_k \in [0, 1]$为第 k 条规则的权重，$\delta_i \in [0, 1]$为第 i 个前项属性的权重。由式（2.45）所示的置信规则与传统的 if-then 规则相比，其输出不再是简单的某个 D_j，而是由多个属性及其置信度组成的置信结构。当然，当$\beta_{j,k}=1$ 时，置信规则后项为$\{(D_j,1)\}$，则其退化为一般的 if-then 规则。可见，置信规则给出了一种更为灵活和一般化的不确定性知识和信息的表达方式。

在 BRB 中，输入 $X=[x_1, x_2, \cdots, x_M]$对第 k 条规则的激活权重 w_k 可由式（2.46）给出[31]：

$$w_k = \theta_k \prod_{i=1}^{M} (\alpha_i^k)^{\bar{\delta}_i} \bigg/ \sum_{k=1}^{L} \theta_k \prod_{i=1}^{M} (\alpha_i^k)^{\bar{\delta}_i} \tag{2.46}$$

其中，相对属性权重为

$$\bar{\delta}_i = \delta_i \bigg/ \max_{i=1,2,\cdots,M} \{\delta_i\} \tag{2.47}$$

α_i^k 是第 k 条规则中第 i 个输入 x_i 与参考值 A_i^k 的匹配度，这里 $A_i^k \in \{A_{i,1}^k, A_{i,2}^k, \cdots, A_{i,M_i}^k\}$。当输入 x_i 是数值量时，则 x_i 与参考值 A_i^k 匹配度的求解方法如下：①当 $x_i \leqslant A_{i,1}^k$ 或 $x_i \geqslant A_{i,M_i}^k$ 时，x_i 对于 $A_{i,1}^k$ 或 A_{i,M_i}^k 的匹配度 α_i^k 取值均为 1，对于其他参考值的匹配度均为 0；②当 $A_{i,q}^k < x_i \leqslant A_{i,q+1}^k$ 时，x_i 对于 $A_{i,q}^k$ 和 $A_{i,q+1}^k$（$q=1, 2, \cdots, M_i-1$）的匹配度 α_i^k 取值分别为

$$\alpha_{i,q}^k = (A_{i,q+1}^k - x_i)/(A_{i,q+1}^k - A_{i,q}^k) \tag{2.48}$$

$$\alpha_{i,q+1}^k = (x_i - A_{i,q}^k)/(A_{i,q+1}^k - A_{i,q}^k) \tag{2.49}$$

此时，对于其他参考值的匹配度均为 0。

在得到 w_k 之后，可利用其对第 k 条规则的后项置信结构进行折扣，然后利用 ER 算法将所有规则后项置信结构进行融合，得到输入 $X=[x_1, x_2, \cdots, x_M]$对应的 BRB 系统输出为

$$O(X) = \{(D_j, \beta_j), j = 1, \cdots, N\} \tag{2.50}$$

其中，β_j 为后项 D_j 的置信度，文献[31]中给出其显式表达式为

$$\beta_j = \frac{u\left[\prod_{k=1}^{L}\left(w_k\beta_{j,k}+1-w_k\sum_{i=1}^{N}\beta_{i,k}\right)-\prod_{k=1}^{L}\left(1-w_k\sum_{i=1}^{N}\beta_{i,k}\right)\right]}{1-u\left[\prod_{k=1}^{L}(1-w_k)\right]} \qquad (2.51)$$

其中

$$u = \left[\sum_{j=1}^{N}\prod_{k=1}^{L}\left(w_k\beta_{j,k}+1-w_k\sum_{i=1}^{N}\beta_{i,k}\right)-(N-1)\prod_{K=1}^{L}\left(1-w_k\sum_{i=1}^{N}\beta_{i,k}\right)\right]^{-1} \qquad (2.52)$$

　　初始 BRB 通常是由专家根据自身经验知识或对于有限输入和输出数据的理解建立起来的，通常它还不能精确地描述系统输入与输出之间的非线性映射关系。若是能够利用历史样本数据训练初始 BRB 系统，优化调整每个置信规则中的相关参数（规则权重、属性权重和后项输出元素置信度），则可以进一步提升 BRB 系统的性能。

　　图 2.2 给出了 BRB 的优化训练模型，其中 $X=[x_1, x_2,\cdots, x_M]$ 为给定的输入训练样本，$\hat{O}$ 是实际系统（被建模系统）的输出，P 表示 BRB 系统的参数集，则

$$P = \{\beta_{j,k}, q_k, d_i \mid j=1,2,\cdots,N, \quad i=1,2,\cdots,M, \; k=1,2,\cdots,L\}$$

$\xi(P)$ 表示 $\hat{O}$ 和 O 之间的差，即可定义其为优化目标函数。基于该函数进行的样本训练，就是要通过调整参数集 P，使目标函数达到极小[32]。

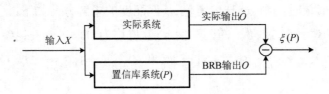

图 2.2　BRB 优化训练模型

2.5　本 章 小 结

　　本章首先系统地介绍了证据理论的基本原理以及重要的概念，包括基本概率赋值函数、Dempster 证据组合规则、可传递信度模型、证据的折扣方法、证据的随机集表示和随机集扩展准则，这些都是已有的证据理论信息融合方面研究的基础内容。

　　接着，介绍了近几年出现的证据理论中几个主要的研究分支，包括区间值信度结构、证据更新与修正、证据推理以及置信规则库推理。它们分别从证据的构造、静态融合到动态更新的扩展、证据的重要性和可靠性评估以及不完整、模糊、概率不确定性、主/客观性以及非线性特征下的复杂系统建模与推理方面，对已有的证据

理论提供了强有力的支撑，势必促进证据理论的发展及其在故障诊断、模式识别、系统辨识等领域内的广泛应用。

参 考 文 献

[1] Dempster A. Upper and lower probabilities induced by multi-valued mapping. Ann Math Statist, 1967, 38: 325-339.

[2] Shafer G. A Mathematical Theory of Evidence. Princeton: Princeton University Press, 1976.

[3] Smets P. The combination of evidence in the transfer belief model. IEEE Transaction on Pattern and Machine Intelligence, 1990(5): 447-458.

[4] 徐晓滨, 文成林, 刘荣利. 多源信息基于随机集理论的统一表示与建模方法. 电子学报, 2008, 26(6): 1-7.

[5] 徐晓滨. 不确定性信息处理的随机集方法及在系统可靠性评估与故障诊断中的应用[博士学位论文]. 上海: 上海海事大学, 2009.

[6] Dubois D, Prade H. Random sets and fuzzy interval analysis. Fuzzy Sets and Systems, 1991, 42: 87-101.

[7] Ratschek H, Rokne J. New Computer Methods for Global Optimization. Chirchester: Ellis Horwood, 1988.

[8] Moore R E. Interval Analysis. Upper Saddle River: Prentice Hall, 1966.

[9] Dong W M, Shah H C. Vertex method for computing functions of fuzzy variables. Fuzzy Sets and Systems, 1987, 24: 65-78.

[10] Tonon F, Bemardini A. A random set approach to the optimization of uncertain structures. Computers and Structures, 1998, 68(6): 583-600.

[11] 王润生. 信息融合. 北京: 科学出版社, 2007.

[12] 罗志增, 蒋静坪. 基于 D-S 理论的多信息融合方法及应用. 电子学报, 1999, 27(9): 100-102.

[13] Liu L J, Yang J Y. Model-based object classification using fused data. SPIE, 1991, 1611: 65-73.

[14] 郭华伟, 施文康, 陈志军, 等. 一种通用的不确定性推理和决策模型. 传感技术学报, 2006, 19 (4) : 1176-1180.

[15] Liu W R, Hong J. Reinvestigating Dempster's ideal on evidence combination. Knowledge and Information Systems, 2000, 2: 223-241.

[16] Xu X B, Feng H S, Wang Z, et al. An information fusion method of fault diagnosis based on interval basic probability assignment. Chinese Journal of Electronics, 2011, 20(2): 255-260.

[17] Xu X B, Feng H S, Wen C L. A normalization method of interval-valued belief structures. International Journal on Information, 2012, 15(1): 239-248.

[18] 冯海山, 徐晓滨, 文成林. 基于证据相似性度量的冲突性区间证据融合方法. 电子与信息学

报, 2012, 34(4): 851-857.

[19]　Wang Y M, Yang J B. On the combination and normalization of interval-valued belief structures. Information Sciences, 2007, 177(5): 1230-1247.

[20]　Wang Y M, Yang J B. The evidential reasoning approach for multiple attribute decision analysis using interval belief degrees. European Journal of Operational Research, 2006, 175(1): 35-66.

[21]　Ma J B, Liu W R, Dubois D, et al. Bridging Jeffrey's rule, AGM revision and Dempster conditioning in the theory of evidence. International Journal on Artificial Intelligence Tools, 2011, 20(4): 691-720.

[22]　Jeffrey R C. The Logic of Decision. New York: McGraw-Hill, 1965.

[23]　Dubois D, Prade H. Updating with belief functions, ordinal conditional functions and possibility measures. Proceedings of the Sixth Conference on Uncertainty in Artificial Intelligence, Cambridge, 1990: 311-330.

[24]　宋晓静. 基于证据理论的工业报警器设计方法研究[博士学位论文]. 杭州: 杭州电子科技大学, 2012.

[25]　王玉成. 冲突证据的相似性度量方法及其在信息融合故障诊断中的应用[博士学位论文]. 杭州: 杭州电子科技大学, 2011.

[26]　Kulasekere E C, Premaratne K, Dewasurendra D A, et al. Conditioning and updating evidence. International Journal of Approximate Reasoning, 2004, 36(1): 75-108.

[27]　Fagin R, Halpern J Y. A new approach to updating beliefs. Proceedings of the Sixth Conference on Uncertainty in Artificial Intelligence, 2013: 347-374.

[28]　Yang J B, Xu D L. Evidence reasoning rule for evidence combination. Artificial Intelligence, 2013, 205: 1-29.

[29]　Yang J B, Xu D L. A study on generalizing Bayesian inference to evidential reasoning. International Conference on Belief Function: Theory and Applications, 2014: 180-189.

[30]　Chen Y, Chen Y W, Xu X B, et al. A data-driven approximate causal inference model using the evidential reasoning rule. Knowledge-Based Systems, 2015, 88(C): 264-272.

[31]　Yang J B, Liu J, Wang J, et al. Belief rule-base inference methodology using the evidential reasoning approach-RIMER. IEEE Transactions on Systems, Man and Cybernetics, Part A: Systems and Humans, 2006, 36(2): 266-285.

[32]　Xu D L, Liu J, Yang J B, et al. Inference and learning methodology of belief-rule-based expert system for pipeline leak detection. Expert Systems with Applications, 2007, 32(1): 103-113.

[33]　Xu X B, Liu Z, Chen Y W, et al. Circuit tolerance design using belief rule base. Mathematical Problems in Engineering, 2015, 1: 12.

第3章　基于区间值信度结构的信息融合故障诊断方法

3.1　引　　言

在线故障诊断技术是工业设备安全生产和高效运行的有力保障，但该类技术的实施还面临诸多挑战：由于故障的发生具有不确定性，所以通常较难得到取值为"0或 1"的故障发生概率，即故障常具有随机性或模糊性的特点；故障发生的成因较为复杂，通常同一故障可以表现出多种特征，同一故障特征可能是由不同故障引起的；此外，传感器本身的测量误差或有限的监测数据不能全面反映故障，使得从其中提取的故障特征也会具有模糊性。面对多种故障模式及其特征之间复杂的对应关系，以及诊断过程中各种不确定因素的干扰与影响，Dempster-Shafer 证据理论以其不确定性信息综合处理方面的优势，在故障诊断中得到了广泛应用[1-6]。基于该理论的信息融合方法，能够实现空间或时间上冗余信息和互补信息的融合，获得被测对象的一致性描述，有效降低故障决策中的不确定性，从而提高故障的确诊率。

在不同工况下，传感器输出的设备在线运行信息经过特征提取后即为待检模式[1-3]。在证据理论中，辨识框架中的焦元表示设备所发故障类型，该框架幂集下的基本信度赋值（BBA）表示故障待检模式对各种故障的支持程度，这里将其称为诊断证据，即待检模式与故障数据库中故障样板模式的匹配程度。利用证据融合规则对多个BBA 融合，根据融合结果即可进行故障决策。但是由于传感器测量的时间、地点、场合以及当时环境的变化，传感器输出的设备运行信息普遍存在不完整性、不确定性以及非精确性，这将会导致从其中提取的故障样板模式与待检模式同时都具有模糊特征。在此情况下，如何运用相应的数学方法处理特征提取中的模糊性，实现两种模式的合理匹配，从而获取 BBA，最终实现融合决策，这是一个亟待解决的问题。

文献[1]针对模拟电路的故障诊断，依据专家经验构造隶属度函数作为故障样板模式，将传感器获取的单个在线测量值作为待检模式，并给出一种简易方法得到两者的匹配程度，从中换算出 BBA。该方法获得的 BBA 误差较大，从而导致融合诊断结果错误。文献[2]同时考虑故障样板模式和待检模式的模糊性，从故障监测数据中提取出两种模式的隶属度函数，并基于模糊集的随机集模型，得到两种模式的匹配程度，从中换算出 BBA。书中还将该种获取 BBA 的方法应用于电机转子的故障诊断中，得到的融合诊断结果比文献[1]的方法更为准确，确诊率更高。但是以上方法给出的 BBA 都是单值形式表示的，单值 BBA 对于样板模式和待检模式中非精确性信息的度量较为粗糙和不完整。加之实际工程系统的故障状态往往是随其运行情况变化的，所以用单值表示故障支持度会忽略很多有用信息，导致融合结果的错误。在 2.4.1 节介绍的区间值信度结构理论中，所定义的新型区间值 BBA（IBBA）可以用取值为区间的信度形式来表示故障发生程度的不确定性信度，这更加符合人的常性思维和主观概念，并会含有更多的诊断信息[3,4]。

在区间值信度结构的框架下，IBBA 不仅可以保证不确定信息度量的完整性，而且融合决策更具有全面性和可靠性。所以，近些年来，许多学者开展了基于区间信度结构的信息融合方法研究。Lee 等在文献[7]首次定义了广义的 IBBA 乘法和加法运算，但是其运算规则中引入了主观性因子，故其运算结果具有较大的不确定性和主观性。Denoeux 在文献[8]、[9]中进一步完善了 IBBA 的四则基本运算，同时给出了 IBBA 有效性和归一化准则，首次提出了区间证据组合规则。该融合过程是分步最优的，但最终的融合结果并不是全局最优的，而是次优的，得到的最终融合结果的信度区间较宽，不易用其进行决策。基于 Denoeux 的 IBBA 有效性和归一化准则，Wang 等在文献[10]、[11]提出最优的区间证据组合公式，在有效且归一化的区间信度结构中，遍历所有满足约束条件的单值 BBA 进行融合，然后对单值融合结果求极值得到融合后的 IBBA。该融合过程是一步进行的，从而保证了融合结果的最优性。但是这些已有的工作多是假设在获取 IBBA 后，在一定的最优准则下开展证据组合方法方面的研究，始终没有结合实际应用给出构造 IBBA 的合理方法。而研究求取 IBBA 的合理方法，是这些融合方法在实际中得以验证和应用的首要问题。

本章提出一种区间信度结构下的故障诊断方法[3]。针对信号采集与故障特征提取中的模糊性，基于对有限的故障监测数据的统计分析，构造模糊隶属度函数集合，用该函数集建模故障档案库中的每个故障样板模式；用单个隶属度函数建模在线监测中提取的故障特征（待检模式）。基于模糊集的随机集模型，得到待检模式与样板模式的匹配度，取其最大值和最小值作为原始信度区间的左右端点。接着运用蒙特卡罗（Monte Carlo，MC）分析中的改进型拉丁超立方体采样（Modified Latin Hypercube Sampling，MLHS）策略，给出从原始信度区间中获取满足"有效性"和"归一化"条件的 IBBA 的方法。然后利用定义 2.12 中给出的最优的区间证据组合规则融合多个 IBBA，在一定的融合决策准则下，由融合结果进行故障决策。最后以多功能柔性转子故障诊断为例，说明所提出方法比已有方法具有更好的故障识别能力。

3.2　基于随机集似然测度的故障模式匹配方法

传感器测量的时间、地点、场合以及环境的变化，经常导致观测数据带有一定的非精确性。一般可用隶属度函数表示从观测数据中提取出的故障特征。隶属度函数形式的确定主要考虑两方面因素：一是传感器自身的工作性能；二是传感器工作中的各种干扰情况，如机械噪声、电磁波等的影响[1-3]。若仅考虑第二种因素，则传感器对同一种物理量测定值的概率密度函数一般为高斯分布的形式。另外，对于一般的传感器，由于机械、温度及压力等原因，其输出产生线性漂移。若同时考虑模糊性和线性漂移，则可以采用同一工况下，在不同时段获得的数据中提取的多个高斯隶属度函数描述故障特征信息，其中每个高斯型隶属度函数的均值之间的差异可以反映传感器的漂移特性。

例如，在电机柔性转子的运行状态监测中，当转子在某故障工况下运行时，分别利用振动位移和加速度传感器测量转子系统的振动情况。在相同的时间间隔内分别观测时域位移平均值和振动加速度 1～3 倍频的幅值。在分组观测时常会发现每组观测值的均值都会在一定范围内产生不同程度的漂移。本书同时考虑了故障样板模式和待检模式的模糊性，利用统计试验的方法得到两种模式的隶属度函数。其中，样板模式用从多组观测中提取的多个隶属度函数表示，与文献[2]中用单个隶属度函数表示从多组观测中提取的特征相比，多个隶属度函数比单个隶属度函数对于故障特征的描述更为精确，在与待检模式匹配时，可以得到 IBBA，从而可以获取更为全面的故障信息。

3.2.1　故障样板模式及待检模式隶属度函数的确定

设 U 表示设备某一特征参数取值空间，如特征频率的幅值，则可定义样板模式的隶属度函数为 $\mu_F(x):U \to [0,1], x \in U$，下标代表故障模式 "$F$"，采用统计实验方法求取 $\mu_F(x)$ 的过程如下。

（1）利用实验手段模拟各种典型故障运行模式，在相同的时间间隔 Δt 秒内连续观测 30～50 次，将其作为一组，至少进行 m 组观测，一般来说 $m \geqslant 5$。

（2）基于第 k 组测量，计算其算数平均值 M_k 及标准差 $\sigma_k, k=1,2,\cdots,m$。

$$M_k = (x_{k,1} + x_{k,2} + \cdots + x_{k,n}) / n, \quad n \in [30,50] \tag{3.1}$$

其中，$x_{k,1}, x_{k,2}, \cdots, x_{k,n}$ 分别是第 k 组测量中得到的 n 个传感器测定值。

$$\sigma_k = \sqrt{((x_{k,1} - M_k)^2 + (x_{k,2} - M_k)^2 + \cdots + (x_{k,n} - M_k)^2) / n} \tag{3.2}$$

（3）利用 M_k、σ_k 构造关于观测 x 的高斯型隶属度函数

$$\mu_{F,k}(x) = \exp\left(-\frac{(x - M_k)^2}{2\sigma_k^2}\right) \tag{3.3}$$

其中，x 为传感器测量值。那么，故障 F 的样板模式就可以定义为函数集

$$\overline{\mu}_F = \{\mu_{F,1}, \mu_{F,2}, \cdots, \mu_{F,m}\} \tag{3.4}$$

而在文献[2]中，是将 $\overline{\mu}_F$ 中多个隶属度函数合并，获得单个隶属度函数作为故障样板模式

$$\mu_F(x) = \begin{cases} \exp\left(-\dfrac{(x-M_a)^2}{2\sigma_a^2}\right), & x < M_a \\ 1, & M_a \leqslant x \leqslant M_b \\ \exp\left(-\dfrac{(x-M_b)^2}{2\sigma_b^2}\right), & x > M_b \end{cases} \tag{3.5}$$

其中，$M_a = \min(M_k), M_b = \max(M_k)$，$\sigma_a, \sigma_b$ 分别是 M_a, M_b 的标准差。用单个隶属度函数式（3.5）表示故障特征，虽然简单易行，但是过于粗糙，会忽视很多隐含在各组观测中的有用信息。这是因为故障样板模式建模精确与否，直接影响到后续故障特征匹配的精确程度，从而影响所获诊断证据的准确性。在随后的实验步骤，会通过诊断实例说明单个隶属度表示故障样板模式的局限性。

在分析和诊断故障时，应注意从发展变化中得出相对准确的结论，考虑传感器工作环境中干扰的影响，单独一次测量往往难以对故障判断有多大的把握，并且除非发生突发性事故，否则设备从无故障到产生故障是一个渐变的过程。所以假设设备在时间间隔 $\Delta t'$ 内运行稳定，在 $\Delta t'$ 内可以对设备进行多次观测，然后得到形如式（3.3）的高斯概率密度作为待检模式的隶属度函数，记为 $\mu_o(x):U \to [0,1]$，下标"o"代表观测，与单次观测以及多次观测的均值相比，它能更全面客观地反映 $\Delta t'$ 内设备故障特征参数的取值。

3.2.2　基于随机集似然测度的故障模式匹配方法

将待检模式和样板模式的隶属度函数进行匹配，就可以得到从采集信息中提取的特征对故障档案库中各个故障的支持程度，可以将其作为诊断证据用于融合。设 δ 是一个在区间 $[0,1]$ 上均匀分布的随机数，并定义

$$\Sigma_{F,k} = \Sigma_\delta(\mu_{F,k}) = \{x \in U \mid \delta \leqslant \mu_{F,k}(x)\} \tag{3.6}$$

其中，$\mu_{F,k}$ 是式（3.4）中 $\bar{\mu}_F$ 的第 k 个模糊隶属度函数，故障 $\Sigma_{F,k}$ 表示特征参数空间中隶属度大于 δ 的元素的集合，它是一种随机集[12]，即集合 $\Sigma_{F,k}$ 中元素的个数随 δ 取值随机变化。当 δ 取定一个值时，$\Sigma_{F,k}$ 是一个确定的集合，也就是模糊集理论中的截集。同理，可以定义关于待检模式的随机集形式为

$$\theta = \Sigma_{F,k}(\mu_o) = \{x \in U \mid \delta \leqslant \mu_o(x)\} \tag{3.7}$$

θ 和 $\Sigma_{F,k}$ 匹配说明两者不冲突，即 $\theta \bigcap \Sigma_{F,k} \neq \varnothing$。基于这一定义的"匹配"是一个概率似然现象，$\theta$ 和 $\Sigma_{F,k}$ 随机变化，某些时候它们互不相交，这时表示它们是冲突的，也就是该待检模式不能说明故障 F 的发生；某些时候则相反，即它们是不冲突的，也就是待检模式与样板模式有相似之处。因此，可以给出一个似然测度[12]

$$\rho(\theta \mid F) = \Pr(\theta \bigcap \Sigma_{F,k} \neq \varnothing) \tag{3.8}$$

它是由故障特征 θ 与产生该特征的故障 F 的匹配概率，其数值上的大小反映了故障 F 发生时，出现特征 θ 的似然程度。相应地，可以得到

$$\rho(\theta\,|\,F) = \Pr(\theta \bigcap \varSigma_{F,k} \neq \varnothing) = p(\delta \leqslant (\varSigma_{F,k} \wedge \mu_o)(x)) = \sup_x \min\{\mu_{F,k}(x), \mu_o(x)\} \quad (3.9)$$

式（3.9）表示对每个变量 x 的 $\mu_{F,k}(x)$ 和 $\mu_o(x)$ 进行取小运算，然后从运算结果中找出最大的那个作为似然程度值。为了加深对于模糊似然函数的了解，这里举例说明。

设转子系统的故障模式 F_j，$j=1,2,3$，它们共同的故障特征为振动加速度频谱中 1X（1 倍频）的幅值 A，并有形如式（3.3）样板模式隶属度函数：

$$\mu_{F_j,k}(A) = \exp\left(-\frac{(A-M_{j,k})^2}{2\sigma_{j,k}{}^2}\right) \quad (3.10)$$

待检模式的隶属度函数为

$$\mu_o(A) = \exp\left(-\frac{(A-M_o)^2}{2\sigma_o{}^2}\right) \quad (3.11)$$

假设具体参数如表 3.1 所示。

表 3.1　各个故障模式的具体参数设置

	M_1	M_2	M_3	M_4	M_5	σ_1	σ_2	σ_3	σ_4	σ_5
F_1	2.00	2.05	2.10	2.15	2.20	0.15	0.15	0.15	0.15	0.15
F_2	2.40	2.45	2.50	2.55	2.60	0.15	0.15	0.15	0.15	0.15
F_3	3.00	3.05	3.10	3.15	3.20	0.15	0.15	0.15	0.15	0.15

注：均值单位为 m/s²

待检模式均值 $M_o = 2.25\text{m/s}^2$，标准差 $\sigma_o = 0.15$；$\mu_{F_j,k}(x)$ 和 $\mu_o(x)$ 形式如图 3.1 所示。

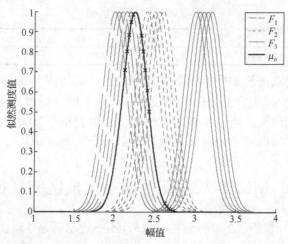

图 3.1　待检模式与三种故障模式集的匹配

由式（3.9）可知，$\rho(\theta\,|\,F_{j,k})(j=1,2,3;k=1,2,\cdots,5)$ 的取值分别是待检模式与 3 类样板模式、5 个隶属度曲线交点纵坐标的最大值，即图中 15 个"×"点的纵坐标如表 3.2 所示。

表 3.2　各个故障模式与待检模式交点值

	$\rho(\theta\,|\,F_{j,1})$	$\rho(\theta\,|\,F_{j,2})$	$\rho(\theta\,|\,F_{j,3})$	$\rho(\theta\,|\,F_{j,4})$	$\rho(\theta\,|\,F_{j,5})$
F_1	0.7066	0.8007	0.8825	0.9459	0.9862
F_2	0.8825	0.8007	0.7066	0.6065	0.5063
F_3	0.0439	0.0286	0.0181	0.0111	0.0066

表中 ρ 的物理意义为 δ 小于这些纵坐标的概率，由于 δ 服从[0,1]上的均匀分布，所以该概率即为交点处的取值。直观上讲，$\rho(\theta\,|\,F_{j,k})(j=1,2,3;k=1,2,\cdots,5)$ 是模糊隶属度曲线 $\mu_{F_{j,k}}(x)$ 和 $\mu_o(x)$ 相交程度的度量，相交程度越大，则待检模式与样板模式的匹配度越大。在证据理论中，这种匹配度就是由传感器观测提供的证据，从数值上表示：如果故障 F_j 的第 k 个样板模式为 $\mu_{F_{j,k}}(x)$，而某时间段内从观测信息中提取的模糊特征信息为 $\mu_o(x)$，则该传感器观测表征故障 F_j 的可能性为 $\rho(\theta\,|\,F_{j,k})$，该数值具有概率似然特性，且反映了对某一命题的支持程度，可将其作为证据理论中的一个 BBA[12]。同理，经过 k 次匹配得到 k 个 BBA，取其最大值与最小值构成原始的匹配区间

$$m_\rho(F_j)=[\min(\rho(\theta\,|\,F_{j,k})),\max(\rho(\theta\,|\,F_{j,k}))] \tag{3.12}$$

一般辨识框架中包含多个故障模式，可以利用上述似然函数确定一个待检模式对各个故障或故障子集的区间匹配度。在该例中求得原始匹配区间如表 3.3 所示。

表 3.3　原始匹配区间

	F_1	F_2	F_3
m_ρ	[0.7066,0.9862]	[0.5063,0.8825]	[0.0066,0.0439]

证据理论是建立在辨识框架的幂集基础上的，当有 N 种故障时，理论上 IBBA 可以在 2^N 个故障假设集合上分配，而设备故障库中的样板模式通常较多，当 N 较大时，计算量急剧增大。所以结合实际情况，在得到单个故障样板模式和待检模式的基础上，本书只考虑将原始匹配区间分配给单个的故障 $m_\rho(F_j),j=1,2,\cdots,N$。

3.3　基于 MLHS 从匹配区间中生成区间证据的方法

在实际工况中，根据 3.2 节得到的 $m_\rho(F_j)$ 不一定都满足 2.4.1 节中关于 IBBA 有效性的要求（定义 2.10）。当 $m_\rho(F_j)$ 满足有效性要求时，进一步利用定义 2.11 中

式（2.27）和式（2.28）判断其是否进行归一化处理，若未归一化，则用式（2.29）进行归一化。当 $m_\rho(F_j)$ 不满足有效性要求时，则需要对 $m_\rho(F_j)$ 进行变换，获得满足其要求的 IBBA。以下给出了从 $m_\rho(F_j)$ 中生成 IBBA 的流程图。这里给出当 $m_\rho(F_j)$ 不满足定义 2.10 时，如何用改进型拉丁超立方体采样（MLHS）策略对其变换得到 IBBA 的方法，并以 3.2 节的算例说明获取 IBBA 的具体过程（图 3.2）。

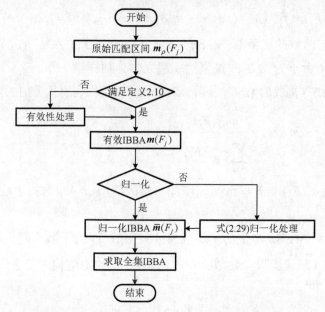

图 3.2　原始匹配区间生成 IBBA 流程图

对于原始匹配区间 $m_\rho(F_j)$ 不满足定义 2.10 时，则要进行有效性处理，令 $m_\rho(F_j) \in \boldsymbol{m}_\rho(F_j)$ 且满足 $a_j \leq m_\rho(F_j) \leq b_j(0 \leq a_j \leq b_j \leq 1, j = 1, \cdots, N)$，其左右端点取值一般存在以下两种情况：

（1）$\displaystyle\sum_{j=1}^{N} a_j \geq 1$ 且 $\displaystyle\sum_{j=1}^{N} b_j \geq 1$；

（2）$\displaystyle\sum_{j=1}^{N} b_j \leq 1$ 且 $\displaystyle\sum_{j=1}^{N} a_j \leq 1$。

本书延续定义 2.12 中利用遍历单值 BBA 融合，然后生成区间 IBBA 结果的思想，在信度结构的每个区间中选出单值 BBA，对其进行加权处理，取最大最小作为修正后有效性的区间。将每个区间中的单值 BBA 看作其所在区间上均匀分布的随机变量，其选点的随机性保证了加权处理后所得区间的最优性。本书采用改进型拉丁超立方体采样方法生成的随机样本作为单值 BBA，因为该采样方法比蒙特卡罗采样能够得到在 IBBA 区间中分布更为均匀的样本[13]。具体过程如下。

（1）产生一个 $M \times N$ 的矩阵 $P = (P_{i,j})$，它的列相互独立，每列均为 $\{1, 2, \cdots, M\}$ 的一个随机置换。

（2）产生一个 $M \times N$ 的矩阵 $U = (u_{i,j})$，由于 IBBA 上的单值 BBA 是在该区间上的均匀分布变量，根据 MLHS 方法，取 $u_{i,j} = 0.5$ 为[0,1]区间的中点，这与将 $u_{i,j}$ 取为独立同分布于均匀分布 $U(0,1)$ 上的点相比，该种确定性抽样进一步保证了采样的均匀性[13]。

（3）令 $m_{\rho,i}(F_j) = f_j^{-1}\left(M^{-1}(p_{i,j} - 1 + u_{i,j})\right), i = 1, 2, \cdots, M; j = 1, 2, \cdots, N$，其中的 f_j^{-1} 为 $m_\rho(F_j)$ 变量分布函数的逆函数，则 $\{m_{\rho,i} = (m_{\rho,i}(F_1), m_{\rho,i}(F_2), \cdots, m_{\rho,i}(F_N))^{\mathrm{T}}, i = 1, 2, \cdots, M\}$ 是 $m_\rho(F_j)$ 的一个大小为 M 的改进型拉丁超立方体抽样。

（4）由 $m_{\rho,i}(F_j)$ 构成的 $M \times N$ 矩阵，对每一行的数据利用式（3.13）进行加权处理。

$$m_i(F_j) = \frac{m_{\rho,i}(F_j)}{\displaystyle\sum_{j=1}^{N} m_{\rho,i}(F_j)}, i = 1, 2, \cdots, M; j = 1, 2, \cdots, N \tag{3.13}$$

令 $a_j = \min_i(m_i(F_j))$，$b_j = \max_i(m_i(F_j))$，则区间 $[a_j, b_j]$ 即为关于故障 F_j 的有效性区间。

（5）由于采用 MLHS 产生的是随机性区间 $[a_j, b_j]$，为了减少随机性带来的误差，这里重复步骤（1）～步骤（4）共 10 次，将 a, b 的均值构成的区间作为最终得到的有效性区间，即

$$m(F_j) = \left[\frac{1}{10}\sum_{k=1}^{10} a_{j,k}, \frac{1}{10}\sum_{k=1}^{10} b_{j,k}\right] \tag{3.14}$$

这里给出 $m(F_j)$ 的有效性证明。

命题 3.1　式（3.14）中的 $m(F_j)$ 是区间基本信度赋值，它满足有效性区间信度结构的条件 $\displaystyle\sum_{j=1}^{N} \frac{1}{n}\sum_{k=1}^{n} a_{j,k} \leqslant 1$ 且 $\displaystyle\sum_{j=1}^{N} \frac{1}{n}\sum_{k=1}^{n} b_{j,k} \geqslant 1$。

证明　由式（3.13）可知，在区间 $[a_{j,k}, b_{j,k}]$ 中总存在一个 $m(F_j) \in [a_{j,k}, b_{j,k}]$ 使得 $\displaystyle\sum_{j=1}^{N} m(F_j) = 1$ 成立，则有

$$\sum_{j=1}^{N} a_{j,k} \leqslant 1 \tag{3.15}$$

$$\sum_{j=1}^{N} b_{j,k} \geqslant 1 \tag{3.16}$$

并有

$$\sum_{k=1}^{n}\sum_{j=1}^{N}a_{j,k}\leq n \qquad\qquad (3.17)$$

其中，$n\geq 2$ 为以上算法重复实施的次数。式（3.17）两边同时除以 n 得

$$\frac{1}{n}\sum_{k=1}^{n}\sum_{j=1}^{N}a_{j,k}\leq 1 \qquad\qquad (3.18)$$

从而

$$\sum_{j=1}^{N}\frac{1}{n}\sum_{k=1}^{n}a_{j,k}\leq 1 \qquad\qquad (3.19)$$

证毕。

同理，可证

$$\sum_{j=1}^{N}\frac{1}{n}\sum_{k=1}^{n}b_{j,k}\geq 1 \qquad\qquad (3.20)$$

若以上算法获取的有效性信度区间 $\boldsymbol{m}(F_j)$ 不满足归一化准则，则需要利用式（2.29）对其再进行归一化处理得到有效且归一化的区间信度结构 $\bar{\boldsymbol{m}}$。例如，在表 3.3 给出的算例中，原始的匹配区间不满足有效性，用本书的有效性处理方法，可以得到有效且归一化的区间信度结构如表 3.4 所示。

表 3.4　原始匹配区间的有效与归一化处理结果

	F_1	F_2	F_3
m_ρ	[0.7066,0.9862]	[0.5063,0.8825]	[0.0066,0.0439]
m	[0.4395,0.6467]	[0.3371,0.5456]	[0.0038,0.0331]
$\bar{m}$	[0.4395,0.6467]	[0.3371,0.5456]	[0.0038,0.0331]

若 $\boldsymbol{m}(F_j), j=1,2,\cdots,N$ 是有效且归一化的 IBBA，对任意 $m(F_j)\in\boldsymbol{m}(F_j)$ 都存在 $\sum_{j=1}^{N}m(F_j)=1$，则称 $\boldsymbol{m}(F_j)$ 是一个完整的区间信度结构[11]，此时全集 $\boldsymbol{m}(\Theta)=0$，Θ 的 IBBA 表示对假设"不确定是哪个故障发生"的支持程度；若 $\boldsymbol{m}(F_j)$ 是不完整的区间信度结构，此时全集 $\boldsymbol{m}(\Theta)\neq 0$，则有 $\boldsymbol{m}(\Theta)=[m^-(\Theta),m^+(\Theta)]$，其中 $m^-(\Theta)=\max\left(0,1-\sum_{j=1}^{N}b_j\right)$，$m^+(\Theta)=1-\sum_{j=1}^{N}a_j$。在上面的例子中 $m^-(\Theta)=\max\left(0,1-\sum_{j=1}^{N}b_j\right)=0$，$m^+(\Theta)=1-\sum_{j=1}^{N}a_j=0.2196$，则 $\boldsymbol{m}(\Theta)=[0,0.2196]$。

3.4　基于区间型诊断证据融合的故障决策

在得到从各个信息源中提取的 IBBA 之后，根据定义 2.12 给出的区间证据组合公式，对它们进行融合，得到融合后的 IBBA，可以将其作为判据对系统是否存在故障做决策。这里结合 2.3 节介绍的基于点值 BBA 的融合决策准则，给出区间证据下的故障决策准则。

（1）判定的故障类型对应的 IBBA 区间的左右端点都要大于其他 IBBA 区间的左右端点。

（2）不确定度 $m(\Theta)$ 的右端点要小于某一门限，这里规定必须小于 0.3。

3.5　故障诊断实例

这里以电机转子故障诊断为例验证本章所提方法的有效性。实验环境如图 3.3 所示，实验设备为 ZHS-2 型多功能柔性转子实验台，将振动位移传感器和加速度传感器分别安置在转子支撑座的水平和垂直方向采集转子振动信号，经 HG-8902 采集箱将信号传输至上位机，然后利用 LabVIEW 环境下的 HG-8902 数据分析软件得到转子振动加速度频谱以及时域振动位移平均幅值作为故障特征信号。

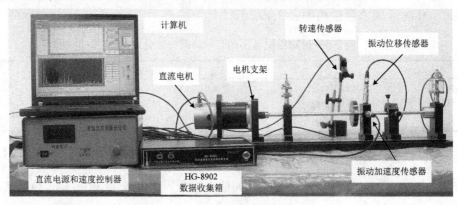

图 3.3　ZHS-2 电机柔性转子系统

分别在实验台上设置了故障 F_1=不平衡，F_2=不对中，F_3=支撑基座松动。与设备正常运行时的频谱相比，引发异常振动的故障源都会产生一定频率成分的振动幅值增加，可能是单一频率，也可能是一组频率或者某个频带。转子转速为 1500r/min，基频 1X 为 25Hz，n 倍频 $nX(n=1,2,3,\cdots)$，为 $n \times 25$Hz。转子正常时，其各个振动频率幅值都不超过 0.1m/s^2。当故障出现时，不同的故障所表现出的频率幅值的增加情况也不同。三种故障的振动能量大都集中在 1X～3X 上，但是对单一某个频率幅值的分析很难判定是哪个故障发生。所以这里将 1X～3X 的振动幅值以及时域振动位移平均幅值作为故障特征量,将时域和频域信息进行融合做出综合决策。

方法实施的具体步骤如下。

(1) 求取各样板模式。利用 3.2 节介绍的方法,在各种故障模式下,对于每个故障特征,在时间间隔 $\Delta t = 16\mathrm{s}$ 内连续采集 40 次观测,共采集 5 组,利用这 5 组观测得到 5 个形如式 (3.3) 的样板模式隶属度函数,并最终构成形如式 (3.4) 的样板模式函数集。3 种故障对应 4 种特征,共需建立 12 个这样的隶属度函数集。

(2) 求取各待检模式。在某工况下,选择在时间间隔 $\Delta t' = 8\mathrm{s}$ 内连续采样 20 次,按照 3.2 节的方法得到待检模式的隶属度函数,4 种特征形成 4 个待检模式。

(3) 模式匹配与融合。利用模糊集的随机集表示,将某特征下待检模式与每种故障的 5 个样板模式隶属度函数匹配得到 5 个单值,取其中的最大值及最小值构成原始的匹配区间左右端点值,根据 3.3 节提供的方法对该匹配区间进行有效和归一化处理,得到待融合的 IBBA。然后利用 Dempster-Shafer 区间证据组合规则得到融合后各个故障假设以及全集的 IBBA。

(4) 依据 3.4 节的决策准则,由融合后得到的 IBBA 对设备的故障做出判断。

以下以发生 F_1 故障下的诊断为例,在两个不同的实验中,将本书方法与文献[2]融合方法进行对比说明了前者更加有效。图 3.4～图 3.7 是实验一中两种方法(图(a)为本书方法,图(b)为文献[2]方法)在待检模式与样板模式匹配情况的对比,表 3.5 中给出了实验一的结果。从图 3.4～图 3.7 中可以看出,不同的故障模式之间,它们的故障样板模式对应的隶属度函数出现较大的交叠,说明它们所表现出的故障特征十分相似。若此时在线获取的待检模式同时支持多种故障(图 3.4、图 3.5 和图 3.7),则如表 3.5 中黑体所示,经由文献[2]的方法得到的单值形式的 BBA,从融合结果中无法准确判断是何种故障发生。但是本书方法因为考虑了同一故障的多个故障样板模式与待检模式的匹配,获取了 IBBA,该区间可以包含更多的故障信息,所以从融合结果可以正确判断故障 F_1 发生。

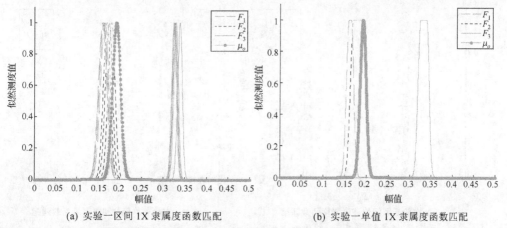

(a) 实验一区间 1X 隶属度函数匹配　　　　　　(b) 实验一单值 1X 隶属度函数匹配

图 3.4　实验一中的模式匹配结果(1X 隶属度函数匹配)

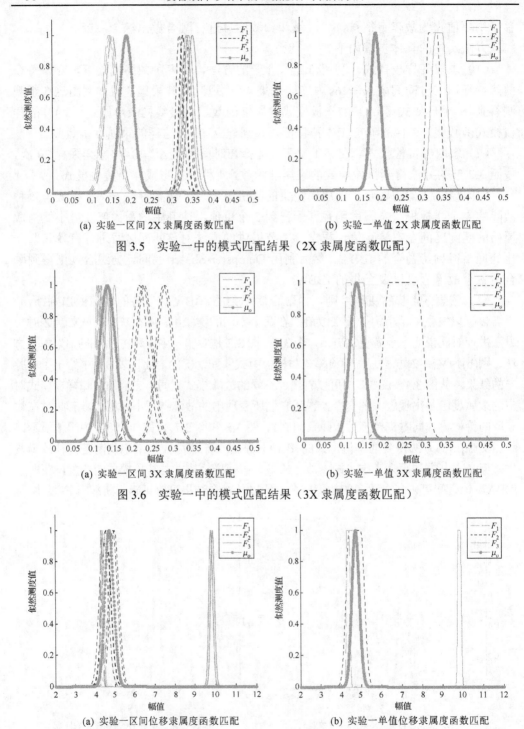

(a) 实验一区间 2X 隶属度函数匹配　　　　　　(b) 实验一单值 2X 隶属度函数匹配

图 3.5　实验一中的模式匹配结果（2X 隶属度函数匹配）

(a) 实验一区间 3X 隶属度函数匹配　　　　　　(b) 实验一单值 3X 隶属度函数匹配

图 3.6　实验一中的模式匹配结果（3X 隶属度函数匹配）

(a) 实验一区间位移隶属度函数匹配　　　　　　(b) 实验一单值位移隶属度函数匹配

图 3.7　实验一中的模式匹配结果（位移隶属度函数匹配）

表 3.5　实验一中本书 IBBA 融合方法与文献[2]BBA 融合方法的比较

		$m(F_1)$	$m(F_2)$	$m(F_3)$	$m(\Theta)$
区间方法	1X	[0.2456, 0.3621]	[0.6379, 0.7544]	[0.0000, 0.0000]	[0.0000, 0.1165]
	2X	[0.4287, 0.5873]	[0.0000, 0.0000]	[0.0000, 0.0000]	[0.4127, 0.5713]
	3X	[0.3553, 0.5055]	[0.0011, 0.0830]	[0.4577, 0.6094]	[0.0000, 0.1859]
	位移	[0.2563, 0.3989]	[0.6011, 0.7437]	[0.0000, 0.0000]	[0.0000, 0.1426]
区间融合		**[0.4564, 0.9165]**	**[0.0808, 0.5394]**	[0.0016, 0.0697]	[0.0008, 0.0105]
单值方法	1X	0.0914	0.9086	0.0000	0.0000
	2X	0.3562	0.0000	0.0000	0.6438
	3X	0.4342	0.0324	0.5334	0.0000
	位移	0.2891	0.7109	0.0000	0.0000
单值融合		**0.4599**	**0.5401**	0.0000	0.0000

　　类似地，图 3.8～图 3.11 所示的实验二的模式匹配结果，表 3.6 中给出了实验结果。从中可以看出，当文献[2]的方法能够正确给出融合结果时，本书所提方法同时有效。

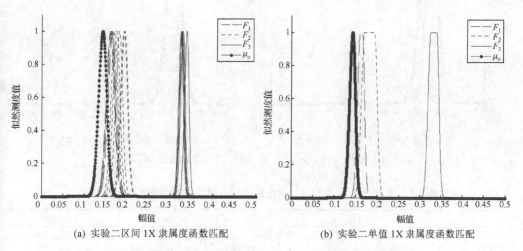

(a) 实验二区间 1X 隶属度函数匹配　　　　　(b) 实验二单值 1X 隶属度函数匹配

图 3.8　实验二中的模式匹配结果（1X 隶属度函数匹配）

　　表 3.7 中还给出了两种方法运行时间的对比，虽然本书方法需要的运行时间比前者长，但是随着计算机处理能力的不断提升，该方法仍可以满足在线诊断的要求。

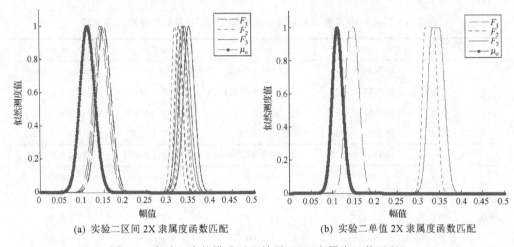

(a) 实验二区间 2X 隶属度函数匹配　　　　(b) 实验二单值 2X 隶属度函数匹配

图 3.9　实验二中的模式匹配结果（2X 隶属度函数匹配）

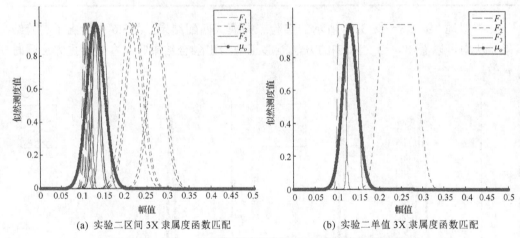

(a) 实验二区间 3X 隶属度函数匹配　　　　(b) 实验二单值 3X 隶属度函数匹配

图 3.10　实验二中的模式匹配结果（3X 隶属度函数匹配）

表 3.6　实验二中本书 IBBA 融合方法与文献[2]BBA 融合方法的比较

		$m(F_1)$	$m(F_2)$	$m(F_3)$	$m(\Theta)$
区间方法	1X	[0.4918, 0.6422]	[0.0140, 0.2838]	[0.0000, 0.0000]	[0.0740, 0.4942]
	2X	[0.4990, 0.6614]	[0.0000, 0.0000]	[0.0000, 0.0000]	[0.3386, 0.5010]
	3X	[0.3553, 0.5063]	[0.0011, 0.0828]	[0.4579, 0.6124]	[0.0000, 0.1858]
	位移	[0.5446, 0.7800]	[0.2200, 0.4554]	[0.0000, 0.0000]	[0.0000, 0.2354]
区间融合		**[0.8453, 0.9963]**	[0.0027, 0.1199]	[0.0000, 0.1097]	[0.0000, 0.0212]
单值方法	1X	0.3277	0.1087	0.0000	0.5641
	2X	0.4473	0.0000	0.0000	0.5527
	3X	0.4342	0.0324	0.5334	0.0000
	位移	0.4133	0.4028	0.0000	0.1839
单值融合		**0.8599**	0.0263	0.1138	0.0000

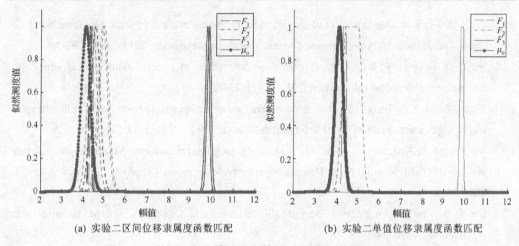

(a) 实验二区间位移隶属度函数匹配　　　　　　(b) 实验二单值位移隶属度函数匹配

图 3.11　实验二中的模式匹配结果（位移隶属度函数匹配）

表 3.7　两种融合方法运行时间的对比　　　　　　　（单位：s）

		第 1 次	第 2 次	第 3 次	第 4 次	第 5 次
实验一	区间融合时间	5.153	5.125	5.109	5.148	5.194
	单值融合时间	2.078	1.938	2.078	1.953	2.000
实验二	区间融合时间	6.015	5.672	5.578	5.860	5.984
	单值融合时间	1.985	2.000	1.937	1.937	2.062

3.6　本 章 小 结

　　基于区间信度结构的故障诊断方法，由于 IBBA 中含有更多的诊断信息，所以获得的融合诊断结果更为合理和准确，其缺点是在融合步骤会增加一定的计算量。但是，随着计算机处理速度的不断提高，该方法仍适用于在线的设备故障诊断。从本书的实验可以看出，在基于单值 BBA 的融合方法可以判断出故障时，本书方法同样适用；当前者不能判断故障时，本书方法同样可以给出合理准确的诊断结果。所以，使用本书提供的方法，可以有效提高故障诊断系统的确诊率。

参 考 文 献

[1]　朱大奇, 于盛林. 基于 D-S 证据推理的数据融合算法及其在电路故障诊断中的应用. 电子学报, 2002, 30(2): 221-223.

[2]　徐晓滨, 王迎昌, 文成林. 基于模糊故障特征信息的随机集度量信息融合诊断方法. 电子与信息学报, 2009, 31(7): 1635-1640.

[3] Xu X B, Feng H S, Wang Z, et al. An information fusion method of fault diagnosis based on interval basic probability assignment. Chinese Journal of Electronics, 2011, 20(2): 255-260.

[4] Xu X B, Feng H S, Wen C L. A normalization method of interval-valued belief structures. International Journal on Information, 2012, 15(1): 239-248.

[5] Wen C L, Xu X B, Jiang H N, et al. A new DSmT combination rule in open frame of discernment and its application. Science China Information Science, 2012, 55(3): 551-557.

[6] Moosavian A, Khazaee M, Najafi G, et al. Spark plug fault recognition based on sensor fusion and classifier combination using Dempster-Shafer evidence theory. Applied Acoustics, 2015, 93: 120-129.

[7] Lee E S, Zhu Q. An interval Dempster-Shafer approach. Computers and Mathematics with Applications, 1992, 24(7): 89-95.

[8] Denoeux T. Reasoning with imprecise belief structures. International Journal of Approximate Reasoning, 1999, 20(1): 79-111.

[9] Denoeux T. Modelling vague belief using fuzzy-valued belief structures. Fuzzy Sets and Systems, 2000, 116(2): 167-199.

[10] Wang Y M, Yang J B. On the combination and normalization of interval-valued belief structures. Information Sciences, 2007, 177(5): 1230-1247.

[11] Wang Y M, Yang J B. The evidential reasoning approach for multiple attribute decision analysis using interval belief degrees. European Journal of Operational Research, 2006, 175(1): 35-66.

[12] 徐晓滨. 不确定性信息处理的随机集方法及在系统可靠性评估与故障诊断中的应用[博士学位论文]. 上海: 上海海事大学, 2009.

[13] Keramat M, Kielbasa R. Modified Latin hypercube sampling Monte Carlo (MLHSMC) estimation for average quality index. Analog Integrated Circuits and Signal Processing, 1999, 19(1): 87-98.

第 4 章　基于证据相似性度量的冲突性区间证据融合方法

4.1　引　　言

区间值信度结构理论（简称为区间证据理论）能够较为全面地度量信息的不确定性，并符合人的常性思维和主观概念，成为当今不确定性理论研究的热点，对其的研究集中于以下两个方向：一是区间证据融合规则的构造方法，二是区间证据的获取方法[1-3]。在研究方向一中，Lee 等基于区间运算定义了区间证据融合规则[4]，Denoeux 构造二次规划模型以融合多个 IBBA[5,6]，基于 Denoeux 定义的 IBBA 有效性和归一化准则，Wang 等提出最优的 Dempster 区间证据组合公式[7,8]；而研究方向二，主要是讨论如何在实际中获取区间证据，这也是应用融合规则的前提。第 3 章中，以旋转机械故障诊断为背景，基于改进型拉丁超立方体采样和传感器提供的故障特征数据集，提出一种获取区间型诊断证据的方法，并利用 Dempster 区间证据组合规则（定义 2.12）将多个传感器提供的证据融合，并通过融合结果定位故障[9]。与基于 BBA 融合的故障定位方法相比，利用区间型证据可显著提高融合诊断系统的确诊率，并且书中通过诊断实例进一步验证其所提出的证据获取及融合诊断方法的可靠性和准确性。

但是，在实际应用中，由于传感器测量误差、环境噪声干扰和监测数据不完整等因素，从不同传感器获取的单值或区间证据之间经常会存在冲突。当今，对于单值 BBA 冲突处理方法的研究已经相对成熟。其中，一类是修改组合规则的方法[10-13]，它们以不同的方式重新分配空集的信度赋值，但其组合规则只是适用于解决某些具体问题，缺乏普适性；另一类是修改模型的方法，即修改证据的方法[14-16]。该类方法主要考虑到证据之间的关联性，用证据权重修改原始证据，然后利用原始的 Dempster 组合规则对修改后的证据进行融合，此类方法从证据之间相似性的角度反映了冲突的本质。

在区间证据的融合当中，Dempster 区间证据组合公式的融合机理在于，选取区间证据中的单值 BBA，用经典的 Dempster 组合规则融合，进而统计生成区间型 BBA。虽然经典的 Dempster 融合规则具有聚焦作用，但在融合高冲突区间证据时，融合后的 BBA 赋值过于分散，并不能很好地聚焦于某些焦元上，导致 IBBA 的区间宽度过大，不易用于决策。如何结合单值证据冲突处理方法，以减小融合后所得区间证据的区间宽度，使得区间上下边界聚焦于同一个焦元上，利于决策，这是区间证据冲突融合中一个十分重要的新问题[2]。

针对以上问题，本章基于证据相似性度量，提出一种冲突性区间证据融合的新方法，以克服在融合诊断问题中，因区间证据冲突而无法有效做出决策的问题。首先基于定义的扩展型 Pignistic 概率转换，将区间证据转换为区间型 Pignistic 概率。利用区间模糊集的归一化欧氏距离，求取区间型 Pignistic 概率之间的相似性，以此确定两两证据间的相似度矩阵和置信度。然后，利用该置信度对原始的区间证据进行加权平均，得到新的区间证据，利用 Dempster 区间证据组合公式对其进行融合。该方法可以有效地减弱高冲突性区间证据在组合规则中的作用，从而减小融合后所得区间证据的宽度，最终可降低决策中的不确定性。最后通过多个典型算例验证了经冲突处理后再对区间证据进行融合，要比直接融合能够产生更为合理和可靠的结果。

4.2　区间证据的冲突及其对融合结果的影响

下面通过例子说明 Dempster 区间证据组合公式（定义 2.12）在处理冲突证据融合时，所出现的无法根据融合结果做出决策的问题。在同一辨识框架 $\Theta = \{\theta_1, \theta_2, \theta_3\}$ 下有两组有效且归一化的 IBBA。

第 1 组：

$m_1^1(\theta_1)=[0.60,0.70], m_1^1(\theta_2)=[0.05,0.15], m_1^1(\theta_3)=[0.00,0.01], m_1^1(\theta_1,\theta_3)=[0.20,0.30]$

$m_2^1(\theta_1)=[0.55,0.65], m_2^1(\theta_2)=[0.05,0.15], m_2^1(\theta_3)=[0.00,0.01], m_2^1(\theta_1,\theta_3)=[0.25,0.35]$

第 2 组：

$$m_1^2(\theta_1)=[0.95,0.98], m_1^2(\theta_2)=[0.00,0.01], m_1^2(\theta_3)=[0.02,0.05]$$

$$m_2^2(\theta_1)=[0.02,0.05], m_2^2(\theta_2)=[0.00,0.01], m_2^2(\theta_3)=[0.95,0.98]$$

将两组区间证据用 Dempster 区间证据组合公式融合后结果如表 4.1 所示。

表 4.1　两组区间证据融合结果

	θ_1	θ_2	θ_3	θ_1,θ_3
$m_1^1 \oplus m_2^1$	[0.8391,0.9138]	[0.0027,0.0295]	[0.0000,0.0077]	[0.0594,0.1237]
$m_1^2 \oplus m_2^2$	[0.2794,0.7260]	[0.0000,0.0026]	[0.2794,0.7260]	—

由表 4.1 可知，若区间证据同时支持某焦元（如第 1 组证据），当利用 Dempster 区间证据组合公式融合时，采用的单值 BBA 也会同时支持某焦元，这时的融合结果能够正确聚焦；若区间证据间存在高冲突（如第二组证据中 m_1^2 强烈支持 θ_1，而 m_2^2 强烈支持 θ_3），则利用 Dempster 组合公式所得的融合结果中，焦元 θ_1 和 θ_3 的区间宽度较大且相等，无法决策。

4.3　基于区间证据相似性的冲突证据度量及融合

在处理单值冲突证据的修改模型法中，利用权重（置信度）度量某个证据和其他证据之间的冲突程度。也就是说，如果其他证据支持某个证据，则说明该证据比较可信，其所占权重较大，对融合结果的影响也较大；反之，如果某个证据与其他证据间的冲突较大，则该证据的可信度较低，其所占权重就较低，对融合结果的影响也较小。这种方法充分考虑到证据之间的相互关联性，减少引起冲突的证据权重，提高最终融合结果的合理性和可靠性，并且应用广泛，易于理解，符合客观情况[16-21]。本书将该思想推广到冲突性区间证据的处理上。首先，基于单值 Pignistic 概率转换，提出扩展型 Pignistic 概率转换，将其应用到区间证据上，转换后结果记为 IBetP，其中，I 表示区间，BetP 代表 Pignstic 概率转换，此时的 IBetP 是一个区间而非单值；然后，计算每个辨识框架单元素的 IBetP，并确定区间 IBetP 间的相互距离，以间接度量区间证据间的冲突程度；最后，分析确定区间证据的相似度、置信度，更新原始区间证据，用加权平均后新区间证据替代原始区间证据，再用 Dempster 区间证据组合公式进行融合，使融合结果收敛到正确的命题，以便做出决策。

4.3.1　扩展型 Pignistic 概率转换

基于期望效用理论，Smets 定义了 Pignistic 概率函数。其基本思想是，在辨识框架 Θ 上进行 Pignistic 转换，将基本概率函数转换成 Pignistic 概率函数。

设 m 是在辨识框架 Θ 下的一个 BBA，2.2.3 节中给出相应的 Pignistic 概率函数 $BetP_m:\Theta\rightarrow[0,1]$ 定义为

$$BetP_m(\theta) = \sum_{A\subseteq\Theta,\theta\in A} \frac{1}{|A|}\frac{m(A)}{1-m(\varnothing)}, m(\varnothing)\neq 1 \qquad (4.1)$$

其中，$|A|$ 表示集合 A 的势。m 到 $BetP_m$ 上的转换称为 Pignistic 转换，一般情况下，对单个 BBA 进行赋值时，$m(\varnothing)=0$。所以，用式（4.1）对单个 BBA 进行 Pignistic 转换时，空集的赋值恒为零。

对于单值的 BBA，经过以上 Pignistic 转换后的 $BetP_m$ 仍然是单值的，这种形式的概率转换不能直接用于 IBBA 上，需对其进行扩展，即区间证据的 Pignistic 转换，表示为 $IBetP_m$。

定义 4.1　扩展型 Pignistic 转换

设 m 是在辨识框架 Θ 上的一个有效且归一化的 IBBA，记为 $[a_i, b_i](0\leq a_i\leq m(A_i)\leq b_i\leq 1\ i=1, 2, \cdots, N)$，则其 Pignistic 概率函数 $IBetP_m$ 定义为

$$IBetP_m(\theta) = [BetP_m^-(\theta), BetP_m^+(\theta)] \qquad (4.2)$$

其中，$\text{Bet}P_m^-(\theta)$ 和 $\text{Bet}P_m^+(\theta)$ 分别为如下 Pignistic 概率转换的最小值与最大值

$$\left.\begin{array}{l} \max/\min \quad \text{Bet}P_m(\theta) = \sum_{A_i \subseteq \Theta, \theta \in A_i} \frac{1}{|A_i|} \frac{m(A_i)}{1-m(\varnothing)}, m(\varnothing) \neq 1 \\ \text{s.t.} \quad \sum_{i=1}^N m(A_i) = 1, \quad a_i \leqslant m(A_i) \leqslant b_i, i=1,2,\cdots,N \end{array}\right\} \quad (4.3)$$

例如，在辨识框架 $\Theta=\{\theta_1,\theta_2,\theta_3\}$ 下的有效且归一化的 IBBA，将其用扩展型 Pignistic 转换结果表示为 $\text{IBet}P_m$，如表 4.2 所示。

表 4.2　利用扩展型 Pignistic 转换后的结果

	θ_1	θ_2	θ_3	θ_1,θ_2
m	[0.40,0.50]	[0.20,0.30]	[0.00,0.10]	[0.30,0.40]
$\text{IBet}P_m$	[0.55,0.65]	[0.35,0.45]	[0.00,0.10]	—

4.3.2　基于区间欧氏距离的区间证据相似性度量

这里采用区间归一化欧氏距离公式度量两两 IBetP 之间的相似性，以间接度量 IBetP 所对应的区间证据间的相似性。

设 m_1，m_2 是同一辨识框架 Θ 中的两个 IBBA，Θ 含有 n 个完备且相互独立的元素，记为 $\Theta=\{\theta_i, i=1,2,\cdots,n\}$，经过扩展型 Pignistic 转换后，分别记为 $\text{IBet}P_{m_1}$ 和 $\text{IBet}P_{m_2}$，则其距离为

$$d(\text{IBet}P_{m_1}, \text{IBet}P_{m_2}) = \sqrt{\frac{1}{2n} \sum_{i=1}^n ((\text{Bet}P_{m_1}^-(\theta_i) - \text{Bet}P_{m_2}^-(\theta_i))^2 + (\text{Bet}P_{m_1}^+(\theta_i) - \text{Bet}P_{m_2}^+(\theta_i))^2)} \quad (4.4)$$

其中，$\text{IBet}P_{m_1}(\theta_i) = [\text{Bet}P_{m_1}^-(\theta_i), \text{Bet}P_{m_1}^+(\theta_i)]$，$\text{IBet}P_{m_2}(\theta_i) = [\text{Bet}P_{m_2}^-(\theta_i), \text{Bet}P_{m_2}^+(\theta_i)]$。

距离是度量证据间冲突的一种方法，若两证据间的距离越大，则表示其冲突越大，其相似性越小，反之亦然。

这里以 4.2 节算例中两组区间证据为例，说明冲突与距离的关系。由式（4.4）可得每组证据间的距离为 $d(\text{IBet}P_{m_1^1}, \text{IBet}P_{m_2^1}) = 0.0204$，$d(\text{IBet}P_{m_1^2}, \text{IBet}P_{m_2^2}) = 0.7593$。由于 m_1^1 和 m_2^1 都支持 θ_1，冲突很小，所以其距离很小；相反，m_1^2 强烈支持 θ_1，而 m_2^2 强烈支持 θ_3，它们存在高冲突，故距离很大。需要说明的是，做 Pignistic 转换的目的是将各个焦元的区间基本信度赋值投影到正交空间，该空间的维数即为辨识框架中元素的个数，空间中各维坐标上的数值表示相应元素的 Pignistic 概率取值。实施此种正交变换后，才能进一步使用区间欧氏距离度量正交空间中两两 IBetP 区间之间的关系，从而间接度量相应区间证据之间的相似性。

若两区间证据间的距离用式（4.4）度量，则其相似度可以表示为

$$\text{Sim}(\text{IBet}P_{m_1}, \text{IBet}P_{m_2}) = 1 - d(\text{IBet}P_{m_1}, \text{IBet}P_{m_2}) \tag{4.5}$$

若融合系统含有 N 个区间证据，通过式（4.3）和式（4.4）得到区间证据 m_i 与 m_j 之间的距离，并由式（4.5）确定两者的相似度，记为 S_{ij}，则可构造相似度矩阵为

$$\text{SMM} = \begin{bmatrix} S_{11} & S_{12} & \cdots & S_{1N} \\ S_{21} & S_{22} & \cdots & S_{2N} \\ \vdots & \vdots & & \vdots \\ S_{N1} & S_{N2} & \cdots & S_{NN} \end{bmatrix} \tag{4.6}$$

则每个区间证据的支持度为

$$\text{Sup}(m_i) = \sum_{j=1, j \neq i}^{N} \text{SMM}(i, j) \tag{4.7}$$

支持度 $\text{Sup}(m_i)$ 反映的是被其他区间证据所支持的程度，是相似性测度的函数。如果一个区间证据与其他证据相似程度较高，则认为它们相互支持的程度也较高；反之亦然。

对于证据体 m_i 的置信度为

$$\text{Crd}(m_i) = \frac{\text{Sup}(m_i)}{\sum_{i=1}^{N} \text{Sup}(m_i)} \tag{4.8}$$

由式（4.8）易知 $\sum_{i=1}^{N} \text{Crd}(m_i) = 1$，此处，将置信度 $\text{Crd}(m_i)$ 作为区间证据 m_i 的权重，在获得各个区间证据的权重后，对各个区间证据进行加权平均，得到新的加权平均证据 $\text{MAE}(m)$ 为

$$\text{MAE}(m) = \sum_{i=1}^{N} \text{Crd}(m_i) \times m_i \tag{4.9}$$

4.3.3　修正后区间证据的融合

若有 N 条区间证据，则将得到的新区间证据用 Dempster 区间证据组合公式融合 $N{-}1$ 次，得到的最终融合区间，相比直接用 Dempster 区间组合公式获得的 IBBA，区间宽度较窄，并且区间上下界聚焦于同一个焦元的作用很明显。其主要原因是，由于本书方法考虑了区间证据之间的相似程度，各个区间证据因相互支持度的不同获得不同的权重，如果一个区间证据被其他区间证据所支持的程度较高，则该证据越可信，对最后的融合结果影响程度越大。相反，如果某一证据与其他证据是高冲突的，则它的权重很低，对最终的融合结果影响程度较小。

4.4　典型算例分析

为了说明本章方法的有效性，这里给出三个高冲突区间证据融合的典型例子，并设定辨识框架均为 $\Theta = \{\theta_1, \theta_2, \theta_3\}$，且所给出的区间证据均是有效且归一化的。例 4.1

是关于单元素赋值的区间证据。例 4.2 中含有对辨识框架下单元素与全集赋值的区间证据。例 4.3 中含有对辨识框架下单元素与子集赋值的区间证据。

例 4.1 设 3 个区间证据 m_1、m_2 和 m_3 为

$$m_1(\theta_1)=[0.95, 0.98], \quad m_1(\theta_2)=[0.00, 0.01], \quad m_1(\theta_3)=[0.02, 0.05]$$

$$m_2(\theta_1)=[0.02, 0.05], \quad m_2(\theta_2)=[0.00, 0.01], \quad m_2(\theta_3)=[0.95, 0.98]$$

$$m_3(\theta_1)=[0.40, 0.60], \quad m_3(\theta_2)=[0.10, 0.20], \quad m_3(\theta_3)=[0.30, 0.40]$$

用式（4.2）对三个区间证据进行扩展型 Pignistic 转换，并用式（4.4）和式（4.5）计算得到两两区间证据间的距离及相似度，以此构造相似度矩阵为

$$\text{SMM} = \begin{bmatrix} 1.0000 & 0.2407 & 0.6599 \\ 0.2407 & 1.0000 & 0.5432 \\ 0.6599 & 0.5432 & 1.0000 \end{bmatrix}$$

根据式（4.7）和式（4.8）得到各个区间证据体的置信度分别为

$$\text{Crd}(m_1)=0.3119, \quad \text{Crd}(m_2)=0.2714, \quad \text{Crd}(m_3)=0.4167$$

采用加权平均后，再用 Dempster 区间证据组合公式进行融合，并与直接采用 Dempster 区间证据组合公式融合的结果进行对比，如表 4.3 所示。

表 4.3　两种融合方法的结果对比

	$m(\theta_1)$	$m(\theta_2)$	$m(\theta_3)$
直接融合方法	[0.2840, 0.8376]	[0.0000, 0.0014]	[0.1624, 0.7159]
本章方法	**[0.5324, 0.7576]**	[0.0003, 0.0037]	[0.2421, 0.4644]

通过表 4.3 可以看出，当区间证据存在高冲突时，即 m_1 强烈支持 θ_1，而 m_2 却强烈支持 θ_3，m_3 却不能明显支持一方。若直接用 Dempster 区间证据组合公式，则融合结果的区间宽度很大，难以决策。而本章方法充分考虑了区间证据之间的相互关联性，降低冲突性区间证据在整个融合系统的权重，减小其在融合过程中的作用，所得的最终融合结果的区间宽度较窄，并且区间上下界同时聚焦于同一个焦元上的作用明显，从而提高了决策能力。

例 4.2 设定只对辨识框架下单元素和全集赋值的区间证据 $m_i(i=1,2,\cdots,5)$ 如表 4.4 所示。

表 4.4　单元素和全集赋值的区间证据

	θ_1	θ_2	θ_3	Θ
m_1	[0.65,0.75]	[0.00,0.01]	[0.05,0.10]	[0.20,0.40]
m_2	[0.00,0.01]	[0.70,0.85]	[0.05,0.15]	[0.10,0.20]
m_3	[0.20,0.30]	[0.20,0.30]	[0.20,0.30]	[0.30,0.40]
m_4	[0.50,0.60]	[0.05,0.15]	[0.00,0.01]	[0.30,0.40]
m_5	[0.55,0.65]	[0.05,0.15]	[0.00,0.01]	[0.25,0.35]

本章方法与直接用 Dempster 区间证据组合公式融合结果进行对比，如表 4.5 所示，其中列出了区间证据依次融合的过程。

表 4.5　两种融合方法的结果对比

		m_1,m_2	m_1,m_2,m_3	m_1,m_2,m_3,m_4	m_1,m_2,m_3,m_4,m_5
直接融合方法	$m(\theta_1)$	[0.1722, 0.4311]	[0.1647, 0.4900]	[0.2782, 0.7220]	**[0.4362, 0.8835]**
	$m(\theta_2)$	[0.3723, 0.6882]	[0.3460, 0.7191]	[0.1968, 0.6493]	**[0.0862, 0.5250]**
	$m(\theta_3)$	[0.0581, 0.1864]	[0.0716, 0.2601]	[0.0312, 0.1988]	[0.0100, 0.1301]
	$m(\Theta)$	[0.0647, 0.1356]	[0.0323, 0.0829]	[0.0147, 0.0587]	[0.0049, 0.0356]
本章方法	$m(\theta_1)$	[0.4979, 0.6432]	[0.5697, 0.7598]	[0.6232, 0.8434]	**[0.6664, 0.9011]**
	$m(\theta_2)$	[0.1927, 0.3420]	[0.1536, 0.3474]	[0.1109, 0.3335]	**[0.0753, 0.3108]**
	$m(\theta_3)$	[0.0455, 0.1153]	[0.0275, 0.0989]	[0.0148, 0.0781]	[0.0074, 0.0586]
	$m(\Theta)$	[0.0774, 0.1468]	[0.0275, 0.0717]	[0.0097, 0.0361]	[0.0034, 0.0183]

通过表 4.4 可知，由于在获取区间证据过程中，传感器受到外界的干扰，产生的区间证据出现渐变，如区间证据 m_1、m_4 和 m_5 同时支持 θ_1，m_2 支持 θ_2，m_3 未明确支持任何一个焦元，可知 m_2 与 m_1、m_4、m_5 存在着高冲突。若直接用 Dempster 区间证据组合公式融合，则最终的融合结果的区间宽度较大，不易决策。而采用本章方法时，由于采用区间证据的置信度度量区间证据的相互支持度，所以提高了 m_1、m_4 和 m_5 的权重，同时减小 m_2 的权重，并弱化 m_3 的权重，使最终融合结果的区间宽度很窄，并且区间的上下界同时聚焦于 θ_1 的作用更为明显。

例 4.3　设定只对辨识框架中单元素和子集赋值的区间证据 $m_i(i=1,2,\cdots,5)$ 如表 4.6 所示。

表 4.6　单元素和子集赋值的区间证据

	θ_1	θ_2	θ_3	θ_1,θ_3
m_1	[0.45,0.55]	[0.15,0.25]	[0.25,0.35]	[0.00,0.01]
m_2	[0.00,0.01]	[0.85,0.95]	[0.05,0.15]	[0.00,0.01]
m_3	[0.50,0.60]	[0.05,0.15]	[0.00,0.01]	[0.30,0.40]
m_4	[0.50,0.60]	[0.05,0.15]	[0.00,0.01]	[0.30,0.40]
m_5	[0.55,0.65]	[0.05,0.15]	[0.00,0.01]	[0.25,0.35]

本章方法与直接用 Dempster 区间证据组合公式融合结果进行对比，如表 4.7 所示，其中列出了区间证据依次融合的过程。

表 4.7　两种融合方法的结果对比

		m_1,m_2	m_1,m_2,m_3	m_1,m_2,m_3,m_4	m_1,m_2,m_3,m_4,m_5
直接融合方法	$m(\theta_1)$	[0.0000, 0.0653]	[0.0000, 0.5023]	[0.0000, 0.9107]	[0.0000, 0.9830]
	$m(\theta_2)$	[0.6495, 0.9500]	[0.1538, 0.9048]	[0.0123, 0.8261]	[0.0009, 0.7403]
	$m(\theta_3)$	[0.0495, 0.2914]	[0.0729, 0.7715]	[0.0421, 0.9651]	[0.0124, 0.9950]
	$m(\theta_1,\theta_2)$	[0.0000, 0.0005]	[0.0000, 0.0032]	[0.0000, 0.0152]	[0.0000, 0.0475]

续表

		m_1,m_2	m_1,m_2,m_3	m_1,m_2,m_3,m_4	m_1,m_2,m_3,m_4,m_5
本章 方法	$m(\theta_1)$	[0.6580, 0.7647]	[0.8139, 0.9045]	[0.9016, 0.9657]	**[0.9493, 0.9884]**
	$m(\theta_2)$	[0.0485, 0.1426]	[0.0123, 0.0721]	[0.0030, 0.0354]	[0.0008, 0.0169]
	$m(\theta_3)$	[0.0404, 0.0960]	[0.0206, 0.0715]	[0.0089, 0.0461]	[0.0035, 0.0273]
	$m(\theta_1,\theta_2)$	[0.0553, 0.1034]	[0.0161, 0.0425]	[0.0044, 0.0169]	[0.0012, 0.0065]

从表 4.6 中可知，区间证据 m_1、m_3、m_4 和 m_5 均支持 θ_1，只有 m_2 受到外界的干扰支持 θ_2，依理推知 m_2 是干扰证据，并且最终融合结果也是应该支持 θ_1，但从融合结果表 4.7 中可以得知，直接用 Dempster 区间证据组合公式得到的最终融合区间宽度很大，根本无法做出决策。而采用本章方法，通过降低干扰证据 m_2 的权重，最终的融合结果区间宽度很窄，并且区间上下界同时聚焦于 θ_1 上的作用更加明显。

4.5　本章小结

基于证据相似性度量，本章提出了一种融合冲突性区间证据的方法。依据提出的扩展型 Pignistic 概率转换和区间归一化欧氏距离公式，以间接度量区间证据的相似性和确定各个区间证据的置信度（权重），再加权平均更新原始区间证据和用 Dempster 区间证据组合公式进行融合。本章方法降低了冲突性区间证据在融合过程中的影响，并且融合后的结果上下界聚集于、收敛于同一个焦元，区间大大降低了区间宽度，从而提高了冲突性区间证据融合的合理性和可靠性。

参 考 文 献

[1] Su Z G, Wang P H, Yu X J, et al. Maximal confidence intervals of the interval-valued belief structure and applications. Information Sciences, 2011, 181(9): 1700-1721.

[2] 冯海山, 徐晓滨, 文成林. 基于证据相似性度量的冲突性区间证据融合方法. 电子与信息学报, 2012, 34(4): 851-857.

[3] Xu X B, Feng H S, Wen C L. A normalization method of interval-valued belief structures. International Journal on Information, 2012, 15(1): 239-248.

[4] Lee E S, Zhu Q. An interval Dempster-Shafer approach. Computers and Mathematics with Applications, 1992, 24(7): 89-95.

[5] Denoeux T. Reasoning with imprecise belief structures. International Journal of Approximate Reasoning, 1999, 20(1): 79-111.

[6] Denoeux T. Modelling vague belief using fuzzy-valued belief structures. Fuzzy Sets and Systems, 2000, 116(2): 167-199.

[7] Wang Y M, Yang J B. On the combination and normalization of interval-valued belief structures. Information Sciences, 2007, 177(5): 1230-1247.

[8] Wang Y M, Yang J B. The evidential reasoning approach for multiple attribute decision analysis using interval belief degrees. European Journal of Operational Research, 2006, 175(1): 35-66.

[9] Xu X B, Feng H S, Wang Z, et al. An information fusion method of fault diagnosis based on interval basic probability assignment. Chinese Journal of Electronics, 2011, 20(2): 255-260.

[10] Dubois D, Prade H. Representation and combination of uncertainty with belief functions and possibility measures. Computational Intelligence, 1998, 2(4): 244- 264.

[11] Smets P, Kennes R. The transferable belief model. Artificial Intelligence, 1994, 66 (2): 191-234.

[12] Smets P. The combination of evidence in the transferable belief model. IEEE Transactions on Pattern Analysis and Machine Intelligence, 1990, 12(5): 447-458.

[13] Dubois D, Prade H. Fuzzy sets in approximate reasoning, part 1: inference with possibility distributions. Fuzzy Sets and Systems, 1991, 40(1): 143-202.

[14] Zeng W Y, Guo P. Normalized distance, similarity measure, inclusion measure and entropy of interval-valued fuzzy sets and their relationship. Information Sciences, 2008, 178(5): 1334-1342.

[15] Murphy C K. Combining belief functions when evidence conflicts. Decision Support Systems, 2000, 29 (1): 1-9.

[16] Deng Y, Shi W K. Combining belief function based on distance of evidence. Decision Support Systems, 2004, 38(3): 489-493.

[17] 杨静宇, 刘雷健, 李根深. 一种新兴信息处理技术——多传感器集成技术发展综述. 兵工学报, 1994(3): 71-76.

[18] Walley P. Measures of uncertainty in expert system. Artificial Intelligence, 1996, 83(1): 1-5.

[19] Lingras P, Wong S K M. Two perspectives of the Dempster-Shafer theory of belief functions. International Journal of Man-Machine Studies, 1990, 33(4): 467-489.

[20] 梁伟光. 基于证据理论的在轨航天器故障诊断方法研究[博士学位论文]. 合肥: 中国科学技术大学, 2011.

[21] Jousselme A L, Grenier D, Bossé É. A new distance between two bodies of evidence. Information Fusion, 2001, 2(2): 91-101.

第 5 章　基于条件化证据线性更新的单变量报警器优化设计方法

5.1　引　　言

在石油化工等工业领域中,对大型系统或设备主要运行过程变量的监测与报警是掌握其运行情况、及时发现其异常或故障的重要手段。报警器产生的警报可以提醒设备操作者或维修工程师及时采取停机或降级运行等措施,保证设备不受到更为严重的损害。工程实际中,最常用的报警方法是阈值检测方法,即过程变量取值超过阈值,则报警器发出警报,这意味着设备出现异常或故障,此时操作者通常要对所监控设备实施停机检修来排除警报。国际工程设备与材料用户协会(the Engineering Equipment and Materials Users Association,EEMUA)给出的国际标准中指出,一个操作者平均每小时能够接收并处理的最大警报个数一般不能超过 6 个,即操作者要花 10 分钟对一个警报做出回应[1]。然而在对实际复杂系统的监测中,操作者每小时接收到的警报数量可能达到千个,而其中的大多数通常是虚假警报[2]。数量众多的虚警会使操作者不再信任报警器发出的警报,甚至可能会忽视真实警报[3]。所以,如何给出报警器设计的性能指标,并依据其设计出可靠性、精准性高的报警器成为工业界面临的一个亟待解决的问题[2-11]。

文献[1]提出利用数字滤波、时间延迟和设置死区等方法来减少虚警。滤波方法主要包括滑动平均滤波、中值滤波等,它们都是将过程变量的采样值经过滤波后与设定的阈值相比较来判别是否发出警报。此类方法主要是用来减少噪声信号对过程变量测量的影响并有效去除野值[5,6]。时间延迟方法的思路是只有过程变量采样值连续多个采样时刻超过阈值时才发出警报,即通过抑制报警信号一段时间来检测信号的稳定性,如果采样值在这段时间内又间歇性低于阈值,则不发出警报。这种方法可以有效地抑制虚警,但同时也会使真正警报来临时,产生较大的延迟时间[7,8]。死区方法设定了高、低两个阈值,它们分别用来生成和清除警报。当过程变量采样值超过高阈值时发出警报,直到其小于低阈值才解除警报,这种方法主要针对采样值跳变幅度较大的情况[9,10]。文献[11]详细地描述了以上方法的机理,并将其设计成工具箱函数以方便应用,但是并未给出具体的报警器性能指标,也未给出如何在最优指标下设计报警阈值、滤波器阶数和采样延迟步数等参数的具体方法。

针对报警器的优化设计问题,文献[3]中提出了误报率(False Alarm Rate,FAR)

和漏报率（Missed Alarm Rate，MAR）这两个性能指标。误报率定义为过程变量处于正常状态，但被误判为异常状态的比率。漏报率定义为过程变量处于异常状态，但被误判为正常状态的比率。在过程变量概率统计特性已知的假设下，文献[3]中还给出了滤波、时间延迟和设置死区方法误报率和漏报率的具体计算公式。同时，构造了接收操作特性（Receiver Operating Characteristic，ROC）曲线来描述当阈值取不同数值时，相应 FAR 和 MAR 的变化情况。基于 ROC 曲线可以给出报警器最优设计的一般性框架，即选取使得 $(FAR^2+ MAR^2)^{0.5}$ 取最小值的那个阈值作为最优阈值，也就是 ROC 曲线上离原点最近的那个点对应的阈值。此外，针对 n 阶报警滤波器（阶数 n 事先给定），文献[5]更为详细地给出基于 MAR 和 FAR 的最优报警滤波器设计方法，假设过程变量在每个时刻的采样值都是符合独立同分布的随机变量，经 n 阶滤波后得到一个同分布但非独立的随机变量，然后定义了相应过程变量的 FAR 和 MAR 线性加权目标函数，令该函数取最小值，可得到具有对数似然比形式的最优滤波器及相应的最优阈值。然而，过程变量分布函数较为复杂时，其对应的对数似然比滤波器形式会变得十分复杂，这阻碍了该种滤波器在工程实际中的应用。所以，文献[5]进一步在给定滤波器具体形式的情况下，又给出了相应的最优线性滤波器和最优二次型滤波器的设计步骤，并且在仿真算例中，结合 ROC 曲线说明给定形式的滤波器具有与对数似然比滤波器相当的性能。此外，文献[9]又给出了另外一个重要的报警器性能指标"平均报警延迟（Average Alarm Delay，AAD）"，其定义为过程变量已经处于异常状态而报警器却滞后发出警报的平均时间。同样在独立同分布的假设下，利用马尔可夫链给出了时间延迟方法和设置死区方法中，过程变量的 AAD、FAR 和 MAR 的计算公式。

　　基于以上文献的先期研究，文献[8]明确将 MAR、FAR 和 AAD 作为衡量报警器性能的主要指标。其中，误报率和漏报率用于衡量报警系统在检测过程中变量正常和异常状态运行时的精确性，而平均报警延迟用于衡量报警系统的灵敏性。基于这三个性能指标，文献[8]系统地给出了如何设计时间延迟方法中的采样延迟步数和最优阈值这两个报警器参数，即给定采样延迟步数时设计阈值、给定阈值时设计采样延迟步数，同时设计采样延迟步数和阈值。由于计算 MAR、FAR 和 AAD 时，都需要知道过程变量的概率统计特性，所以书中综合运用均值变化检测、统计假设检验以及核估计给出了从大量采样数据中估计过程变量概率密度函数的方法。

　　从信息的不确定性角度讲，在过程变量概率分布已知的假设下进行的报警器分析与最优设计，就是试图利用概率论中的数学方法来处理被监测过程变量的不确定性。文献[12]将此类不确定性定义为随机（aleatory）不确定性，它描述了物理系统或环境本质的变化，具有可变性、不可约性、固有性和随机性等特点。通常，随机不确定性表现为描述系统的过程变量在确定范围内的随机变化，此时概率分布最适用于描述该类不确定性。若能获得足够可靠的实验或实际数据，则可以估计出该分布，它是描述系统随机不确定性的最佳模型。所以概率理论中提供的数学方法最适用于处理该类不确定性。除此之外，我们应该注意到，实际中对所监测系统及环境认知的不全面，会导致另外一类不确定性，即认知（epistemic）不确定性[12]。这种不确定性的主要特征是，对于所描述系统的信息或知识的不完全可知，而随着对系统本身特性了解的深入，这种不确定性会逐步降低，所以它具有可约简的、主观的、依赖知识的特点。

工业系统过程监控及报警器设计当中，导致出现过程变量具有认知不确定性的因素主要包括以下几点：①监测环境的限制（如高温、高压环境等）或传感器性能的限制（采样频率、精度等），使得不能获得关于过程变量足够多的采样数据；②对系统的复杂物理过程了解程度有限，很难找到合适的数学模型对过程变量进行描述；③监测环境中存在未知干扰（如电磁干扰、工频干扰等），这使过程变量的监测数据通常被噪声污染。所以，以上单一因素或多个因素的共同影响，使得较难利用有限的监测数据准确地估计出过程变量的概率分布，并给出其解析形式。在此情况下，基于概率理论进行的报警器分析与最优设计就可能不再适用。实际上，此时的过程变量很可能不单单具有随机不确定性，而会具有认知和随机混合的不确定性。例如，过程变量虽然可以用特定的概率分布来建模，但该分布的参数（如均值、方差等）在一定的范围内随时间变化[13]，甚至过程变量具有完全的认知不确定性。例如，只能通过专家粗略地确定过程变量变化的区间，该区间可以是由一个专家提供的，或者是由多个不同专家提供的多个不同的区间，多个区间可能相互有交集，或者相互完全不同[12,14]。

所以，如何实现对认知和随机混合不确定性乃至认知不确定性的表示、分析与建模成为不确定性信息处理当中的研究热点。当今，扩展型信息理论（Generalized Information Theory，GIT）的快速发展使得对该问题的解决成为可能，证据理论、模糊集理论以及可能性理论是 GIT 的重要组成部分。这些理论中提供的不确定性信息处理方法，有些只能处理认知不确定性，而大部分可以同时处理随机和认知不确定性。与传统的概率理论相比，这些方法对于认知不确定性的表示与建模更为灵活和准确[12-17]。其中的证据理论，将点值函数形式的概率测度推广到集合函数形式上，定义了基本概率赋值函数（也称为证据），并由其推导出置信函数和似真函数。置信测度和似真测度把相加性弱化成单调性和连续性，使得它们可以灵活地处理不精确概率信息，能够对未知性和部分确定性进行准确表达，不仅能解决随机不确定性问题，还擅长解决认知不确定性问题[18,19]。特别是该理论中所提供的证据组合和更新规则，可以将多个证据进行融合，从而有效地降低信息的不确定性，使得在工程应用中更易于根据融合结果做出正确的决策[20-25]。

针对工业报警器设计当中，过程变量所具有的认知和随机不确定性问题，本章给出一种基于证据更新的报警器优化设计方法[4,26,27]。构造模糊隶属度函数形式的模糊阈值，通过该阈值将过程变量采样值转换为报警证据，体现过程变量取值超过或低于模糊阈值的不确定性程度。基于 2.4.2 节中引入的条件化证据线性组合递归更新规则,利用当前采样时刻报警证据对上一时刻全局报警证据进行更新,并给出基于证据距离的在线优化方法确定线性组合更新中证据的权重,最终得到当前的全局报警证据。基于判定准则,在每一采样时刻可以利用全局报警证据判定是否发出警报。实际上,可以将过程变量所处的正常状态和异常状态看作两种模式,基于概率论的优化设计方法是用两个不同的概率分布来描述过程变量处于这两种模式时的变化规律。本书方法与基于概率论的设计方法的思路不同,不需要已知过程变量的先验统计特性,它是将过程变量取值转化为报警证据,这些证据表明了过程变量对两种模式的相似(支持)程度。由条件化证据线性组合递归更新规则得到的全局报警证据,是当前报警证据与上一采样时刻全局报警证据的线性加权组合。当前报警证据反映了过程变量新的变化情况,而上一采样时刻的全局报警证据反映了以往报警证据变化的连贯性,这种连贯性即是过程变量变化规律的一种更为一般性的体现。利用前者更新后者,就是要将以往报警知识与新到信息进行融合,得到全局性的报警证据。基于它做出的决策要比基于当前报警证据做出的决策更为可靠。

　　本章给出的报警器设计方法在确定线性组合更新中证据的权重时,利用连续三个采样时刻的报警证据,其与三阶滑动平均滤波报警算法、三步延迟报警算法在信息的利用上是相同的。所以,在本章最后的仿真算例中,将过程变量在正常和异常状态的变化规律建模为两个均值与方差都在相应区间内随机变化的高斯变量,此时的过程变量具有认知和随机混合不确定性。此外,还给出一个液化石油气(Liquefied Petroleum Gas, LPG)管道泄漏检测的实例,说明过程变量具有纯粹认知不确定的情况下,如何设计与其相适应的证据更新报警方法。将三种算法的误报率、漏报率和延迟时间三个性能指标进行综合比较与分析,说明所提方法可以有效降低报警决策中的不确定性的影响,提升报警系统的精准性。

5.2　工业系统异常检测与报警器设计中的性能指标

　　本节首先介绍工业报警器设计当中,普遍要遵循的三个性能指标的一般表达式,即 FAR、MAR 和 AAD[1]。进一步给出在过程变量概率统计分布已知的假设下,滤波和时间延迟方法中这三个参数的概率表达形式。

5.2.1　FAR、MAR 和 AAD 的一般性定义

　　首先令所研究的过程变量记为 x,对它的观测为一个离散的采样信号 $x(t)$,采样周期为 h,与其相关的门限为 x_{tp}。报警器设计实际上可归结为模式分类问题,即 x 具有“正常(normal)”和“异常(abnormal)”两种模式,它们分别对应设备“无故障”和“故障”两种运行状态,$x(t)$ 经过报警算法处理后会被映射到“未警报

（no-alarm）" 和 "警报（alarm）" 两种模式，即 $x(t)$ 超过阈值 x_{tp}，则发出警报；反之，则不发出警报。然而，$x(t)$ 变化的不确定性或 x_{tp} 的选取不当，都会引起报警器给出两种错误的警报。一是虚警，即在 $x(t)$ 真实处于正常状态时而报警器错误发出警报；二是漏报，即在 $x(t)$ 真实处于异常状态时而报警器未曾发出警报。假设对于 x 的一个采样序列为 $\{x(0h),\ x(1h),\ x(2h),\ \cdots\}$，在此次采样过程中 x 经历了一次从正常状态到异常状态的变化，则可以给出一个混淆矩阵来描述 x 的两个模式和报警器的两个模式之间的关系，如表 5.1 所示[28]。

表 5.1　报警器设计中的混淆矩阵

报警器模式	过程变量 x 的模式	
	异常/故障状态	正常状态
警报（A）	警报（正确） 个数 TA	虚警（错误） 个数 FA
未警报（NA）	漏报（错误） 个数 MNA	未警报（正确） 个数 TNA

当 x_{tp} 变化时，该矩阵中的每个元素取值都会发生变化，并且它们之和为采样序列 $\{x(0h),\ x(1h),\ x(2h),\cdots\}$ 的长度。根据该矩阵可以给出误报率和漏报率的定义为

$$FAR=(FA/(FA+TNA))\times 100\% \tag{5.1}$$

$$MAR=(MNA/(MNA+TA))\times 100\% \tag{5.2}$$

FAR 和 MAR 是两个最重要也是最基本的性能指标。报警器设计的最直接也是最简单的标准就是找到一个最优阈值，其对应的 FAR 和 MAR 都取最小值。这一寻优过程可以在 ROC 曲线上进行，它描述了当阈值取不同数值时，相应 FAR 和 MAR 的变化情况。最优阈值通常是指 ROC 曲线上离原点（FAR=0%，MAR=0%）最近的那个点所对应的阈值。这里举例说明求取最优阈值的过程。

例 5.1　假设过程变量 $x(t)$ 处于 "正常状态" 和 "异常状态" 时分别满足分布 $N(\mu_1, \sigma_1)$，$\mu_1\in[0.2,0.3]$，$\sigma_1\in[1.5,1.8]$ 和分布 $N(\mu_2,\ \sigma_2)$，$\mu_2\in[2.1,\ 2.3]$，$\sigma_2\in[1.5,\ 1.8]$，x 具有随机和认知混合不确定性，按照分布产生长度为 2000 的采样序列 $\{x(0h),\ x(1h),\ x(2h),\cdots,\ x(1999h),\ x(2000h)\}$，如图 5.1 所示，其中前一部分序列为正常数据，后一部分序列为异常数据，h 为采样间隔时间。当阈值变化时，生成的 ROC 曲线如图 5.2 所示，经过寻优可得，最优阈值为 $x_{opt}=1.1469$，此时的 FAR=26.2%，MAR=26.7%。

图 5.3 中显示了过程变量从正常状态跳变到异常状态的过程。若令设备发生异常的时间为 $t_0=1000h$，发生警报的时间 $t_a=1001h$，则该组样本序列下的延迟时间 $T_d=t_a-t_0=1h$。若有 N 组如此形式的采样序列，则可以得到 N 个延迟时间 $T_{d1}, T_{d2}, \cdots, T_{dN}$，平均报警延迟可定义为[7,8]

$$AAD=(T_{d1}+T_{d2}+\cdots+T_{dN})/N \tag{5.3}$$

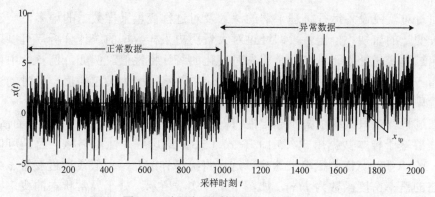

图 5.1　过程变量采样序列（$h=1s$）

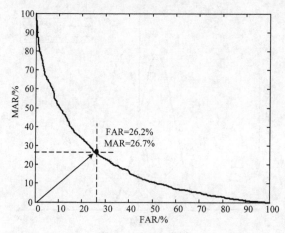

图 5.2　ROC 曲线

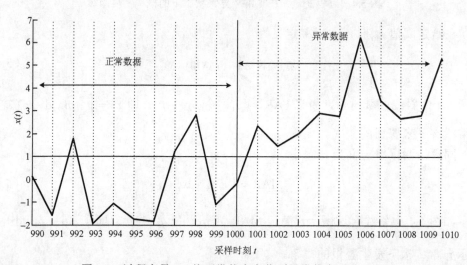

图 5.3　过程变量 $x(t)$ 从正常状态变化到异常状态（$h=1s$）

　　随着对监控设备运行机理了解的深入及对过程变量采样数据的增多，会逐步降低过程变量的认知不确定性，即经过对大量历史采样数据的统计分析，可以确定性地给出过程变量处于正常和异常状态时变化的统计特性值。例如，例 5.1 中可以确定分布 $N(\mu_1, \sigma_1)$中的μ_1、σ_1 和分布 $N(\mu_2, \sigma_2)$中的μ_2、σ_2 为确定的值。此时的过程变量 x 就只具有随机不确定性而不再具有认知不确定性。

　　在过程变量只具有随机不确定性，即 x 概率分布或密度函数精确已知的情况下，不再需要基于样本数据用式（5.1）～式（5.3）给出三个性能指标，而是可以给出 FAR、MAR 和 AAD 的概率表达式，这里将给予详细介绍。假设过程变量 x 处于正常状态的概率密度函数为 $p(x)$，如图 5.4 中实线所示，处于异常状态的概率密度函数为 $q(x)$，如图 5.4 中虚线所示。

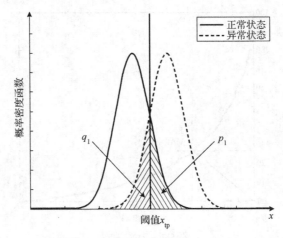

图 5.4　过程变量 x 在正常和异常状态下的概率密度函数

　　在给定阈值 x_{tp} 时，误报率定义为

$$\mathrm{FAR} = \int_{x_{\mathrm{tp}}}^{+\infty} p(x)\mathrm{d}x \tag{5.4}$$

如图 5.4 中斜线区域所示，简记 FAR 为 p_1，令 $p_2=1-p_1$，即 $p_2 = \int_{-\infty}^{x_{\mathrm{tp}}} p(x)\mathrm{d}x$，它表示正常状态下未警报的概率。

　　同理，漏报率定义为

$$\mathrm{MAR} = \int_{-\infty}^{x_{\mathrm{tp}}} q(x)\mathrm{d}x \tag{5.5}$$

　　如图 5.4 中斜线区域所示，简记 MAR 为 q_1，令 $q_2=1-q_1$，即 $q_2 = \int_{x_{\mathrm{tp}}}^{+\infty} q(x)\mathrm{d}x$，它表示异常状态下发生警报的概率。

　　当过程变量的统计特性精确已知时，显然报警延迟时间 T_d 就是一个离散随机变

量，其取值属于集合 $\{mh|m=1, 2, 3, \cdots\}$，在概率统计意义下，AAD 定义为 T_d 的期望值，AAD 的计算往往假定监控过程变量 $x(t)$ 是独立同分布的，在此假设下，AAD 的具体计算公式为[7]

$$\text{AAD} = E(T_d) = \sum_{m=0}^{\infty} mh \cdot P(T_d = mh) = \sum_{m=0}^{\infty} mh \cdot q_1^m \cdot q_2 = h \cdot q_1/q_2 \qquad (5.6)$$

其中，P 表示概率，h 为采样间隔时间，为了方便计算，常假定其值为 1s。

5.2.2　常用报警器设计方法中的 FAR、MAR 和 AAD 概率定义

同样地，在过程变量精确地服从一定分布的假设下，常用的滤波方法和时间延迟方法的 FAR、MAR 和 AAD 都可以根据过程变量的概率密度函数精确计算，以下将给予详细介绍。

1. 滤波方法中的 FAR、MAR 和 AAD

滤波方法对过程变量 x 进行滤波处理，从而消除干扰信号对报警结果产生的影响。通常假定滤波器的形式为关于监控变量 x 的函数，记为 $y=f(x)$，具体为有限记忆因果滤波器，即 $y(t)=f(x(t), x(t-1), \cdots, x(t-n+1))$，$n$ 为滤波器窗口长度，即滤波器阶数。该式说明滤波后的变量 $y(t)$，与其前 n 个时刻的 $x(t)$ 有关，$y(t)$ 的概率密度函数为 $p_Y(y)$，$q_Y(y)$ 可根据 $x(t), x(t-1), \cdots, x(t-n+1)$ 的概率密度函数给出，具体见文献[5]。滤波报警器的误报率定义为

$$\text{FAR} = \int_{y_{\text{tp}}}^{+\infty} p_Y(y)\mathrm{d}y \qquad (5.7)$$

漏报率定义为

$$\text{MAR} = \int_{-\infty}^{y_{\text{tp}}} q_Y(y)\mathrm{d}y \qquad (5.8)$$

易知，经过滤波后的信号 $y(t)$ 仍然是同分布的，但不再是独立的，故不满足 AAD 在概率统计意义下的计算假设条件，即要求报警信号变量服从独立同分布，因而 $y(t)$ 的 AAD 在概率统计意义下无法得到其理论公式。当然，在假设 y 服从独立同分布的较强条件下，仍然可以给出 AAD 的具体表达式，例如，对于滑动平均滤波方法中 ADD 的求法可参见文献[7]。

2. 时间延迟方法中的 FAR、MAR 和 AAD

时间延迟方法要求连续 n 个采样点均超过阈值 x_{tp} 报警器才发出警报，这里的 n 即为采样延迟步数。在报警器发出警报之前运行在 n 个中间状态，定义初始的未警报（no-alarm）状态记为 NA_1，第一个采样点超过阈值 x_{tp} 但报警器并不发出警报的状态记为 NA_2，两个采样点超过阈值 x_{tp} 但不发出警报的状态记为 NA_3，以此类推，

$n-1$ 个采样点超过阈值 x_{tp} 但不发出警报的状态记为 NA_n，直到第 n 个采样点超过阈值 x_{tp}，报警器发出警报，此时的状态记为 A_1。同理，报警器清除警报时，要从警报状态 A_1 恢复到未警报状态 NA_1 之前也存在 n 个状态，即 $A_1, A_2, \cdots, A_n$。假定过程变量是独立同分布的，利用马尔可夫链，针对所监控设备真实运行在正常状态时，上述跳转过程可用图 5.5 描述。

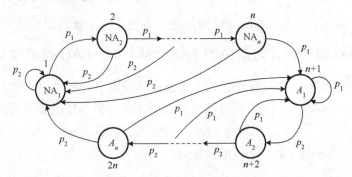

图 5.5　设备正常状态下 n 步延迟报警器状态转换的马尔可夫链

图 5.5 中的 p_1 由式（5.4）求出，且 $p_2 = 1 - p_1$。根据马尔可夫过程的相关性质，可推导出，时间延迟方法中误报率的计算公式为[3,8]

$$FAR = \frac{p_1^n(1 + p_2 + \cdots + p_2^{n-1})}{p_1^n(1 + p_2 + \cdots + p_2^{n-1}) + p_2^n(1 + p_1 + \cdots + p_1^{n-1})} \quad (5.9)$$

同理，针对所监控设备真实运行在异常状态时，漏报率的计算公式为[3,8]

$$MAR = \frac{q_1^n(1 + q_2 + \cdots + q_2^{n-1})}{q_1^n(1 + q_2 + \cdots + q_2^{n-1}) + q_2^n(1 + q_1 + \cdots + q_1^{n-1})} \quad (5.10)$$

其中，q_1 由式（5.5）给出，且 $q_2 = 1 - q_1$。

在过程变量满足独立同分布的假设下，利用马尔可夫随机过程相关性质，文献[8]给出了相应 AAD 的计算方法。

$$AAD = E(T_d) = \frac{1 - q_2^n - q_1 q_2^n}{q_1 q_2^n} \quad (5.11)$$

5.3　基于条件化证据线性更新的报警器优化设计

从 5.1 节和 5.2 节对于报警器设计方法及性能评估标准的回顾中可知，大部分报警器的优化设计方法都是基于概率的优化方法。它们需要事先已知过程变量 x 在正常和异常状态下的概率分布。然而，关键问题在于实际当中由于各种条件的限制，可能很难得到过程变量精确的概率分布。本章的研究正是为了解决这个棘手的问题，给出了一种基于证据更新的单变量报警器优化设计方法，其可以处理过程变量的概率分布部分已知（x

同时具有认知和随机混合不确定性），甚至是完全未知（认知不确定性）的复杂情况。所提出的设计过程涉及以下几个关键步骤：①通过设计的上、下模糊阈值，将过程变量的采样值 $x(t)$ 转换为相应的报警证据；②基于 2.4.2 节给出的条件化线性证据更新规则，给出报警证据更新和报警器参数优化方法，其中报警器参数主要包括证据折扣因子与线性组合权重；③根据更新后报警证据的 Pignistic 转换结果，做出报警决策。

除了折扣因子和线性组合权重这两类参数需要在线优化获得外，还需要通过历史样本对上、下模糊阈值进行离线的训练，获取它们的最优取值。相较于经典的报警器设计方法（滤波方法、时间延迟方法等），所提出的在线和离线参数优化相结合的方法，不需要提前知道过程变量的概率分布，因此它是一种数据驱动的方法，可以用于处理过程变量具有认知和随机不确定性的情况。

5.3.1　基于模糊阈值获取报警证据

在最基本的阈值检测方法中，阈值 x_{tp} 实际上是一个二元分类器，它将采样点 $x(t)$ 归为报警状态 "A" 或正常状态 "NA" 这两类中的一个，并且这两类的边界是清晰的。这里我们考虑将报警生成过程视为对 $x(t)$ 赋予隶属于类 A 和类 NA 信度的过程。此时，A 和 NA 可以被理解为两个模糊集[29,30]。因此，代替原有的 x_{tp}，这里构造了模糊阈值隶属度函数 $\mu_A(x(t))$ 和 $\mu_{\text{NA}}(x(t))$ 来表示具有模糊不确定性的类 A 和类 NA，如式（5.12）和式（5.13）与图 5.6 所示。这里的 x_{tp}^L 和 x_{tp}^U 分别表示上、下模糊阈值，$x_{\text{tp}}^L = x_{\text{tp}}(1-\eta), x_{\text{tp}}^U = x_{\text{tp}}(1+\eta)$，如图 5.7 所示，调节因子 $\eta \in \Re^+$（$\Re^+$ 为正实数域）。通过调节 x_{tp} 和 η，就可以达到调节模糊阈值的目的。当 $x(t) \geqslant x_{\text{tp}}^U$ 或者 $x(t) \leqslant x_{\text{tp}}^L$ 时，$x(t)$ 绝对隶属于 A 或者 NA，隶属的信度为 1；当 $x_{\text{tp}}^L < x(t) < x_{\text{tp}}^U$ 时，$x(t)$ 在一定程度上隶属于 x_{tp}^L 和 x_{tp}^U，隶属度分别为 $\mu_A(x(t))$ 和 $\mu_{\text{NA}}(x(t))$，并且它们的取值都小于 1。

$$\mu_A(x(t)) = \begin{cases} 0, & x(t) \leqslant x_{\text{tp}}^L \\ \dfrac{x(t) - x_{\text{tp}}^L}{x_{\text{tp}}^U - x_{\text{tp}}^L}, & x_{\text{tp}}^L < x(t) < x_{\text{tp}}^U \\ 1, & x(t) \geqslant x_{\text{tp}}^U \end{cases} \tag{5.12}$$

$$\mu_{\text{NA}}(x(t)) = \begin{cases} 1, & x(t) \leqslant x_{\text{tp}}^L \\ \dfrac{x(t) - x_{\text{tp}}^U}{x_{\text{tp}}^L - x_{\text{tp}}^U}, & x_{\text{tp}}^L < x(t) < x_{\text{tp}}^U \\ 0, & x(t) \geqslant x_{\text{tp}}^U \end{cases} \tag{5.13}$$

在证据理论的框架中，可以定义关于报警问题的辨识框架 $\Theta = \{A, \text{NA}\}$。通过对 $\mu_A(x(t))$ 和 $\mu_{\text{NA}}(x(t))$ 的归一化[31]，可以得到采样值 $x(t)$ 相应的报警证据为

$$m_t(A) = \mu_A(x(t)) / (\mu_A(x(t)) + \mu_{NA}(x(t))) \tag{5.14}$$

$$m_t(NA) = \mu_{NA}(x(t)) / (\mu_A(x(t)) + \mu_{NA}(x(t))) \tag{5.15}$$

那么，在每个采样时刻，我们能够获得报警证据 $m_t = (m_t(A) \quad m_t(NA) \quad m_t(\Theta))$，即一个元素取值都处于 $0 \sim 1$ 的三维向量，并有 $m_t(\Theta) = 0$。$m_t(A)$ 和 $m_t(NA)$ 表示 $x(t)$ 支持"报警 A"和"正常 NA"这两个命题发生的程度。因此，通过以上的式（5.12）和式（5.13）就完成了 $x(t)$ 到报警证据的转换，可将其视为一个二元模糊分类器。

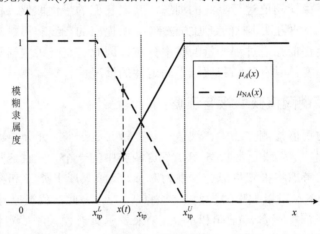

图 5.6 模糊阈值

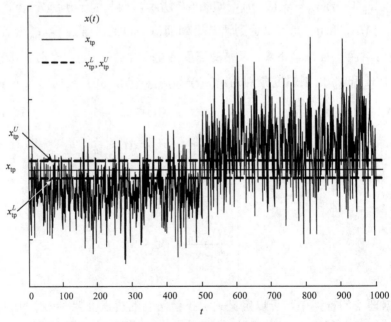

图 5.7 x_{tp}^L, x_{tp}^U 和 x_{tp} 之间的关系

这种重新设定两个阈值进而构造模糊隶属度函数的方法，将已有报警器设计中 $x(t)$ 是否超过阈值 x_{tp} 转变为 $x(t)$ 超过该阈值的不确定程度，并将这种不确定性表示为报警证据，以便在证据理论框架中对其进行处理。因而传统的基于 $x(t)$ 是否超过阈值来决定是否报警的设计思路，就转变为由 $x(t)$ 超过或低于 x_{tp} 的程度来决定是否报警的思路，从而减少报警决策中各种不确定性因素的影响。当 $x_{tp} = x_{tp}^L = x_{tp}^U$ 时，这种模糊阈值就退化为传统的绝对阈值，此时 m_t=(0 1 0)或者(1 0 0)，显然这种二元模糊分类器对于 $x(t)$ 不确定性变化的度量更为灵活。

5.3.2　基于证据距离的线性更新组合权重优化

当 $x(t)$ 被转换为报警证据 m_t 之后，过程变量在连续多个时刻的变化趋势，就可以由其相应的报警证据反映。本节中给出了 2.4.2 节条件化线性证据更新规则的递归形式，利用其实现当前 t 时刻报警证据 m_t 对 $t-1$ 时刻更新后（全局）报警证据 $m_{0:t-1}$ 的更新，获取当前时刻的全局证据 $m_{0:t}$。由于 $m_{0:t-1}$ 是通过以往时刻的报警证据迭代更新得到的，所以它含有以往所有报警证据的信息，也间接体现了 $x(t)$ 的变化趋势，而 m_t 则反映了 $x(t)$ 在当前最新的变化。因此，迭代更新过程使得 $m_{0:t}$ 含有比 $m_{0:t-1}$ 和 m_t 中任意一个更为全面的信息，依据其做出的报警决策必然更为可靠。为了使得更新得到的 $m_{0:t}$ 具有最小的不确定性，以便于做出更加可靠的决策，我们给出证据更新中 $m_{0:t-1}$ 和 m_t 的线性组合权重的优化方法，同时它们也是证据折扣因子的函数。本节中给出了基于 Jousselme 证据距离的优化方法来获取最优的折扣因子，然后换算出相应的线性组合权重。

1）Jousselme 证据距离

Jousselme 在文献[32]中，将向量的欧氏距离进行扩展，定义了两两证据之间的距离，该距离常被用于度量不同证据之间的相似性，这里首先对 Jousselme 证据距离的概念给予介绍。

定义 5.1　Jousselme 证据距离

对于同一辨识框架下的 m_1 和 m_2，Jousselme 定义了它们之间的距离为[32]

$$d_J(m_1, m_2) = \sqrt{\frac{1}{2}(m_1 - m_2)^T \underline{D}(m_1 - m_2)} \tag{5.16}$$

其中，$\underline{D}$ 是一个 $2^n \times 2^n$ 的矩阵，它的元素 $\underline{D}(A, B) = |A \cap B| / |A \cup B|$，其描述了 m_1 中的命题（集）A 与 m_2 中的命题（集）B 之间的包含关系，$|\cdot|$ 代表集合的势，m_1 是证据 m 对 Θ 中所有集合的信度赋值所排列的一个信度。该距离是欧氏距离在证据理论中的扩展，与欧氏距离一样，当 $d_J(m_1, m_2) = 0$ 时，表示两条证据完全相同；当 $d_J(m_1, m_2) = 1$ 时，表示两条证据完全不同。

2）基于 Jousselme 证据距离的证据折扣因子优化

首先，根据 2.2.2 节定义的证据折扣因子，对当前报警证据 m_t 进行折扣操作。

$$\begin{cases} m_t^{\lambda(t)}(A) = (1 - \lambda(t))m_t(A) \\ m_t^{\lambda(t)}(\mathrm{NA}) = (1 - \lambda(t))m_t(\mathrm{NA}) \\ m_t^{\lambda(t)}(\Theta) = (1 - \lambda(t))m_t(\Theta) + \lambda(t) \end{cases} \quad (5.17)$$

其中，$\lambda(t)$ 是报警证据的折扣因子。

给出 2.4.2 节中条件化证据线性更新规则的递推形式，用其迭代计算得到当前 t 时刻的全局证据：

$$m_{0:t}(B) = \alpha_t^{\lambda(t)} m_{0:t-1}(B) + \beta_t^{\lambda(t)} m_t(B|D) \quad D, B = A, \mathrm{NA}, \Theta \quad (5.18)$$

其中，$m_{0:t}(B)$ 是用 $m_t^{\lambda(t)}$ 更新 $m_{0:t-1}(B)$ 后得到的命题 B 的信度赋值。$m_{0:t-1}(B)$ 表示所有历史证据对更新后信度 $m_{0:t}(B)$ 的贡献，$m_t(B|D)$ 是当前 t 时刻的条件化信度，其由式（2.38）或式（2.39）计算获得，它体现了当前证据 $m_t^{\lambda(t)}$ 对 $m_{0:t}(B)$ 的贡献，这是因为 $m_t(B|D)$ 中的条件命题 D 是由 $m_t^{\lambda(t)}$ 决定的。$\alpha_t^{\lambda(t)}$ 和 $\beta_t^{\lambda(t)}$ 分别是 $m_{0:t-1}(B)$ 和 $m_t(B|D)$ 的线性组合权重，显然它们是折扣因子 $\lambda(t)$ 的函数。

因为式（2.38）和式（2.39）成立的条件是折扣后的报警证据 $m_t^{\lambda(t)}$ 必须"绝对"支持命题 A 或 NA，但是通常 $m_t^{\lambda(t)}$ 可能不满足该约束条件，此时需要通过以下决策规则将其转化为相应的确定性证据：

$$\text{如果 } \mathrm{Bet}P_{m_t^{\lambda(t)}}(A) \geqslant \mathrm{Bet}P_{m_t^{\lambda(t)}}(\mathrm{NA}), \quad \text{则 } D=A; \quad \text{反之，} \quad D=\mathrm{NA} \quad (5.19)$$

其中，$\mathrm{Bet}P_{m_t^{\lambda(t)}}$ 是通过定义 2.6 获得的 $m_t^{\lambda(t)}$ 的 Pignistic 概率。

例如，利用式（5.18）在 $t-1$ 时刻获得了全局证据 $m_{0:t-1}(A)$，并且由式（5.19）可确定条件命题 $D=A$，因为 $m_{0:t-1}(A)=\mathrm{Bel}_{0:t-1}(A)$，故由式（2.39）可得

$$m_t(A|A) = \frac{m_{0:t-1}(A)}{m_{0:t-1}(A) + \mathrm{Pl}_{0:t-1}(A-A)} = \frac{m_{0:t-1}(A)}{m_{0:t-1}(A)} = 1 \quad (5.20)$$

那么，由式（5.18）可计算当前 t 时刻全局证据对 A 命题（"报警"）的信度赋值为

$$m_{0:t}(A) = \alpha_t^{\lambda(t)} m_{0:t-1}(A) + \beta_t^{\lambda(t)} m_t(A|A) = \alpha_t^{\lambda(t)} m_{0:t-1}(A) + \beta_t^{\lambda(t)} \quad (5.21)$$

注意到，命题 A 更新后信度赋值 $m_{0:t}(A)$ 与 $m_{0:t-1}(A)$ 相比增大了，或者至少不会减小，这是因为它得到了条件命题 $D=A$ 的支持。另外，因为 $\bar{D} \cap \mathrm{NA} = \bar{A} \cap \mathrm{NA} = \mathrm{NA} \neq \varnothing$，$m_t(\mathrm{NA}|A)=0$，所以命题 NA（"未报警"）的更新后信度赋值为

$$m_{0:t}(\mathrm{NA}) = \alpha_t^{\lambda(t)} m_{0:t-1}(\mathrm{NA}) + \beta_t^{\lambda(t)} m_t(\mathrm{NA}|A) = \alpha_t^{\lambda(t)} m_{0:t-1}(\mathrm{NA}) \quad (5.22)$$

显然，$m_{0:t}(\mathrm{NA})$ 与 $m_{0:t-1}(\mathrm{NA})$ 相比减小了（除非 $\alpha_t^{\lambda(t)}=1$），这是因为它是条件命

题 $D=A$ 的补集。类似地，$\overline{D} \bigcap \Theta = \overline{A} \bigcap \Theta = \text{NA} \neq \varnothing$，$m_t(\Theta|A)=0$，所以

$$m_{0:t}(\Theta) = \alpha_t^{\lambda(t)} m_{0:t-1}(\Theta) + \beta_t^{\lambda(t)} m_t(\Theta \mid A) = \alpha_t^{\lambda(t)} m_{0:t-1}(\Theta) \qquad (5.23)$$

式（5.18）给出了递归计算全局报警证据的方法，接下来的问题是如何使获取的全局证据 $m_{0:t}$ 尽可能接近所监控设备的真实状态，也就是"故障状态（Fault）"或"正常状态（No-fault）"。在证据理论的框架下，这两种状态可以用"绝对的"证据表示为 $m(\text{Fault})=1$ 和 $m(\text{No-fault})=1$，与其对应的报警器的输出结果，应该为 $m(A)=1$ 和 $m(\text{NA})=1$。因此，我们需要优化可调参数 $\lambda(t)$，以至于利用 $m_t^{\lambda(t)}$ 更新 $m_{0:t-1}$ 时，所产生的结果 $m_{0:t}$ 尽可能接近 $m(A)=1$ 或 $m(\text{NA})=1$，那么由 $m_{0:t}$ 做出的报警决策会更为准确和可靠。文献[33]、[34]给出在证据融合中，基于欧氏距离优化证据折扣因子的方法，这里将其推广到证据更新当中，即在线优化 $\lambda(t)$，使得全局证据 $m_{0:t}$ 与理想状态下的证据 $m(A)=1$ 或 $m(\text{NA})=1$ 的距离最小。实际当中，事先并不知道 t 时刻设备所处的真实状态，所以我们假设 $x(t)$ 是正常（$m(A)=1$）或异常（$m(\text{NA})=1$），并给出相应的 Jousselme 证据距离函数 $f_{t,A}$ 和 $f_{t,\text{NA}}$ 为

$$f_{t,A}(\lambda(t)) = d_J\big(m_{0:t}, m(A)=1\big), \quad t \geqslant 2, 0 \leqslant \lambda(t) \leqslant 1 \qquad (5.24)$$

$$f_{t,\text{NA}}(\lambda(t)) = d_J\big(m_{0:t}, m(\text{NA})=1\big), \quad t \geqslant 2, 0 \leqslant \lambda(t) \leqslant 1 \qquad (5.25)$$

其中，"$m(A)=1$" 和 "$m(\text{NA})=1$" 分别等同于证据理想状况下的证据向量（1 0 0）和（0 1 0），那么相应的优化目标函数定义为

$$\min_{\lambda(t)}\big(f_{t,A}(\lambda(t))\big), \text{s.t.} \, 0 \leqslant \lambda(t) \leqslant 1, t \geqslant 2 \qquad (5.26)$$

$$\min_{\lambda(t)}\big(f_{t,\text{NA}}(\lambda(t))\big), \text{s.t.} \, 0 \leqslant \lambda(t) \leqslant 1, t \geqslant 2 \qquad (5.27)$$

最优折扣因子的求取可归结为一类有约束非线性参数最优化问题，可以利用 MATLAB 提供的优化工具箱中的 fmincon 函数来求解[35]，或者使用以一定步长遍历所有可能 $\lambda(t)$ 取值的数值优化方法求解。将由式（5.26）和式（5.27）求得的最小距离分别记为 $d_{J,A}(t)$ 和 $d_{J,\text{NA}}(t)$，相应的最优折扣因子记为 $\lambda_A(t)$ 和 $\lambda_{\text{NA}}(t)$。那么最优的折扣系数 $\lambda_o(t)$，可以从 $\lambda_A(t)$ 和 $\lambda_{\text{NA}}(t)$ 中产生，具体规则为

如果 $d_{J,A}(t) \leqslant d_{J,\text{NA}}(t)$，则 $\lambda_o(t) = \lambda_A(t)$；反之，$\lambda_o(t) = \lambda_{\text{NA}}(t)$ （5.28）

在获取最优的 $\lambda_o(t)$ 后，可以进一步得到最优的证据更新线性组合权重（详见第 3）部分），最终由式（5.18）计算得到最优的全局证据。

3）基于证据相似度的线性组合权重求取

首先引入证据间相似性测度的概念，假设有 N 条证据 $m_1, m_2, \cdots, m_N$，那么任意两个证据 m_i 和 $m_j(i, j=1, 2, \cdots, N)$ 之间的相似度定义为[36]

$$\text{Sim}(m_i, m_j) = 1 - d_J(m_i, m_j) \qquad (5.29)$$

显然，$\mathrm{Sim}(m_i, m_j)$越大，$d_J(m_i, m_j)$越小，也就是两者越相似。

进而求得证据m_i被其他的$N-1$条证据支持的程度为

$$\mathrm{Sup}(m_i) = \sum_{j=1,\ j\neq i}^{N} \mathrm{Sim}(m_i, m_j) \tag{5.30}$$

它是相似性测度的函数。由支持度求得m_i的置信度为

$$\mathrm{Crd}(m_i) = \frac{\mathrm{Sup}(m_i)}{\sum_{i=1}^{N} \mathrm{Sup}(m_i)} \tag{5.31}$$

显然，$\sum_{i=1}^{N} \mathrm{Crd}(m_i) = 1$，Crd 实际上度量了证据的相对重要性，那么条件化证据线性更新中 $m_{0:t-1}(B)$ 和 $m_t(B|D)$ 的组合权重 $\alpha_t^{\lambda(t)}$ 和 $\beta_t^{\lambda(t)}$ 可以由它们的相对重要性求出，以下分情况给出不同时刻 $\alpha_t^{\lambda(t)}$ 和 $\beta_t^{\lambda(t)}$ 的求法。

首先，设定初始的报警证据为 $m_{0:0}=(m_{0:0}(A)\ m_{0:0}(\mathrm{NA})\ m_{0:0}(\Theta))=(0\ 1\ 0)$，因为报警系统通常是在设备正常运行时就投入使用的。

当 $t=1$ 时，假设已从式（5.14）和式（5.15）获取了当前的报警证据 m_1，对其折扣后由式（5.17）得到 $m_1^{\lambda(1)}$。更新后的全局证据 $m_{0:1}$ 则通过 $m_1^{\lambda(1)}$ 更新 $m_{0:0}$ 得到（式（5.18））。利用式（5.29）可求得 $m_1^{\lambda(1)}$ 和 $m_{0:0}$ 之间的相似度为 $\mathrm{Sim}(m_{0:0}, m_1^{\lambda(1)})$。根据式（5.30）中支持度的定义，可知 $\mathrm{Sim}(m_{0:0}, m_1^{\lambda(1)}) = \mathrm{Sup}(m_{0:0}) = \mathrm{Sup}(m_1^{\lambda(1)})$，所以，$m_1^{\lambda(1)}$ 和 $m_{0:0}$ 的置信度可以由式（5.31）给出：

$$\mathrm{Crd}(m_1^{\lambda(1)}) = \frac{\mathrm{Sup}(m_1^{\lambda(1)})}{\mathrm{Sup}(m_{0:0}) + \mathrm{Sup}(m_1^{\lambda(1)})} = 0.5, \quad \mathrm{Crd}(m_{0:0}) = \frac{\mathrm{Sup}(m_{0:0})}{\mathrm{Sup}(m_{0:0}) + \mathrm{Sup}(m_1^{\lambda(1)})} = 0.5$$

由置信度可得组合权重：

$$\beta_1^{\lambda(1)} = \mathrm{Crd}(m_1^{\lambda(1)}) = 0.5 \tag{5.32}$$

$$\alpha_1^{\lambda(1)} = 1 - \beta_1^{\lambda(1)} = 0.5 \tag{5.33}$$

注意到，这里的 $\alpha_1^{\lambda(1)}$ 和 $\beta_1^{\lambda(1)}$ 不是由 $\lambda(1)$ 决定的，所以令 $\lambda(1)=0$，然后用式（5.18）计算得出 $t=1$ 时刻的全局证据 $m_{0:1}$，即在 $t=1$ 时，不需要对折扣 $\lambda(1)$ 进行优化操作。

当 $t \geqslant 2$ 时，假设已获取了当前的报警证据 m_t，并已经递归计算出 $t-1$ 和 $t-2$ 时刻的全局证据 $m_{0:t-1}$ 和 $m_{0:t-2}$。由式（5.17）得到 m_t 的折扣形式 $m_t^{\lambda(t)}$，其中的折扣因子 $\lambda(t)$ 是取值在区间[0,1]中的一个变量。此时，我们可以利用 $m_t^{\lambda(t)}$, $m_{0:t-1}$ 和 $m_{0:t-2}$ 的置信度计算权重 $\alpha_t^{\lambda(t)}$ 和 $\beta_t^{\lambda(t)}$，详细步骤如下。

（1）利用式（5.29）计算报警证据 $m_t^{\lambda(t)}$, $m_{0:t-1}$ 和 $m_{0:t-2}$ 之间两两的相似度 $\mathrm{Sim}(m_{0:t-2}, m_{0:t-1})$, $\mathrm{Sim}(m_{0:t-2}, m_t^{\lambda(t)})$ 和 $\mathrm{Sim}(m_{0:t-1}, m_t^{\lambda(t)})$。

（2）利用式（5.30）计算每个证据被其他两个证据支持的程度，即

$$\mathrm{Sup}(m_{0:t-2}) = \mathrm{Sim}(m_{0:t-2}, m_{0:t-1}) + \mathrm{Sim}(m_{0:t-2}, m_t^{\lambda(t)})$$

$$\mathrm{Sup}(m_{0:t-1}) = \mathrm{Sim}(m_{0:t-2}, m_{0:t-1}) + \mathrm{Sim}(m_{0:t-1}, m_t^{\lambda(t)})$$

$$\mathrm{Sup}(m_t^{\lambda(t)}) = \mathrm{Sim}(m_{0:t-2}, m_t^{\lambda(t)}) + \mathrm{Sim}(m_{0:t-1}, m_t^{\lambda(t)})$$

（3）利用式（5.31）计算 $m_t^{\lambda(t)}$ 的置信度，将其作为当前的条件证据 $m_t(B|D)$ 在证据更新中的组合权重。

$$\beta_t^{\lambda(t)} = \frac{\mathrm{Sup}(m_t^{\lambda(t)})}{\mathrm{Sup}(m_{0:t-2}) + \mathrm{Sup}(m_{0:t-1}) + \mathrm{Sup}(m_t^{\lambda(t)})} \tag{5.34}$$

其中，$\beta_t^{\lambda(t)}$ 是当前证据相较于历史证据的重要性，那么 $m_{0:t-1}$ 的组合权重为

$$\alpha_t^{\lambda(t)} = 1 - \beta_t^{\lambda(t)} \tag{5.35}$$

与 2.4.2 节中 Kulasekere 提出的三种组合权重的求取方法相比，这里给出的求取方法更加注重证据之间的动态关联关系，实现了根据证据之间的相似性变化，自适应动态调整组合权重，更符合实际工程应用的需要。此外，从式（5.34）和式（5.35）可知，$\alpha_t^{\lambda(t)}$ 和 $\beta_t^{\lambda(t)}$ 是折扣因子 $\lambda(t)$ 的函数，由式（5.18）得到的全局证据 $m_{0:t}$ 也是 $\lambda(t)$ 的函数，所以通过式（5.24）～式（5.27）提供的优化模型，我们能够求取最优的 $\lambda_o(t)$，进而求得每个时刻的最优组合权重和最终的最优全局证据。

5.4　基于全局报警证据的报警决策

通过 5.3 节介绍的步骤，获得 t 时刻全局证据 $m_{0:t}$ 之后，可以由定义 2.6 得到命题 A 和 NA 的 Pignistic 概率为

$$\mathrm{Bet}P_{m_{0:t}}(\theta) = \sum_{B \subseteq \Theta, \theta \in B} \frac{1}{|B|} \frac{m_{0:t}(B)}{1 - m_{0:t}(\varnothing)}; \quad \theta = A, \mathrm{NA} \tag{5.36}$$

根据 2.3 节介绍的第三种融合决策方法，这里可以给出适用于报警问题的决策准则为

如果 $\mathrm{Bet}P_{m_{0:t}}(A) \geqslant \mathrm{Bet}P_{m_{0:t}}(\mathrm{NA})$，则报警器发出警报；否则，不报警（5.37）

详细的动态报警证据更新及参数优化过程，可以由算法 5.1 描述。

算法 5.1　报警证据更新算法

Input: x_{otp}, η_o, $x(t)$, $m_{0:t-1}$, $m_{0:t-2}$　　注：最优阈值及可调节因子、t 时刻过程变量采样值，两个历史时刻的全局诊断证据

Output: $m_{0:t}$, $\mathrm{Bet}P_{m_{0:t}}$　　注：t 时刻全局证据及其 Pignistic 概率

1: 构造最优的模糊阈值 $x_{\text{otp}}^L = x_{\text{otp}}(1-\eta_o)$, $x_{\text{otp}}^U = x_{\text{otp}}(1+\eta_o)$;

2: 初始化 $m_{0:0}=(m_{0:0}(A)\ m_{0:0}(NA)\ m_{0:0}(\Theta))=(0\ 1\ 0)$;

3: **For** $t=1h:Lh$ 注: L 是采样序列长度

4: **While** $t=1$;

5: 用式(5.12)~式(5.15)将 $x(t)$ 转换为 m_t;

6: 设定 $\lambda(t)=1$, 用式(5.32)和式(5.33)得到 $\beta_t^{\lambda(t)}=\alpha_t^{\lambda(t)}=0.5$;

7: 用式(5.17)计算 $m_t^{\lambda(t)}$ 并且利用式(2.38)计算 $m_t(B|D)$ $D, B = A, NA, \Theta$;

8: 用式(5.18)计算 $m_{0:t}$;

9: 用式(5.36)得到 $m_{0:t}$ 的 $BetP_{m_{0:t}}$, 并用式(5.37)中的规则进行报警决策;

10: **End While**;

11: **While** $t \geq 2$;

12: 将 $x(t)$ 转化为 m_t;

13: 利用式(5.24)~式(5.27)提供优化模型获取最优的折扣因子 $\lambda_o(t)$;

14: 用式(5.34)和式(5.35)计算最优的组合权重 $\beta_t^{\lambda_o(t)}$ 和 $\alpha_t^{\lambda_o(t)}$;

15: 用式(5.17)计算 $m_t^{\lambda_o(t)}$, 并且利用式(2.38)计算 $m_t(B|D)$ $D, B = A, NA, \Theta$;

16: 用式(5.18)计算 $m_{0:t}$;

17: 用式(5.36)得到 $m_{0:t}$ 的 $BetP_{m_{0:t}}$ 并用式(5.37)中的规则进行报警决策;

18: **End While**;

19: **End For**;

例 5.2   用于说明如何通过优化 $\lambda(t)$, $\beta_t^{\lambda(t)}$ 和 $\alpha_t^{\lambda(t)}$ 来获取全局报警证据 $m_{0:t}$。假设 $x(t)$ 在 $t=1$ 到 $t=6$ 时处于正常状态,相应的报警证据 m_t 如表 5.2 所示。

表 5.2　当前报警证据 m_t

t	$m_t=(m_t(A)\ m_t(NA)\ m_t(\Theta))$	t	$m_t=(m_t(A)\ m_t(NA)\ m_t(\Theta))$
1	(0 1 0)	4	(0.71 0.29 0)
2	(1 0 0)	5	(0.66 0.34 0)
3	(0.8 0.20 0)	6	(0.31 0.69 0)

当 $t=1$ 时, $m_{0:0}=(0\ 1\ 0)$, $m_1=(0\ 1\ 0)$, $\lambda(1)=0$, 所以 $m_1^{\lambda(1)}=(0\ 1\ 0)$。根据式(5.19)中定义的获取条件命题的规则, $BetP_{m_1^{\lambda(1)}}(A) = 0 < BetP_{m_1^{\lambda(1)}}(NA) = 1$, 那么条件命题 $D=NA$, 条件信度 $m_1(NA|NA)=1, m_1(A|NA)=m_1(\Theta|NA)=0$, $\beta_1^{\lambda(1)}=\alpha_1^{\lambda(1)}=0.5$。通过式(5.18), 可得

$$m_{0:1}(A) = \alpha_1^{\lambda(1)}m_{0:0}(A) + \beta_1^{\lambda(1)}m_1(A|NA) = 0.5\times0 + 0.5\times0 = 0$$

$$m_{0:1}(NA) = \alpha_1^{\lambda(1)}m_{0:0}(NA) + \beta_1^{\lambda(1)}m_1(NA|NA) = 0.5\times1 + 0.5\times1 = 1$$

$$m_{0:1}(\Theta) = \alpha_1^{\lambda(1)}m_{0:0}(\Theta) + \beta_1^{\lambda(1)}m_1(\Theta|NA) = 0.5\times0 + 0.5\times0 = 0$$

那么 $m_{0:1}=(0\ 1\ 0)$。根据 5.4 节给出的决策准则, $BetP_{m_{b1}}(A) < BetP_{m_{b1}}(NA)$, 不发出报警, $x(1)$ 处于正常状态。

当 $t=2$, $m_2=(1\,0\,0)$，并且已经获得 $m_{0:0}=(0\,1\,0)$, $m_{0:1}=(0\,1\,0)$ 时，通过最小化式（5.24）中的 $f_{2,A}(\lambda(2))$ 和式（5.25）中的 $f_{2,\text{NA}}(\lambda(2))$，可得 $d_{J,A}(2)=0.8153$, $\lambda_A(2)=1$, $d_{J,\text{NA}}(2)=0$, $\lambda_{\text{NA}}(2)=0$。$d_{J,A}(2)>d_{J,\text{NA}}(2)$，由式（5.28）给出的判定准则可知 $\lambda_o(2)=\lambda_{\text{NA}}(2)=0$。折扣后的证据 $m_2^{\lambda_o(2)}=(1\,0\,0)$，所以 $D=A$，$m_2(A|A)=1$, $m_2(\text{NA}|A)=m_2(\Theta|A)=0$。从第 3) 部分的步骤（1）～步骤（3），可得 $\beta_2^{\lambda(2)}=0$，$\alpha_2^{\lambda(2)}=1$，并有

$$m_{0:2}(A)=\alpha_2^{\lambda_o(2)}m_{0:1}(A)+\beta_2^{\lambda_o(2)}m_2(A|A)=1\times0+0\times1=0$$

$$m_{0:2}(\text{NA})=\alpha_2^{\lambda_o(2)}m_{0:1}(\text{NA})+\beta_2^{\lambda_o(2)}m_2(\text{NA}|A)=1\times1+0\times0=1$$

$$m_{0:2}(\Theta)=\alpha_2^{\lambda(2)}m_{0:1}(\Theta)+\beta_2^{\lambda(2)}m_2(\Theta|\text{NA})=0\times0+0\times0=0$$

那么 $m_{0:2}=(0\,1\,0)$，可见虽然 m_2 与历史证据 $m_{0:0}$、$m_{0:1}$ 之间完全冲突，但是通过调整折扣因子，所提出的优化过程可以最小化 $\beta_2^{\lambda(2)}$，最大化 $\alpha_2^{\lambda(2)}$ 以至于更新后所得报警证据对于命题 NA 的信度没有增加。根据 5.4 节给出的决策准则，可知 $x(2)$ 仍然处于正常状态，与我们事先设定的状态一致。

按照同样的步骤，可以获取其他时刻的全局诊断证据和最优参数，表 5.3 给出了对于命题 A 的 $d_{J,A}(t)$, $\lambda_A(t)$ 和 $m_{0:t}^{\lambda_A(t)}$，表 5.4 这种给出了对于命题 NA 的 $d_{J,\text{NA}}(t)$, $\lambda_{\text{NA}}(t)$ 和 $m_{0:t}^{\lambda_{\text{NA}}(t)}$，表 5.5 中给出了用更新前 m_t 和更新后 $m_{0:t}$ 进行报警决策的结果比较。

表 5.3　假设真实状态是 A 时的优化结果

t	$d_{J,A}(t)$	$\lambda_A(t)$	$m_{0:t}^{\lambda_{\text{NA}}(t)}$
1	—	—	—
2	0.8153	1	(0.1847 0.8153 0)
3	0.8071	0.71	(0.1929 0.8071 0)
4	0.6474	0.45	(0.3526 0.6474 0)
5	**0.469**	**0.23**	**(0.5310 0.4690 0)**
6	0.6145	1	(0.3855 0.6145 0)

表 5.4　假设真实状态是 NA 时的优化结果

t	$d_{J,\text{NA}}(t)$	$\lambda_{\text{NA}}(t)$	$m_{0:t}^{\lambda_{\text{NA}}(t)}$
1	—	—	—
2	**0**	**0**	**(0 1 0)**
3	**0.1429**	**0**	**(0.1429 0.8571 0)**
4	**0.3322**	**1**	**(0.3322 0.6678 0)**
5	0.5039	1	(0.5039 0.4961 0)
6	**0.3485**	**0.03**	**(0.3485 0.6515 0)**

表 5.5　更新前 m_t 和更新后 $m_{0:t}$ 的报警决策结果比较

TC	t	$\lambda_o(t)$	m_t	$m_{0:t}$
NA	1	—	(0 1 0)→NA	**(0 1 0) →NA**
NA	2	0	(1 0 0)→A	**(0 1 0) →NA**
NA	3	0	(0.8 0.2 0)→A	**(0.1429 0.8571 0) →NA**
NA	4	1	(0.71 0.29 0)→A	**(0.3322 0.6678 0) →NA**
NA	5	0.23	(0.66 0.34 0)→A	**(0.5310 0.4690 0) →A**
NA	6	0.03	(0.31 0.69 0)→NA	**(0.3485 0.5150 0) →NA**

注：TC 表示真实分类。

当 t=2,3,4,6, $d_{J,A}(t)>d_{J,NA}(t)$，$\lambda_o(t)=\lambda_{NA}(t)$ 时，$m_{0:t}=m_{0:t}^{\lambda_{NA}(t)}$；当 t=5, $d_{J,A}(t)<d_{J,NA}(t)$，$\lambda_o(t)=\lambda_A(t)$ 时，$m_{0:t}=m_{0:t}^{\lambda_A(t)}$。表 5.5 中显示，真实的状态一直是 NA，由 $m_{0:t}$ 给出的误报率远小于直接由 m_t 给出的误报率，这是因为前者有效融合了历史报警信息 $m_{0:t-1}$ 和当前过程变量的变化信息 m_t 或 $m_t(B|D)$。所提出线性组合的更新形式及基于证据相似性求取组合权重的方法，使得赋予历史证据 $m_{0:t-1}$ 的权重要始终大于由 m_t 决定的条件化证据 $m_t(B|D)$ 的权重 β_t。而这种策略可以被称为"向后看（Look-Back Based，LBB）"策略，它源于一种普遍被接受的观点：历史信息 $m_{0:t-1}$ 与当前信息 m_t 相比，势必更为可靠，因为前者是通过递归更新过程含有所有历史信息，所以在融合决策中，历史证据必然更为重要。在此意义上，在 5.2 节中介绍的时间延迟方法也使用了 LBB 策略，因为其规定只有当前过程的采样值以及之前的 n–1 个采样值都超过阈值 x_{tp} 才会产生报警（也可以理解为产生了一个"绝对的"证据，它对命题 A 的信度赋值为 1）。另外，所提出的在线优化过程通过优化调整当前证据 m_t 的折扣因子，间接地实现了最小化全局证据不确定性的目的。

虽然 LBB 策略强调了历史证据 $m_{0:1-t}$ 的重要性，但是当新到证据 m_t 所支持命题持续异于 $m_{0:t-1}$ 所支持命题时，更新过程会逐步使得更新后结果与新证据所支持命题保持一致。例如，例 5.2 中从 t=2 到 t=5，m_t 一直支持命题 A，最终到 t=5 时更新结果 $m_{0:5}$ 也支持命题 A。正如凡事都具有两面性，LBB 策略能够有效降低报警系统的 FAR 和 MAR，但是当过程变量 $x(t)$ 从正常状态跳变到异常状态时，报警输出势必会出现延迟，这是因为报警系统的精确性（FAR 和 MAR）和灵敏性（AAD）在实际中难以兼得。但是整体上来讲，所提的方法能够给出理想的 FAR 和 MAR 和可接受的 AAD，在 5.5 节的仿真算例和实际的液化石油气管道泄漏检测实例中，可以看出证据更新方法要比传统的滑动平均滤波以及时间延迟方法具有更好的综合性能。

5.5　实验验证与对比分析

在本章所提出的证据更新报警器设计方法中，单步计算用到连续三个时刻的报警证据，在本节给出的实验中，将其与三阶滑动平均滤波器和三阶时间延迟滤波器进行系统的比较。实验 5.1 中假设过程变量 $x(t)$ 只具有随机不确定性,它的正常和异常状态都服从正态分布。实验 5.2 中假设 $x(t)$ 具有认知和随机混合不确定性,此时它的异常和正常状态仍然服从正态分布,但是分布中的均值和标准差这两个参数是取值在一个闭区间中的变化量。实验 5.3 来自于真实的石油管道泄漏实例,由于泄漏数据有限且传感器可能受到测量环境干扰,相应过程变量 $x(t)$ 的统计分布无法精确获得,此时假设 $x(t)$ 具有纯粹的认知不确定性。

实验步骤安排如下,首先在获取一定数量的历史样本数据或者已知 x 的先验统计分布的前提下,离线画出三种方法的 ROC 曲线,从中找到最优的阈值点(它对应的 FAR 和 MAR 离 ROC 曲线坐标的原点最近);然后,在给定最优阈值的前提下,实施以上三种方法,并利用数值仿真求取各方法 MAR、FAR 和 AAD 指标的均值,通过对这三个指标均值的对比,可以显示出所提方法的综合性能优于其他两种传统方法。

实验 5.1　过程变量 x 被建模为分段的高斯随机过程:

$$x(t) \sim N(\mu_1, \sigma_1^2)\,(\mu_1 = 0.2, \sigma_1 = 1.5), \quad t < t_0 \quad 正常状态$$
$$x(t) \sim N(\mu_2, \sigma_2^2)\,(\mu_2 = 1.5, \sigma_2 = 1.5), \quad t \geq t_0 \quad 异常状态$$

(5.38)

显然,x 只具有随机不确定性。从正常到异常的跳变点是 $t_0 = 1000h$,采样周期 $h = 1s$。我们随机生成长度为 2000 的序列 $x(t)_{t=1}^{2000}$ 作为优化阈值所需的样本数据,如图 5.8 所示。

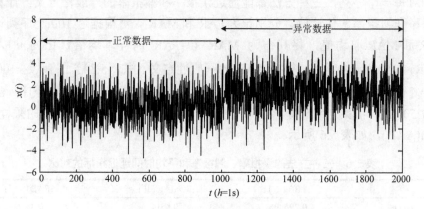

图 5.8　实验 5.1 中 $x(t)$ 的历史样本数据

步骤 1:从 ROC 曲线上搜索得到最优的阈值

1)证据更新方法(简称为 LBB 方法)

因为 $x_{tp}^L = x_{tp}(1-\eta), x_{tp}^U = x_{tp}(1+\eta)$,所以最优上下模糊阈值的确定,需要先确定最优的阈值 x_{otp} 和相应的可调因子 η_o。令 $x_{tp} \in [\min(x), \max(x)]$ 和 $\eta \in [0,1]$,这里 $\min(x)$

和 $\max(x)$ 分别是图 5.8 中所示数据的最大和最小值。设置步长为 0.01 遍历所有 x_{tp} 和 η 的可能取值，我们能画出 ROC 曲线，并从中知道最优的阈值和可调因子分别为 $x_{otp}=0.79$ 和 $\eta_o=0.06$，那么最优的 $x_{otp}^L = x_{otp}(1-\eta_o) = 0.7426, x_{otp}^U = x_{otp}(1+\eta_o) = 0.8374$，该实验中相应的最优的 FAR=0.5%、最优的 MAR=3.1%，这里的 FAR 和 MAR 是通过一般性定义（式（5.1）和式（5.2））计算的。

2）三阶滑动平均滤波方法（简称为 3OMAF 方法）

三阶滑动平均滤波函数为 $y(t)=(x(t-2)+x(t-1)+x(t))/3$。由于 $x(t)$ 的统计分布实现已知，如式（5.38）所示，则可以直接求取 $y(t)$ 的统计分布为正常状态：$N(0.2,1.5^2/3)$，异常状态 $N(1.5,1.5^2/3)$。通过 5.2.2 节的式（5.7）和式（5.8）中给出的 FAR 和 MAR 的概率定义形式，依照 1）中的遍历 x_{tp} 的方法，可以直接画出 ROC 曲线，从中可以搜索到最优的阈值 $x_{otp}=0.8514$，相应的 FAR=22.26%，MAR=22.09%。

3）三阶时间延迟方法（简称为 3SADT 方法）

当时间延迟法中的延迟步数 $n=3$ 时，我们可以直接利用 5.2.2 节的式（5.9）和式（5.10）中给出的 FAR 和 MAR 的概率定义形式，画出 ROC 曲线，找到最优阈值 $x_{otp}=0.8516$，相应的 FAR= 15.02%，MAR=14.82%。

步骤 2：给定最优阈值下，三种方法性能的对比分析

为了能够比较三种方法的性能，利用式（5.38）产生 100 个形如图 5.8 中所示的序列，对每一个序列，三种方法都能通过误报率和漏报率的一般性定义，计算单次的误报率和漏报率的估计值，分别记为 $\hat{FAR}$ 和 $\hat{MAR}$。对根据这 100 个序列计算出的 $\hat{FAR}$ 和 $\hat{MAR}$ 取均值，将其作为 MAR 和 FAR 的样本均值，记为 $m(\hat{FAR})$ 和 $m(\hat{MAR})$，如表 5.6 所示。根据 AAD 的一般性定义（式（5.3）），将从这 100 个序列中计算出来的延迟时间的均值作为 AAD 的一个样本，将以上 100 个序列的实验重复做 500 次，可以得到 500 个 AAD 的样本，取它们的均值可得 AAD 的采样均值，记为 $m(AAD)$，如表 5.6 所示。

表 5.6 　三种方法的误报率、漏报率和平均时间延迟指标的对比

	LBB（I）	3OMAF（II）	3SADT（III）
x_{otp}/η_o	**0.79/0.06**	0.8514	0.8516
$m(\hat{FAR})$ /%	**2.93**	22.84	15.55
$m(\hat{MAR})$ /%	**2.77**	22.86	16.23
$m(AAD)$	**10.31**	4.14	6.84

在步骤 1 中，方法 II 和方法 III 的最优阈值都是在过程变量精确统计分布已知的情况下获得的，这些分布都是基于大量的统计实验或实际数据才能得到，显然这个条件在实际中经常较难以满足。但是，方法 I 仅需要少量的历史数据，得到最优阈

值的"参考值"，即可进行下一步的证据更新与在线优化，这在实际中更易于实现。在步骤 2 中，方法Ⅰ给出的 FAR 和 MAR 远小于后两种基于概率的方法给出的 FAR 和 MAR。因此，可以得出结论，所提方法能够有效地处理具有的随机不确定性的过程变量，特别是当过程变量在正常和异常状态下的统计分布存在较大重叠时（两种状态的数据变化均值较为接近），所提方法具有更好的效果。

另外，所提方法中用到的 LBB 策略能够有效降低 FAR 和 MAR，但是一定程度上会增加 AAD。但是，值得注意的是，大部分的报警器设计方法都无法实现同时降低 FAR、MAR 和 AAD，必须要考虑精确性（FAR 和 MAR）和灵敏性（AAD）之间的折中策略。一般来说，应考虑在可接受的灵敏性下，尽可能提升精确性，以减少误报和漏报引起的对报警器的不信任感。所以，总体上，所提方法的综合性能优于另外的两种基于概率的方法。此外，方法Ⅱ和方法Ⅲ只利用离线方式获取最优的阈值，而所提方法不仅离线获取最优阈值，还提供在线优化过程获取更接近真实设备运行状况的全局报警证据，从而提升了报警系统对过程变量动态变化的适应能力。

这里进一步随机产生一个 $x(t)$ 序列（图 5.9），测试动态证据更新与在线优化策略的效果。步骤 1 中确定了 $x_{otp}=0.79$、$\eta_o=0.06$，运行 5.4 节给出的算法 5.1，即可得到当前报警证据 m_t，如图 5.10 所示。图 5.11 中进一步给出了算法输出的全局报警证据 $m_{0:t}$，可见，经证据更新和在线优化后，$m_{0:t}$ 要比 m_t 更接近设备真实的运行情况。根据 5.4 节给出的报警决策准则，需要 $m_{0:t}(NA)$、$m_{0:t}(A)$ 转化为相应的 Pignistic 概率 $BetP_{m_{1t}}(NA)$ 和 $BetP_{m_{0t}}(A)$，在所提方法中，有 $BetP_{m_{1t}}(NA)=m_{0:t}(NA)$，$BetP_{m_{0t}}(A)=m_{0:t}(A)$。本次测试中，MAR=0.1%，FAR=1%，延迟时间为 7s。

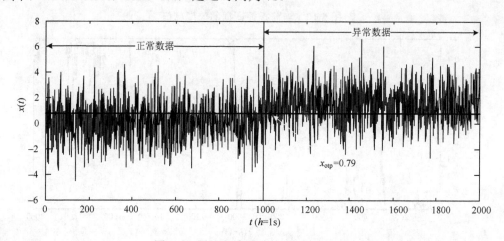

图 5.9　用于方法测试的 $x(t)$ 样本序列

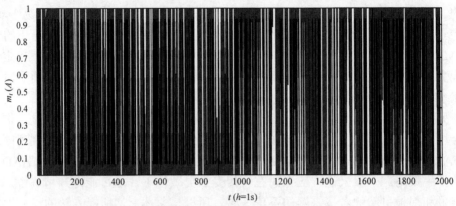

(a) 当前报警证据 m_t 对命题 "alarm" 的信度赋值

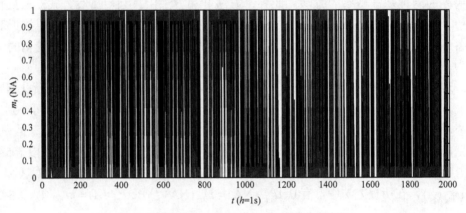

(b) 当前报警证据 m_t 对命题 "no-alarm" 的信度赋值

图 5.10　当前报警证据的信度赋值

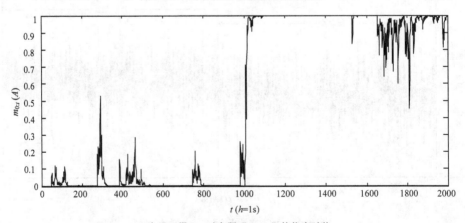

(a) 全局证据 $m_{0:t}$ 对命题 "alarm" 的信度赋值

图 5.11　全局报警证据的信度赋值

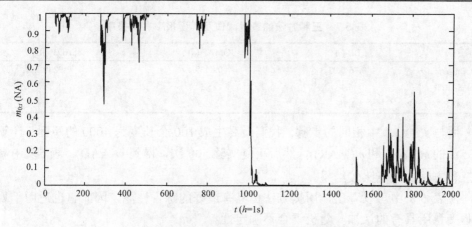

(b) 全局证据 $m_{0:t}$ 对命题"no-alarm"的信度赋值

图 5.11　全局报警证据的信度赋值（续）

实验 5.2　过程变量 x 被建模为分段的高斯随机过程，其均值和标准差为取值在闭区间中的变量。

$$
\begin{aligned}
x(t) &\sim N(\mu_1, \sigma_1^2) \begin{cases} \mu_1 \in [0.2, 0.3] \\ \sigma_1 \in [1.5, 1.6] \end{cases}, \quad t < t_0 \quad \text{正常状态} \\
x(t) &\sim N(\mu_2, \sigma_2^2) \begin{cases} \mu_2 \in [1.2, 1.5] \\ \sigma_2 \in [1.5, 1.6] \end{cases}, \quad t \geq t_0 \quad \text{异常状态}
\end{aligned}
\tag{5.39}
$$

这里，过程变量的统计分布是部分已知的和非精确的，所以其具有认知和随机混合不确定性。可以将 μ_1, σ_1, μ_2 和 σ_2 解释为符合以下均匀分布的变量：$\mu_1 \sim U(0.2, 0.3)$，$\sigma_1 \sim U(1.5, 1.6)$，$\mu_2 \sim U(1.2, 1.5)$ 和 $\sigma_2 \sim U(1.5, 1.6)$。从正常到异常的跳变点是 $t_0 = 2000h$，$h = 1s$。我们随机生成长度为 4000 的序列 $x(t)_{t=1}^{4000}$ 作为优化阈值所需的样本数据，如图 5.12 所示。由于过程变量的精确分布未知，所以三种方法都需要用这组数据来求取最优的阈值，结果如表 5.7 所示。

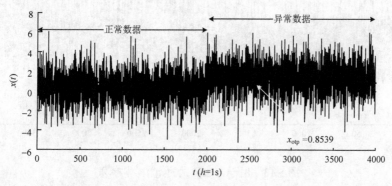

图 5.12　实验 5.2 中 $x(t)$ 的历史样本数据

表 5.7　三种方法的最优阈值及其误报率、漏报率

	LBB（Ⅰ）	3OMAF（Ⅱ）	3SADT（Ⅲ）
x_{otp}/η_o	**0.76/0.07**	0.8639	0.9239
FAR/%	**6.4**	25.3	18.1
MAR/%	**2.75**	27.35	22.15

用与实验 5.1 中相同的步骤，我们最终生成 100 个长度为 4000 的序列，计算三种方法的 $m(\hat{FAR})$ 和 $m(\hat{MAR})$，然后重复实验 500 次，得到 $m(AAD)$。表 5.7 中显示了三种方法的性能比较结果。

从表 5.8 中可以看出，所提方法仍具有最好的综合性能，因此它也适用于处理过程变量所具有的认知、随机混合不确定性。

表 5.8　三种方法的误报率、漏报率和平均时间延迟指标的对比

	LBB（Ⅰ）	3OMAF（Ⅱ）	3SADT（Ⅲ）
x_{otp}/η_o	**0.76/0.07**	0.8639	0.9239
$m(\hat{FAR})$ /%	**5.82**	24.7	15.11
$m(\hat{MAR})$ /%	**4.29**	29.26	25.27
$m(AAD)$	**11.4**	3.9	7.8

进一步，随机产生一个 $x(t)$ 序列（图 5.13），测试动态证据更新与在线优化策略的效果。运行算法 5.1，最终输出的全局报警证据 $m_{0:t}$ 如图 5.14 所示。本次测试中，MAR=7.15%，FAR=3.65%，延迟时间为 8s。与实验 5.1 中的测试效果相比，FAR 和 MAR 的取值提高，这是由于过程变量正常和异常状态下的样本重合区域增大。

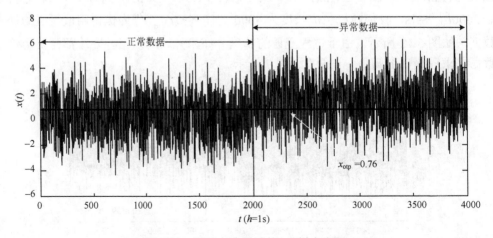

图 5.13　用于方法测试的 $x(t)$ 样本序列

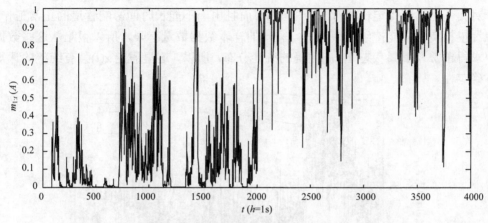

(a) 全局证据 $m_{0:t}$ 对命题"alarm"的信度赋值

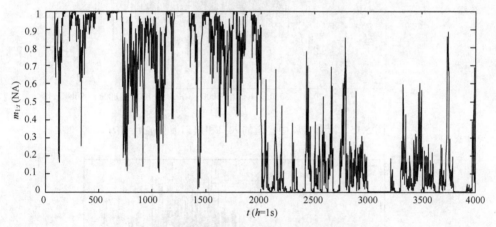

(b) 全局证据 $m_{0:t}$ 对命题"no-alarm"的信度赋值

图 5.14　全局报警证据的信度赋值

实验 5.3　液化石油气（LPG）管道泄漏检测实例

本实验中的数据来自于真实的 LPG 管道泄漏实验[37]。这段 LPG 管道的长度为 100 千米，安装在管道两端的流量计用于测量管道的入口和出口流量，采样周期为 10 秒。泄漏实验时长 23.62 小时，其中泄漏持续 5.8 小时，泄漏模拟由开启管道中部的阀门来完成。图 5.15 显示了入口和出口流量，记为 $f_0(t)$ 和 $f_1(t)$，$t=1h, 2h, \cdots, 8505h$，泄漏在 $t=122h$ 时发生，$t=2209h$ 时结束。

设定需要监控的过程变量为出口和入口流量的差值，$x(t)=f_1(t)-f_0(t)$，如图 5.16 所示。理想情况下，在正常状态 $x(t)$ 的取值恒为 0，在泄漏（异常）状态 $x(t)$ 的取值应小于 0。然而在实验中，由于测量环境中噪声干扰、管道机械振动、湍流现象以及流量计自身性能变化等因素的影响，$x(t)$ 的变化与理论分析结果差异较大，且不易于对其变化的不确定性进行细致的分析,而且由于不能长时间影响管道的正常工作,泄漏模拟实验只能持续较短时间,采集的样本数据数量有限,所以很难从这些数据中求得正常和泄漏状态下 $x(t)$ 精确的统计分布,所以,这里假定 $x(t)$ 具有纯粹的认知不确定性。

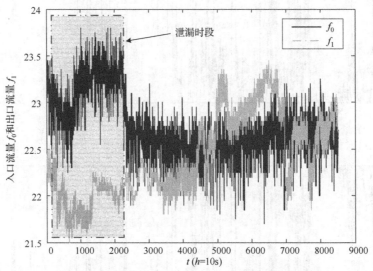

图 5.15　泄漏实验中管道的入口和出口流量 $f_0(t), f_1(t)$

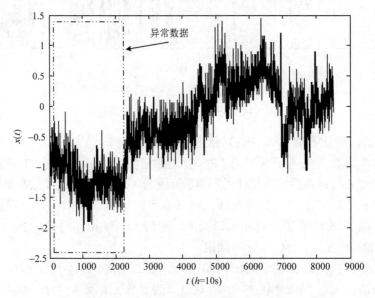

图 5.16　泄漏实验中的过程变量 $x(t)=f_1(t)-f_0(t)$

本实验中,在图 5.16 所示有限的数据上运行三种方法,求取最优的阈值及相应的 MAR 和 FAR，结果如表 5.9 所示。在获取最优阈值后，表 5.10 中统计出三种方法产生一个报警结构所需要的时间花费。

表 5.9　三种方法的最优阈值及其误报率、漏报率

	LBB（Ⅰ）	3OMAF（Ⅱ）	3SADT（Ⅲ）
x_{otp}/η_o	**-0.7/0.05**	-0.73	-0.7
FAR/%	**3.47**	6.45	7.71
MAR/%	**1.05**	4.70	6.04

表 5.10　三种方法的计算复杂度比较

	LBB（Ⅰ）	3OMAF（Ⅱ）	3SADT（Ⅲ）
运行时间/s	1.4×10^{-3}	3.95×10^{-8}	1.8149×10^{-5}

从表 5.10 可知，所提方法的计算复杂度高于其他方法，这是因为其需要实施在线优化过程（算法运行的硬件环境为 CPU E8400, CPU Clock Speed 3.00GHz, RAM 2GB）。然而，在实际当中，一般工业传感器的采样周期都大于 1s，所以所提方法在实际中是可以满足要求的。总之，从该实验可以看出，所提方法同样能够很好地处理过程变量的认知不确定性，并具有最好的综合性能。

5.6　本 章 小 结

本章给出了一种基于证据更新的报警器优化设计方法来处理过程变量所具有的随机和认知不确定性。首先，定义了具有模糊隶属度函数形式的上、下模糊阈值，在每个采样时刻通过该阈值可以将过程变量的采样值转换为相应的报警证据。然后，条件化证据线性更新规则被用于递归的融合当前报警证据与历史全局报警证据，从而获得当前时刻的全局报警证据。给出了最小化证据距离的动态优化方法在线获取证据的最优组合权重。最后，根据全局证据的 Pignistic 概率值做出报警决策。本章最后的报警器设计实例说明了所提方法的有效性。

相比于基于概率的报警器优化设计方法，新方法是数据驱动的方法，它具有以下几个优点：①将过程变量的认知和随机不确定性，通过一个二元分类器转化为模糊不确定性，并利用证据理论中的基本信度赋值对其进行度量。相比于只能处理随机不确定性的传统报警器优化方法，新方法的使用范围更为广泛。②新方法提供了在线证据更新和优化策略捕捉过程变量变化的动态趋势，然而基于概率的传统方法只能利用离线优化方法获取最优的阈值，它对于过程变量的动态变化缺乏敏感性。因此所提方法具有更加优越的综合性能。

参 考 文 献

[1] EEMUA. EEMUA Publication 191 A-larm Systems: a Guide to Design, Management and Procurement. 2007.

[2] Izadi I, Shah S, Shook D, et al. An introduction to alarm analysis and design. Fault Detection, Supervision and Safety of Technical Processes, 2009: 645-650.

[3] Izadi I, Shah S, Shook D, et al. A framework for optimal design of alarm systems. Proceedings of the 7th IFAC, Barcelona, 2009: 651-656.

[4] Xu X, Li S, Song X, et al. The optimal design of industrial alarm systems based on evidence theory. Control Engineering Practice, 2016, 46: 142-156.

[5] Cheng Y, Izadi I, Chen T. On optimal alarm filter design. 2011 International Symposium on Advanced Control of Industrial Processes (ADCONIP), IEEE, 2011: 139-145.

[6] Cheng Y, Izadi I, Chen T. Optimal alarm signal processing: filter design and performance analysis. IEEE Transactions on Automation Science and Engineering, 2013, 10(2): 446-451.

[7] Xu J, Wang J. Averaged alarm delay and systematic design for alarm systems. The 49th IEEE Conference on Decision and Control (CDC), 2010: 6821-6826.

[8] Xu J, Wang J, Izadi I, et al. Performance assessment and design for univariate alarm systems based on FAR, MAR, and AAD. IEEE Transactions on Automation Science and Engineering, 2012, 9(2): 296-307.

[9] Adnan N A, Izadi I, Chen T. Computing detection delays in industrial alarm systems. American Control Conference (ACC), 2011: 786-791.

[10] Ahnlund J, Bergquist T. An alarm reduction application at a district heating plant. Emerging Technologies and Factory Automation, Proceedings ETFA'03 IEEE Conference, 2003, 2: 187-190.

[11] Bergquist T, Ahnlund J, Larsson J E. Alarm reduction in industrial process control. Emerging Technologies and Factory Automation, Proceedings ETFA'03 IEEE Conference, 2003, 2: 58-65.

[12] Oberkampf W L, Helton J C, Joslyn C A, et al. Challenge problems: uncertainty in system response given uncertain parameters. Reliability Engineering & System Safety, 2004, 85(1): 11-19.

[13] Hora S C. Aleatory and epistemic uncertainty in probability elicitation with an example from hazardous waste management. Reliability Engineering & System Safety, 1996, 54(2): 217-223.

[14] Soundappan P, Nikolaidis E, Haftka R T, et al. Comparison of evidence theory and Bayesian theory for uncertainty modeling. Reliability Engineering & System Safety, 2004, 85(1): 295-311.

[15] Senge R, Bösner S, Dembczyński K, et al. Reliable classification: learning classifiers that distinguish aleatoric and epistemic uncertainty. Information Sciences, 2014, 255: 16-29.

[16] Limbourg P, de Rocquigny E. Uncertainty analysis using evidence theory-confronting level-1 and level-2 approaches with data availability and computational constraints. Reliability Engineering & System Safety, 2010, 95(5): 550-564.

[17] Sallak M, Schon W, Aguirre F. Extended component importance measures considering aleatory and epistemic uncertainties. IEEE Transactions on Reliability, 2013, 62(1): 49-65.

[18] Shafer G. A Mathematical Theory of Evidence. Princeton: Princeton University Press, 1976.

[19] Yang J B, Xu D L. Evidential reasoning rule for evidence combination. Artificial Intelligence, 2013, 205: 1-29.

[20] Fagin R, Halpern J Y. A new approach to updating beliefs. Proceedings of the Sixth Conference on Uncertainty in Artificial Intelligence, 2013: 347-374.

[21] Kulasekere E C, Premaratne K, Dewasurendra D A, et al. Conditioning and updating evidence. International Journal of Approximate Reasoning, 2004, 36(1): 75-108.

[22] Ma J, Liu W, Dubois D, et al. Bridging Jeffrey's rule, AGM revision and Dempster conditioning in the theory of evidence. International Journal on Artificial Intelligence Tools, 2011, 20(4): 691-720.

[23] Xu X B, Zhou D H, Ji Y D, et al. Approximating probability distribution of circuit performance function for parametric yield estimation using transferable belief model. Science China Information Sciences, 2013, 56(11): 1-19.

[24] Oukhellou L, Debiolles A, Denoeux T, et al. Fault diagnosis in railway track circuits using Dempster-Shafer classifier fusion. Engineering Applications of Artificial Intelligence, 2010, 23(1): 117-128.

[25] Xu X, Liu P, Sun Y, et al. Fault diagnosis based on the updating strategy of interval-valued belief structures. Chinese Journal of Electronics, 2014, 23(4): 753-760.

[26] 徐晓滨，宋晓静，文成林. 一种基于报警证据融合的工业报警器设计方法：中国，ZL201210285220.

[27] 宋晓静. 基于证据理论的工业报警器设计方法研究[硕士学位论文]. 杭州：杭州电子科技大学, 2012.

[28] Kondaveeti S R, Shah S, Izadi I. Application of multivariate statistics for efficient alarm generation. Fault Detection, Supervision and Safety of Technical Processes, 2009: 657-662.

[29] Zadeh L A. Fuzzy sets. Information Control, 1965, 8(1): 338-353 l.

[30] Ruspini E H. A new approach to clustering. Information and Control, 1969, 15(1): 22-32.

[31] Yang J B, Wang Y M, Xu D L, et al. The evidential reasoning approach for MADA under both probabilistic and fuzzy uncertainties. European Journal of Operational Research, 2006, 171(1): 309-343.

[32] Jousselme A L, Grenier D, Bossé É. A new distance between two bodies of evidence.

Information Fusion, 2001, 2(2): 91-101.

[33] Elouedi Z, Mellouli K, Smets P. Assessing sensor reliability for multisensor data fusion within the transferable belief model. IEEE Transactions on Systems, Man, and Cybernetics, Part B: Cybernetics, 2004, 34(1): 782-787.

[34] Mercier D, Quost B, Denoeux T. Refined modeling of sensor reliability in the belief function framework using contextual discounting. Information Fusion, 2008, 9(2): 246-258.

[35] Coleman T, Branch M A, Grace A. Optimization toolbox for use with MATLAB. User's Guide, 1999.

[36] Yong D, WenKang S, ZhenFu Z, et al. Combining belief functions based on distance of evidence. Decision Support Systems, 2004, 38(3): 489-493.

[37] Xu D L, Liu J, Yang J B, et al. Inference and learning methodology of belief-rule-based expert system for pipeline leak detection. Expert Systems with Applications, 2007, 32(1): 103-113.

第6章 基于证据可靠性评估的多变量报警证据融合方法

6.1 引　　言

针对单变量报警系统，第 5 章给出的报警证据更新与优化设计方法大大提升了报警器在误报率、漏报率方面的性能。然而，在现代复杂工业过程系统当中，单个过程变量往往不能全面反映复杂系统或设备生产过程状态的变化情况。例如，工业过程中传统的火灾报警器是内置一种传感器，针对火焰的某一特性进行报警（如烟雾、气体等），然而这种传统的单传感器探测器不能将早期火灾信号和香烟、煤烟等非火灾信号区分开来，在实际应用当中常出现漏报、误报的情况，因而通常需要对烟雾、温度、气体等多个指标进行综合观测来判别火灾是否发生[1]。在实际的复杂生产过程中，设备运行状况多是通过监测多个变量指标来反映的，设备异常的发生要综合考虑多个变量是否发生异常，单个变量信号仅是从不同侧面反应设备运行信息，并且这些信息可能存在冗余甚至矛盾，那么如何综合利用这些信息以便得到对设备运行状况的真实解释和描述是十分重要的[2]。

多源信息融合理论就是要将各种途径、不同时空域上获取的多类互补和冗余信息作为一个整体，综合利用证据理论等不确定性信息处理方法对它们进行处理，得到一个比采用单一信息源更优、更准确的决策结果，从而获得被测对象的一致性解释或描述。当利用证据理论进行多变量报警证据融合时，仍需要首先按照第 5 章所提方法将多个变量信号转化为多个报警证据，才能进行融合，然而融合诊断的效果高度依赖于证据源的可靠性，如果证据源不可靠，那么不论采取何种融合规则，都会造成报警判别结果错误。

设备异常状态检测中，影响证据可靠性的因素主要有三方面[3]：①各个过程变量本身变化的规律和特性都决定了它们对设备状态变化的反应程度存在差异，即有些变量对设备状态变化反应迅速且明显,而有些则存在延迟或变量采样值变化较小。②传感器对过程变量数据的采集精度。数据采集精度的高低，直接影响所采集数据的精确与否。③从报警证据获取方法的性能，有时单纯从数据层面，并不能直观评估传感器采集数据的可靠性，这时往往需要将其转化为更高层面的知识，如报警证据，而不同的转换方法常会带来或多或少的误差，以至于从证据空间得到的设备状态信息也不够准确。这一系列因素都会导致不同信息源所提供报警证据的可靠性存在差异[4]。因而，在将单变量报警证据融合之前，有必要用相应方法对证据进行预处理，减少这些不利因素对融合效果的影响，从而增加证据的客观性和报警结果的精确性。

在证据理论中，Shafer 通过引入折扣因子来度量所获取证据是否可靠，后来 Smets 在 TBM 框架下验证了这种度量方法的合理性[5]，并提出证据的可靠性与折扣因子是有关系的，可靠性越小，折扣因子越大；反之可靠性越大，则折扣因子越小[6]。Elouedi 等在 Shafer 的基础上提出了最小化误差函数的方法来计算折扣因子[7]。在文献[8]中，Zouhal 等基于 k 近邻（k-nearest neighborhood，k-NN）的方法，根据训练集数据与将被分类的新数据之间的距离来获得折扣因子。在文献[9]中，Elouedi 等又提出了最小化 Pignistic 概率距离的方法来计算折扣因子。Smets 提出的 TBM 提供了灵活的建模方法，它能够处理多传感器数据融合中所遇到的不确定性问题及证据冲突问题[3]。基于此，本章采用 Elouedi 等提出的 TBM 框架下最小化 Pignistic 概率欧氏距离的方法来计算折扣因子，并用于表征单变量全局报警证据（Univariate Global Alarm Evidence，UGAE）的可靠性，进而将多个折扣后的 UGAE 融合得到多变量融合报警证据（Multi-variable Fusing Alarm Evidence，MFAE），用其进一步做出报警决策。

本章所提出的可靠性报警证据融合决策方法步骤包括[10]：基于第 5 章证据更新的单变量报警器设计方法，根据训练数据获取单变量报警器的最优阈值和各个采样点的全局报警证据，并将其转化为相应的 Pignistic 概率；基于 Elouedi 提出的 Pignistic 概率欧氏距离优化方法估计 UGAE 的折扣因子，该因子是对其先验可靠性的度量，可以将其理解为离线获取的单变量报警器的可靠性参数；在单变量报警器在线运行时，利用折扣因子对每个采样时刻得到的 UGAE 进行折扣修正，从而客观度量在线获取的 UGAE 的可靠性；利用 Dempster 证据组合规则对多个单变量报警器提供的折扣后 UGAE 进行融合，获得 MFAE，并将转化为 TBM 决策层中的 Pignistic 概率，在融合决策准则下进行报警决策；最后通过三个单变量报警器融合报警的仿真算例，说明多变量融合报警可以很好地消除单变量全局报警证据之间的冗余和冲突，从而使得融合结果能够更为精确地反映设备的真实运行状态，提高报警系统的性能。

6.2　基于 Pignistic 概率距离的证据可靠性折扣因子优化方法

一个信息源的可靠性反映了使用者对信息源的信任程度。若设定证据可靠性的折扣因子为 $\alpha(0 \leqslant \alpha \leqslant 1)$，则根据式（2.6）修正后的证据为

$$m^{\alpha}(A) = \begin{cases} (1-\alpha)m(A), & \forall A \subseteq \Theta, A \neq \Theta \\ (1-\alpha)m(A)+\alpha, & A = \Theta \end{cases} \quad (6.1)$$

通常情况下，证据的折扣因子是一个变量，为了更客观地估计折扣因子的大小，本节基于 Pignistic 概率（欧氏）距离的最优化方法来估计单变量报警器的可靠性折扣因子，并用其对单变量全局报警证据进行修正。

若设备的运行状态集为 $\Theta = \{\theta_1, \theta_2\}$，其中 θ_1 代表正常状态（对应报警器的 NA 状态），θ_2 代表异常状态（对应报警器的 A 状态）。通过正常和异常状态的模拟试验或者先验信息，可以获得反映设备运行状态 θ_1 和 θ_2 的过程变量监测数据，即观测集 $O = \{o_1, o_2, \cdots, o_m\}$，且 $m >> 2$，即要保证两种运行状态下采集到的数据量足够多，每一组（个）观测值 $o_j \in O$ 是在正常状态 θ_1 或异常状态 θ_2 时得到的；不妨假定由该组观测获取的报警证据记为 $m\{o_j\}$，设折扣因子为 $\alpha(0 \leq \alpha \leq 1)$，则利用式（6.1）可得折扣后的 BBA，记为 $m^\alpha\{o_j\}$。进而利用 Pignistic 概率转换（定义 2.6）将 $m^\alpha\{o_j\}$ 转换成 Pignistic 概率函数，记为 $\mathrm{Bet}P^\alpha\{o_j\}$，然后将其与观测 o_j 所对应的设备运行状态 c_j 进行比较，其中 $c_j \in \Theta$；可通过设定一个指示函数 $\delta_{j,i}(j=1, \cdots, m; i=1, 2)$，并将其与 $\mathrm{Bet}P^\alpha\{o_j\}$ 做欧氏距离来衡量观测 o_j 和该观测对应设备真实运行状态之间的差距，即[9]：

$$\mathrm{Dist}(o_j, \alpha) = \sum_{i=1}^{2} (\mathrm{Bet}P^\alpha\{o_j\}(\theta_i) - \delta_{j,i})^2 \qquad (6.2)$$

其中，$\delta_{j,i}$ 的取值原则为：当 $\theta_i = c_j$ 时，$\delta_{j,i}=1$，即当观测 o_j 支持的命题和其所隶属的设备运行状态相一致时，指示函数 $\delta_{j,i}$ 的取值为 1；否则，$\delta_{j,i}=0$。基于式（6.2），可得到 m 组观测值与 $\delta_{j,i}$ 之间的欧氏距离为

$$\mathrm{TotalDist} = \sum_{j=1}^{m} \mathrm{Dist}(o_j, \alpha)$$
$$= \sum_{j=1}^{m} \sum_{i=1}^{2} (\mathrm{Bet}P^\alpha\{o_j\}(\theta_i) - \delta_{j,i})^2 \qquad (6.3)$$

可见，TotalDist 是关于 α 的距离指标函数，它反映了证据的可靠性，这个距离越小，代表证据对真实发生命题的支持度越高。通过最小化 TotalDist 即可得到最优的 α，记为 α^o。此时经 α^o 修正后得到的 $\mathrm{Bet}P^{\alpha^o}\{o_j\}$ 表示在 TotalDist 最小意义下，使得 $\mathrm{Bet}P^{\alpha^o}\{o_j\}$ 尽可能接近真实的指标函数 $\delta_{j,i}$，即 $m^{\alpha^o}\{o_j\}$ 中对各个命题的 BBA 分布尽可能反映设备当时所处的真实运行状况。

文献[9]给出了用最小化 TotalDist 指标函数的方法求解 α^o 的一般过程。设从某个传感器的第 j 组观测中获得的 BBA 为 $m\{o_j\}$，则根据式（6.1）用折扣因子 α 对原证据修正后的新证据为

$$m^{\alpha}\{o_j\}(A) = \begin{cases} (1-\alpha)m\{o_j\}(A), & A \subset \Theta \\ (1-\alpha)m\{o_j\}(\Theta)+\alpha, & A = \Theta \end{cases} \tag{6.4}$$

其中，A 为证据焦元。根据 Pignistic 概率转换公式，得原证据的 Pignistic 概率函数为

$$\mathrm{Bet}P\{o_j\}(\theta_i) = \frac{\sum_{A:\theta_i \in A} m\{o_j\}(A)}{|A|} \tag{6.5}$$

由式（6.4）和式（6.5）得

$$\begin{aligned}
\mathrm{Bet}P^{\alpha}\{o_j\}(\theta_i) &= \sum_{A:\theta_i \in A} \frac{m^{\alpha}\{o_j\}(A)}{|A|} \\
&= \sum_{A:\theta_i \in A} (1-\alpha)\frac{m\{o_j\}(A)}{|A|} + \frac{\alpha}{p} \\
&= (1-\alpha)\mathrm{Bet}P\{o_j\}(\theta_i) + \frac{\alpha}{p}
\end{aligned} \tag{6.6}$$

其中，$p = |\Theta|$。令 $p_{ij} = \mathrm{Bet}P\{o_j\}(\theta_i)$，则

$$\begin{aligned}
\mathrm{TotalDist}(\alpha) &= \sum_{j=1}^{m}\sum_{i=1}^{2}(\mathrm{Bet}P^{\alpha}\{o_j\}(\theta_i) - \delta_{j,i})^2 \\
&= \sum_{j=1}^{m}\sum_{i=1}^{2}((1-\alpha)p_{ij} + \alpha/p - \delta_{j,i})^2
\end{aligned}$$

当 $\dfrac{\mathrm{d}\,\mathrm{TotalDist}(\alpha)}{\mathrm{d}\alpha} = 0$ 时，上式取到极值，即

$$\begin{aligned}
0 &= \frac{\mathrm{d}\,\mathrm{TotalDist}(\alpha)}{\mathrm{d}\alpha} \\
&= 2\sum_{j,i}((1-\alpha)p_{ij} + \alpha/p - \delta_{j,i})(-p_{ij} + 1/p) \\
&\propto \sum_{j,i}-(1-\alpha)p_{ij}^2 - \alpha m/p + \sum_{j,i}\delta_{j,i}p_{ij} + \frac{(1-\alpha)m}{p} + \frac{\alpha m}{p} - \frac{m}{p} \\
&= \sum_{j,i}-(1-\alpha)p_{ij}^2 - \frac{\alpha m}{p} + \sum_{j,i}\delta_{j,i}p_{ij}
\end{aligned}$$

求得 $\alpha = \left(\sum_{j,i}(\delta_{j,i} - p_{ij})p_{ij}\right)\Big/\left((m/p) - \sum_{j,i}p_{ij}^2\right)$。为了保证 $\alpha^o \in [0,1]$，最终取 $\alpha^o = \min(1, \max(0, \alpha))$。

6.3 多变量报警证据融合与报警决策

本节基于第 5 章单变量报警器设计的方法，给出一种基于证据可靠性评估的多变量报警证据融合方法。具体流程如图 6.1 所示：假设有 n 个过程变量 $x_1, x_2, \cdots, x_n$，

首先，基于第 5 章提出的单变量报警器优化设计方法，根据过程变量的训练数据（先验数据）离线优化得到各个单变量报警器的最优阈值 $x_{i,\mathrm{tp}}(i=1, 2, \cdots, n)$，在各自阈值 $x_{i,\mathrm{tp}}$ 下，利用条件化证据线性组合递归更新规则，得到每一时刻单变量全局报警证据 $m_{i,1:t}(i=1, 2, \cdots, n)$；然后，根据训练数据离线优化得到单变量全局报警证据的可靠性折扣因子 α_i^o；在线运行阶段，用 α_i^o 对在线获取的单变量全局报警证据 $m_{i,1:t}$ 进行修正（在不引起混淆的前提下，这里将离线和在线阶段产生的证据用同样的符号表示），得到折扣后的证据 $m_{i,1:t}^{\alpha_i^o}$；最后，利用 Dempster 证据组合规则（定义 2.5）将 $m_{1,1:t}^{\alpha_1^o}, m_{2,1:t}^{\alpha_2^o}, \cdots, m_{n,1:t}^{\alpha_n^o}$ 进行融合，得到多变量融合报警证据 $m_{1:n,1:t}$；同样，若要进行最终的报警决策，则仍需要利用 Pignistic 转换将其转换到决策层上的 Pignistic 概率 $\mathrm{Bet}P_{m_{1:n,1:t}}$，进而根据 TBM 框架下的报警决策准则，输出多变量融合报警结果。其中，最优折扣因子 α_i^o 的具体求取方法在下面给出。

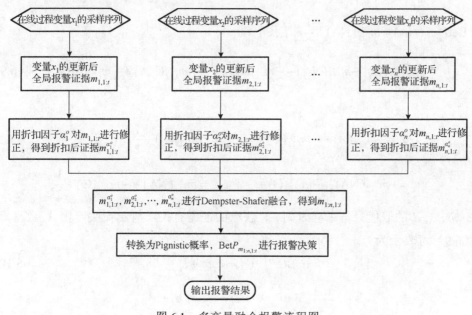

图 6.1　多变量融合报警流程图

6.3.1　单变量报警证据可靠性折扣因子的优化

根据报警器输出的两种状态，定义辨识框架为 $\Theta=\{A, \mathrm{NA}\}$，其中 A 表示警报，NA 表示未警报。假设在设备分别处于正常和异常状态时，已从传感器获取 n 个过程变量的采样数据 $x_1(t), x_2(t), \cdots, x_n(t)(t=1, 2, \cdots, m)$，即每个变量都有 m 个训练数据。不妨假定前 m_1 个数据点是在设备处于正常状态时采集到的，后面 $m_2=m-m_1$ 个是设备处于异常状态时采集到的。首先，基于第 5 章证据更新的单变量报警器优化设计方法，可以寻求出各个变量的最优阈值 $x_{i,\text{tp}}(i=1, 2, \cdots, n)$，以及每一变量最优阈值下相应的更新后全局报警证据 $m_{i,1:t}$，设每个变量的折扣因子为 α_i，根据式（6.1）可得到每一变量折扣后证据 $m_{i,1:t}^{\alpha_i}$：

$$\begin{cases} m_{i,1:t}^{\alpha_i}(A) = (1-\alpha_i)m_{i,1:t}(A) \\ m_{i,1:t}^{\alpha_i}(\text{NA}) = (1-\alpha_i)m_{i,1:t}(\text{NA}) \\ m_{i,1:t}^{\alpha_i}(\Theta) = (1-\alpha_i)m_{i,1:t}(\Theta) + \alpha_i \end{cases} \tag{6.7}$$

根据 Pignistic 概率转换公式，得到折扣后证据 $m_{i,1:t}^{\alpha_i}$ 的 Pignistic 概率为

$$\begin{aligned} \text{Bet}P_{m_{i,1:t}^{\alpha_i}}(A) &= m_{i,1:t}^{\alpha_i}(A) + \frac{1}{2}m_{i,1:t}^{\alpha_i}(\Theta) \\ &= \alpha_i\left(-m_{i,1:t}(A) - \frac{1}{2}m_{i,1:t}(\Theta) + \frac{1}{2}\right) + m_{i,1:t}(A) + \frac{1}{2}m_{i,1:t}(\Theta) + \frac{1}{2} \end{aligned} \tag{6.8}$$

$$\begin{aligned} \text{Bet}P_{m_{i,1:t}^{\alpha_i}}(\text{NA}) &= m_{i,1:t}^{\alpha_i}(\text{NA}) + \frac{1}{2}m_{i,1:t}^{\alpha_i}(\Theta) \\ &= \alpha_i\left(-m_{i,1:t}(\text{NA}) - \frac{1}{2}m_{i,1:t}(\Theta) + \frac{1}{2}\right) + m_{i,1:t}(\text{NA}) + \frac{1}{2}m_{i,1:t}(\Theta) + \frac{1}{2} \end{aligned} \tag{6.9}$$

令

$$a_t = -m_{i,1:t}(A) - \frac{1}{2}m_{i,1:t}(\Theta) + \frac{1}{2}, \quad b_t = m_{i,1:t}(A) + \frac{1}{2}m_{i,1:t}(\Theta) + \frac{1}{2}$$

$$c_t = -m_{i,1:t}(\text{NA}) - \frac{1}{2}m_{i,1:t}(\Theta) + \frac{1}{2}, \quad d_t = m_{i,1:t}(\text{NA}) + \frac{1}{2}m_{i,1:t}(\Theta) + \frac{1}{2}$$

则 a_t, b_t, c_t, d_t 的取值只与采样时刻 t 时获取的证据有关，与 α_i 无关，则式（6.8）和式（6.9）可表示为

$$\text{Bet}P_{m_{i,1:t}^{\alpha_i}}(A) = \alpha_i a_t + b_t \tag{6.10}$$

$$\text{Bet}P_{m_{i,1:t}^{\alpha_i}}(\text{NA}) = \alpha_i c_t + d_t \tag{6.11}$$

对于第 i 个过程变量，其目标函数 TotalDist 为

$$\begin{aligned} \text{TotalDist}(\alpha_i) &= \sum_{t=1}^{m}\sum_{k=1}^{2}(\text{Bet}P^{\alpha_i}\{o_t\}(\theta_k) - \delta_{t,k})^2 \\ &= \sum_{t_1=1}^{m_1}\left(\left(\text{Bet}P_{m_{i,1:t_1}^{\alpha_i}}(A)\right)^2 + \left(\text{Bet}P_{m_{i,1:t_1}^{\alpha_i}}(\text{NA}) - 1\right)^2\right) \\ &\quad + \sum_{t_2=m_1+1}^{m}\left(\left(\text{Bet}P_{m_{i,1:t_2}^{\alpha_i}}(A) - 1\right)^2 + \left(\text{Bet}P_{m_{i,1:t_2}^{\alpha_i}}(\text{NA})\right)^2\right) \end{aligned} \tag{6.12}$$

根据式（6.10）和式（6.11）可知，TotalDist 最终可表示为

$$\text{TotalDist}(\alpha_i) = f_m \alpha_i^2 + g_m \alpha_i + h_m \tag{6.13}$$

其中，$f_m = \sum_{t=1}^{m}(a_t + c_t)^2$，$g_m = \sum_{t_1=1}^{m_1}\left(2c_{t_1}d_{t_1} - 2c_{t_1} + 2a_{t_1}b_{t_1}\right) + \sum_{t_2=m_1+1}^{m}\left(2a_{t_1}b_{t_1} - 2a_{t_1}\right.$
$\left. +2c_{t_1}d_{t_1}\right)$，$h_m = \sum_{t_1=1}^{m_1}\left(\left(d_{t_1}-1\right)^2 + b_{t_1}^2\right) + \sum_{t_2=m_1+1}^{m}\left(\left(b_{t_2}-1\right)^2 + d_{t_2}^2\right)$，可见 f_m，g_m，h_m 只与
报警证据序列有关系，而离线得到的报警证据序列 $m_{i,1:t}(t=1, 2, \cdots, m)$ 是确定可知的，
因此 f_m，g_m，h_m 的值也是确定的。由式（6.13）可知，TotalDist 实际上为 α_i 的二次
函数，函数的最小值点为 $\alpha_i = g_m / (-2f_m)$，为了保证最优的折扣因子 $\alpha_i^o \in [0,1]$，最
终取 $\alpha_i^o = \min(1, \max(0, \alpha_i))$。

6.3.2　基于 Dempster 证据组合规则的多变量报警证据在线融合

基于 6.3.1 节离线求出的单变量全局报警证据的折扣因子 α_i^o，在将多个过程变
量的报警证据进行融合之前，需用 α_i^o 相应的单变量证据进行修正，以便客观地描述
单个报警器的报警决策可靠性。根据式（6.7），在 t 时刻用 α_i^o 对单变量报警证据 $m_{i,1:t}$
修正后的结果为

$$\begin{cases} m_{i,1:t}^{\alpha_i^o}(A) = (1-\alpha_i^o)m_{i,1:t}(A) \\ m_{i,1:t}^{\alpha_i^o}(\text{NA}) = (1-\alpha_i^o)m_{i,1:t}(\text{NA}) \\ m_{i,1:t}^{\alpha_i^o}(\Theta) = (1-\alpha_i^o)m_{i,1:t}(\Theta) + \alpha_i^o \end{cases} \tag{6.14}$$

接着，利用 Dempster 证据组合规则（定义 2.5），将 t 时刻 n 个折扣后证据 $m_{i,1:t}^{\alpha_i^o}$ $(i=1,$
$2, \cdots, n)$进行融合，得到多变量融合报警证据 $m_{1:n,1:t} = m_{1,1:t}^{\alpha_1^s} \oplus m_{2,1:t}^{\alpha_2^s} \oplus \cdots \oplus m_{n,1:t}^{\alpha_n^s}$，再将
$m_{1:n,1:t}$ 转化为相应的 Pignistic 概率：

$$\begin{aligned} \text{Bet}P_{m_{1:n,1:t}}(A) &= m_{1:n,1:t}(A) + \frac{1}{2}m_{1:n,1:t}(\Theta) \\ \text{Bet}P_{m_{1:n,1:t}}(\text{NA}) &= m_{1:n,1:t}(\text{NA}) + \frac{1}{2}m_{1:n,1:t}(\Theta) \end{aligned} \tag{6.15}$$

与单变量报警器决策准则类似，多变量融合报警的决策准则为
若 $\text{Bet}P_{m_{1:n,1:t}}(A) \geqslant \text{Bet}P_{m_{1:n,1:t}}(\text{NA})$，则报警器发出警报；否则，不报警。

6.4　仿真实验与对比分析

这里以三个变量的融合报警为例来说明本章所提方法的有效性。首先，在给定
变量先验训练数据的前提下，基于第 5 章单变量报警器优化设计方法，求出三个单

变量报警最优阈值，以及得到的单变量全局报警证据；然后利用基于 Pignistic 概率的欧氏距离优化方法，离线得到 UGAE 的折扣因子，并用其对在线获取的 UGAE 进行修正；最后运用 Dempster 证据组合规则融合修正后的 UGAE，得到三个变量融合报警证据，并将其转化为相应的 Pignistic 概率，在判定准则下利用 Pignistic 概率判断是否发出警报。通过对比三个单变量证据融合前后的报警决策变化来验证所提方法的优越性。

　　假设通过仿真得到三个传感器已观测到过程变量 $x_1(t)$, $x_2(t)$, $x_3(t)$($t=1, 2, \cdots,$ 2000)的采样序列如图 6.2～图 6.4 所示，从图中可以看出，在 1000 个采样点之后，设备的运行状况发生了变化，可假定各个变量前 1000 个数据为设备正常运行时数据，后 1000 个数据为设备异常运行时数据，并且变量 x_1 正常状态数据服从正态分布 $N(0.2,2)$，异常状态数据服从正态分布 $N(1,3)$；变量 x_2 正常状态数据服从正态分布 $N(2.2,2)$，异常状态数据服从正态分布 $N(3,3)$；变量 x_3 正常状态数据服从正态分布 $N(3.2,2)$，异常状态数据服从正态分布 $N(4,3)$。

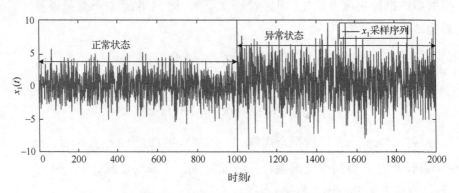

图 6.2　变量 $x_1(t)$ 的先验采样序列

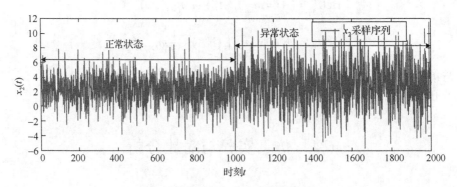

图 6.3　变量 $x_2(t)$ 的先验采样序列

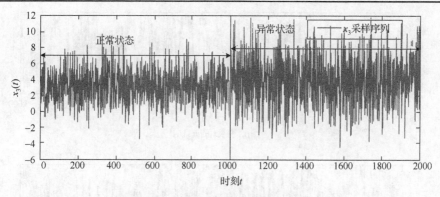

图 6.4　变量 $x_3(t)$ 的先验采样序列

步骤 1：离线求取最优阈值以及折扣因子

根据第 5 章选取最优阈值的方法，可分别寻求出三个变量的最优阈值，如表 6.1 所示。最优阈值下，三个变量相应的全局报警证据 $m_{1,1:t}$，$m_{2,1:t}$，$m_{3,1:t}$ 分别如图 6.5～图 6.7 所示，因全集 Θ 的 BBA 为 0，故这里只画出警报状态和未警报状态的 BBA。

表 6.1　三个变量的最优阈值

指标 　　变量	$x_1(t)$	$x_2(t)$	$x_3(t)$
最优阈值	0.55	2.56	3.68
误报率/%	17.75	23.7	15.2
漏报率/%	19.05	24.3	22.3

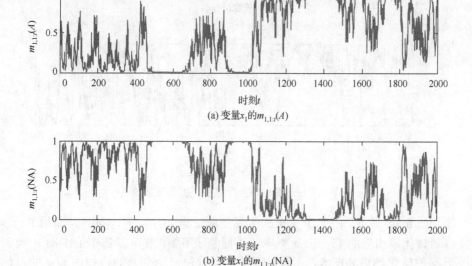

(a) 变量 x_1 的 $m_{1,1:t}(A)$

(b) 变量 x_1 的 $m_{1,1:t}(NA)$

图 6.5　变量 x_1 的全局报警证据信度赋值

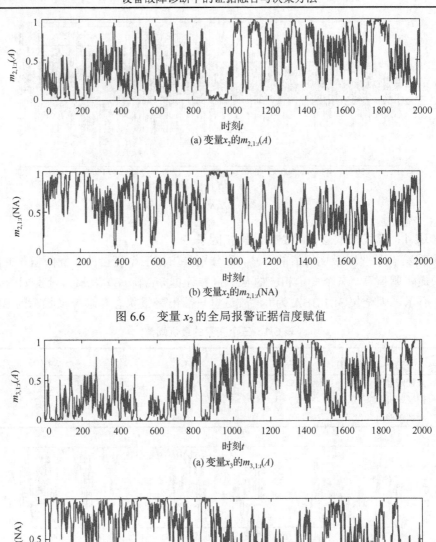

(a) 变量x_2的$m_{2,1:t}(A)$

(b) 变量x_2的$m_{2,1:t}(NA)$

图 6.6　变量 x_2 的全局报警证据信度赋值

(a) 变量x_3的$m_{3,1:t}(A)$

(b) 变量x_3的$m_{3,1:t}(NA)$

图 6.7　变量 x_3 的全局报警证据信度赋值

　　基于图 6.5～图 6.7 中三个变量的全局更新证据 $m_{1,1:t}$, $m_{2,1:t}$, $m_{3,1:t}$, 利用 Pignistic 转换将其转化成相应的 Pignistic 概率，进而基于 6.3.1 节可得到 TotalDist 函数和折扣因子 α_i 的变化趋势如图 6.8～图 6.10 所示，求得三个变量的折扣因子 α_i 的最优值 α_i^o 如表 6.2 所示。

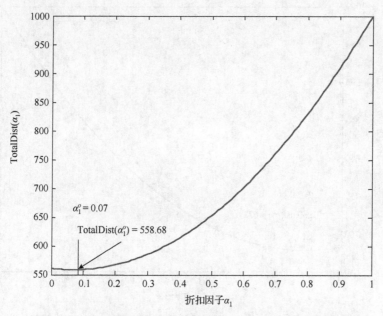

图 6.8　变量 x_1 的 TotalDist 函数随着折扣因子 α_1 的变化趋势

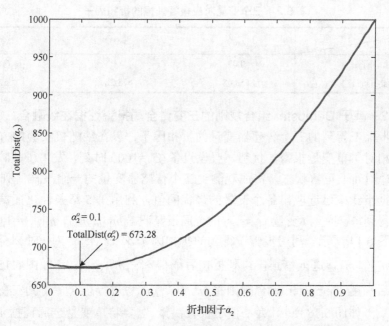

图 6.9　变量 x_2 的 TotalDist 函数随着折扣因子 α_2 的变化趋势

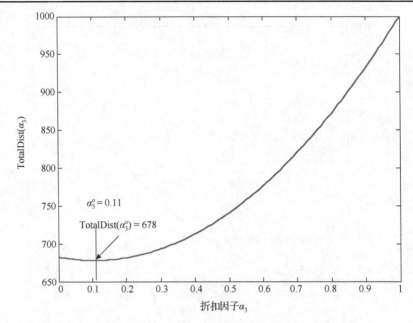

图 6.10　变量 x_3 的 TotalDist 函数随着折扣因子 α_3 的变化趋势

表 6.2　三个变量对应报警证据的折扣因子

变量 指标	$x_1(t)$	$x_2(t)$	$x_3(t)$
折扣因子 α_i^o	0.07	0.1	0.11
TotalDist(α_i^o)	558.68	673.28	678

步骤 2：基于 Dempster 组合规则的三变量全局报警证据在线融合

基于步骤 1 得到的三个传感器变量的折扣因子，以在线随机实验的方式，观察所提方法相对于单变量报警的优势。假设设备在 t=1000 时刻，发生了故障，即设备前 1000 时刻处于正常状态，在线观测到三个传感器变量的一组采样序列如图 6.11 所示。根据步骤 1 已选取出各个变量的最优阈值，利用第 5 章条件化证据动态更新的方法，得到每一时刻 t 变量 x_1, x_2, x_3 的全局报警证据 $m_{1,1:t}$, $m_{2,1:t}$, $m_{3,1:t}$ (t=1, 2, …)，如图 6.12～图 6.14 所示。利用步骤 1 得到的折扣因子 $\alpha_1^o, \alpha_2^o, \alpha_3^o$，对 t 时刻全局报警证据 $m_{1,1:t}$, $m_{2,1:t}$, $m_{3,1:t}$ 进行修正，得到折扣后证据 $m_{1,1:t}^{\alpha_1^o}, m_{2,1:t}^{\alpha_2^o}, m_{3,1:t}^{\alpha_3^o}$，如图 6.15～图 6.17 所示；然后利用 Dempster 组合规则将 $m_{1,1:t}^{\alpha_1^o}, m_{2,1:t}^{\alpha_2^o}, m_{3,1:t}^{\alpha_3^o}$ 进行融合，得到三变量融合报警证据 $m_{1:3,1:t}$，如图 6.18 所示。为了便于报警决策，需要将单变量全局证据 $m_{1,1:t}$, $m_{2,1:t}$, $m_{3,1:t}$ 以及三个变量融合报警证据 $m_{1:3,1:t}$ 转换到 TBM 决策层相应的 Pignistic 概率函数，这里以警报状态的 Pignistic 概率函数来说明，如图 6.19 所示。

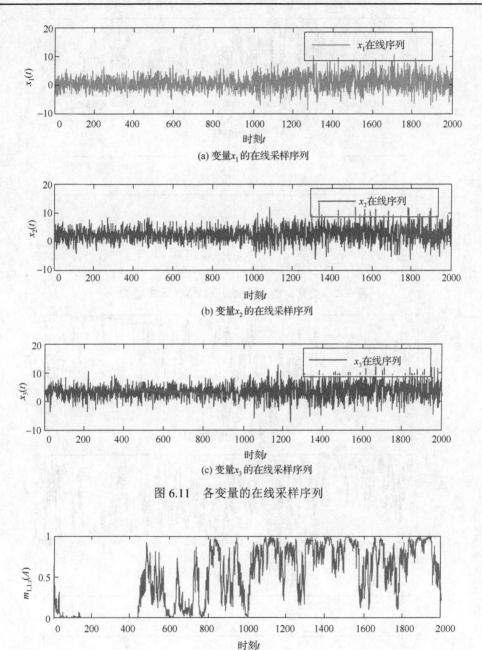

(a) 变量 x_1 的在线采样序列

(b) 变量 x_2 的在线采样序列

(c) 变量 x_3 的在线采样序列

图 6.11　各变量的在线采样序列

(a) 变量 x_1 的在线 $m_{1,1:t}(A)$

图 6.12　变量 x_1 的全局报警证据信度赋值

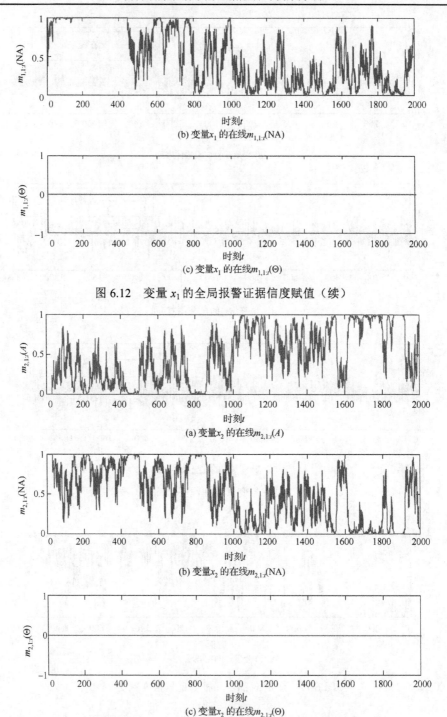

(b) 变量x_1的在线$m_{1,1:t}$(NA)

(c) 变量x_1的在线$m_{1,1:t}$(Θ)

图 6.12　变量 x_1 的全局报警证据信度赋值（续）

(a) 变量x_2的在线$m_{2,1:t}$(A)

(b) 变量x_2的在线$m_{2,1:t}$(NA)

(c) 变量x_2的在线$m_{2,1:t}$(Θ)

图 6.13　变量 x_2 的全局报警证据信度赋值

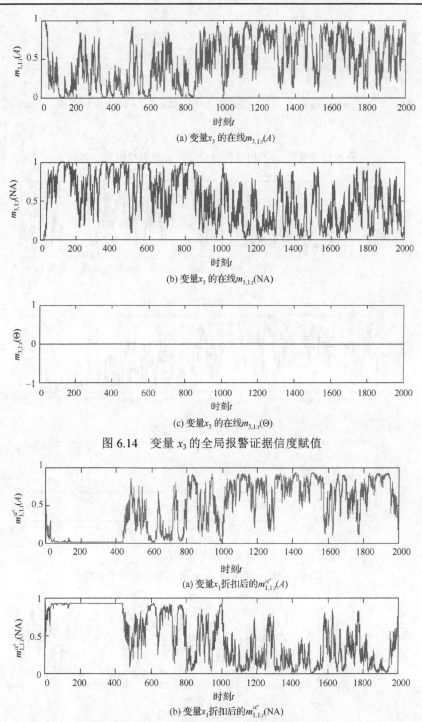

(a) 变量x_3的在线$m_{3,1:t}(A)$

(b) 变量x_3的在线$m_{3,1:t}(NA)$

(c) 变量x_3的在线$m_{3,1:t}(\Theta)$

图 6.14　变量x_3的全局报警证据信度赋值

(a) 变量x_1折扣后的$m_{1,1:t}^{\alpha^e}(A)$

(b) 变量x_1折扣后的$m_{1,1:t}^{\alpha^e}(NA)$

图 6.15　变量x_1折扣后的全局报警证据信度赋值

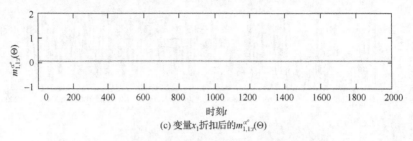

(c) 变量x_1折扣后的$m_{1,1:t}^{\alpha^o}(\Theta)$

图 6.15　变量 x_1 折扣后的全局报警证据信度赋值（续）

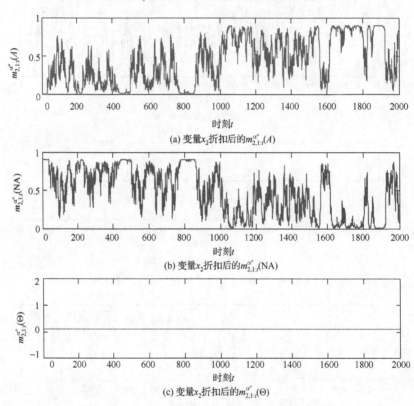

(a) 变量x_2折扣后的$m_{2,1:t}^{\alpha^o}(A)$

(b) 变量x_2折扣后的$m_{2,1:t}^{\alpha^o}(NA)$

(c) 变量x_2折扣后的$m_{2,1:t}^{\alpha^o}(\Theta)$

图 6.16　变量 x_2 折扣后的全局报警证据信度赋值

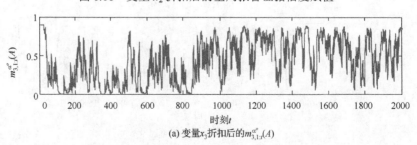

(a) 变量x_3折扣后的$m_{3,1:t}^{\alpha^o}(A)$

图 6.17　变量 x_3 折扣后的全局报警证据信度赋值

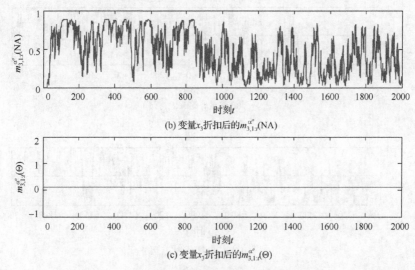

(b) 变量x_3折扣后的$m^{\alpha^e}_{3,1:t}$(NA)

(c) 变量x_3折扣后的$m^{\alpha^e}_{3,1:t}$(Θ)

图 6.17　变量 x_3 折扣后的全局报警证据信度赋值（续）

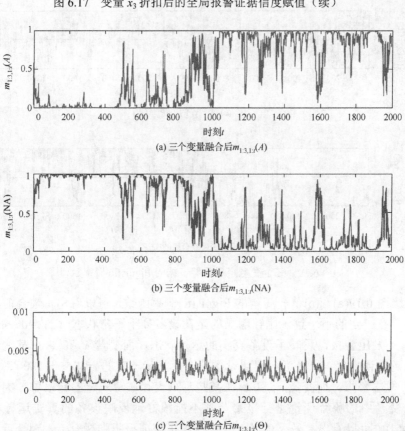

(a) 三个变量融合后$m_{1:3,1:t}$(A)

(b) 三个变量融合后$m_{1:3,1:t}$(NA)

(c) 三个变量融合后$m_{1:3,1:t}$(Θ)

图 6.18　三个变量融合后的全局报警证据信度赋值

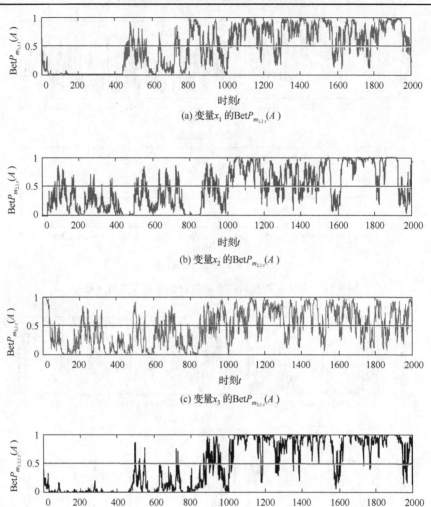

(a) 变量x_1的Bet$P_{m_{1,1:t}}(A)$

(b) 变量x_2的Bet$P_{m_{2,1:t}}(A)$

(c) 变量x_3的Bet$P_{m_{3,1:t}}(A)$

(d) 三个变量融合后的Bet$P_{m_{1,3,1:t}}(A)$

图 6.19　三个变量全局报警证据的 Pignistic 概率赋值

　　对比图 6.19(a)～(c)单一变量的 Pignistic 概率函数，可以看出，融合前三个变量报警决策有一定的不一致，比较明显的是在设备处于正常状态时的 t=0～400 时段，变量 x_1 不发出警报，反映了设备真实的运行状态，而变量 x_2 和 x_3 在某些时刻点存在着一定的误报警；同样可观察到设备处于异常状态时的 t=1650～1800 时段，只有变量 x_2 发出警报，而变量 x_1 和 x_3 在某些时刻点存在着一定的漏报警；因而无论采用三个变量中的哪个变量进行报警，都不能很好地反映设备的真实运行状态。从图 6.19(d)中可以看出，采用对每一变量全局报警证据折扣融合后，融合后的报警决策也更为真实地反映了设备真实的状态。这可以从统计出来的误报率和漏报率来反映，如表 6.3 所示，可以看出根据报警决策准则的判别，三个变量融合后报警造成的误报率和漏报率相对于单一变量报警都有一定程度下降。为了消除随机因素的影响，进行 100 次随机统计实验，报警决策指标如表 6.4 所示，从表中可以看出，多变量融合报警和单变量报警器不仅在很大程度上降低了误报率和漏报率，提高了系统精准性，同时也具有相当的检测延迟（灵敏性）。

表 6.3　一次随机观测下三个单变量报警以及多变量报警性能指标对比

指标　　　　　　方法	变量 x_1	变量 x_2	单变量 x_3	多变量融合报警
最优阈值	0.55	2.56	3.68	—
折扣因子 α_i^s	0.07	0.1	0.11	—
误报率均值/%	18.2	16.4	26.4	8.6
漏报率均值/%	14.8	22.9	27.6	8.9

表 6.4　100 次随机实验三个单变量报警以及多变量报警性能指标对比

指标　　　　　　方法	变量 x_1	变量 x_2	变量 x_3	多变量融合报警
最优阈值	0.55	2.56	3.68	—
折扣因子 α_i^s	0.07	0.1	0.11	—
误报率均值/%	21.62	22.29	16.44	8.48
漏报率均值/%	24.32	25.82	32.77	14.93
平均报警延迟/步	12.73	10.796	13.212	14.806

6.5　本 章 小 结

若想全面掌握设备的运行情况，除了对单个过程变量设置报警器，还应考虑将多个单变量报警器的输出结果融合，从而对设备的运行情况给予更加全面和客观的评价。但是，由于生产过程当中各种不确定性因素的影响，每个单变量报警器所给出的报警结果都不一定是完全可靠的，这会引起单变量报警结果之间可能会产生结论不一致甚至是冲突。基于此，本章提出了一种基于证据可靠性评估的多变量报警证据融合方法，首先，根据第 5 章提出的单变量报警器设计方法，得到最优阈值下单变量全局报警证据（UGAE），并将其转化为相应的 Pignistic 概率，利用基于 Pignistic 概率欧氏距离优化方法，离线得到 UGAE 的可靠性折扣因子；并用其对在线获取的 UGAE 进行修正；然后运用 Dempster 证据组合规则融合修正后的 UGAE，得到多变量融合报警证据（MFAE），并将 MFAE 转化为相应的 Pignistic 概率，在判定准则下利用 Pignistic 概率判断是否发出警报；最后，通过仿真算例验证了利用多变量融合报警证据做出的报警决策比任何单变量报警证据给出的报警决策更为准确和可靠。

参 考 文 献

[1] 姚畅, 钱盛友. 基于神经网络的多传感器火灾报警系统. 计算机工程与应用, 2006(3): 219-221.

[2] 马平, 吕锋, 杜海莲, 等. 多传感器信息融合基本原理及应用. 控制工程, 2006 (1): 48-51.

[3] 徐晓滨, 王玉成, 文成林. 评估诊断证据可靠性的信息融合故障诊断方法. 控制理论与应用, 2011 (4): 504-510.

[4] Guo H, Shi W, Deng Y. Evaluating sensor reliability in classification problems based on evidence theory. IEEE Transactions on Systems, Man, and Cybernetics, Part B: Cybernetics, 2006, 36(5): 970-981.

[5] Smets P. Belief functions: the disjunctive rule of combination and the generalized Bayesian theorem. International Journal of Approximate Reasoning, 1993, 9(1): 1-35.

[6] Shafer G. A Mathematical Theory of Evidence. Princeton: Princeton University Press, 1976.

[7] Elouedi Z, Mellouli K, Smets P. The evaluation of sensors' reliability and their tuning for multisensor data fusion within the transferable belief model. Proceedings of the Sixth European Conference on Symbolic and Quantitative Approaches to Reasoning with Uncertainty, New York, 2001: 350-361.

[8] Zouhal L M, Denoeux T. An evidence-theoretic K-NN rule with parameter optimization. IEEE Transactions on Systems, Man, and Cybernetics, Part C: Applications and Reviews, 1998, 28(2): 263-271.

[9] Elouedi Z, Mellouli K, Smets P. Assessing sensor reliability for multisensor data fusion within the transferable belief model. IEEE Transactions on Systems, Man, and Cybernetics, Part B: Cybernetics, 2004, 34(1): 782-787.

[10] 宋晓静. 基于证据理论的工业报警器设计方法研究[硕士学位论文]. 杭州: 杭州电子科技大学, 2012.

第 7 章　基于扩展型类 Jeffery 证据更新的故障诊断方法

7.1　引　　言

发展先进的在线故障诊断技术可以有效提高设备运行安全性和可靠性。但是由于故障的随机性和模糊性，产生故障的原因比较复杂，通常一种故障可以表现出多种特征，同一故障特征可能是由不同故障引起的。面对多种故障模式及故障特征之间复杂的对应关系，以及诊断过程中各种不确定因素的干扰与影响，传统的基于单传感器、单因素监测和单模型的诊断方法已显不足。为了进一步提高诊断的精准性和可靠性，利用基于证据理论的信息融合方法，将空间或时间上的冗余和互补的传感器信息通过证据组合规则进行融合，就可以得到被观测对象的一致性描述，从而对设备出现的已知或潜在故障做出更加精准的判断[1-3]。

基于证据理论的故障诊断方法主要由故障建模、诊断证据获取、诊断证据的融合和故障决策三个过程组成：①故障建模。确定故障辨识框架，根据故障特征参数的历史数据（样板特征），建立故障模式与故障特征参数之间的对应关系。通常这些关系模型可以用模糊神经网络或者模糊规则库来描述。基于神经网络的方法主要是用采样的每种故障样板特征作为神经网络的输入训练神经网络，建立特征空间到故障空间的非线性映射[4,5]。基于模糊规则的方法，对每种故障的样板特征进行模糊化，表示成模糊隶属度函数的形式，生成模糊推理规则库[2,3,6]。②诊断证据获取。对故障建模完成后，求取诊断证据的问题，就转化为确定"样板特征"与"待检特征"的匹配程度问题。对于模糊规则方法就是计算待检特征在各隶属度函数中的取值，并经归一化后就作为诊断证据[2,3,6]；对于神经网络方法，就是将待检特征向量作为输入，网络的输出即为该类待检信息表征的设备状态对各种待测故障模式的隶属程度，将其归一化后即可作为诊断证据[4,5]。③诊断证据的融合与故障决策。当获得诊断证据后，可以利用相关的融合方法对诊断证据进行融合。对于故障决策，可以直接利用融合后的诊断证据进行决策，也可以利用 Pignistic 概率变换将诊断证据转化为 Pignistic 概率再决策。

基于证据理论的综合性方法对诊断信息进行分级融合处理，充分发挥了证据理论、神经网络、模糊等智能方法在不确定性信息表示、建模和融合方面各自的优势，它在故障诊断中得到了广泛应用，但其处理过程仍存在不足之处。首先，由于故障多样性，系统可能存在潜在故障，而上述的建模方法并没有考虑潜在故障的存在，那么这也会带来诊断证据求取中未考虑潜在故障诊断证据的求取。其次，已有的基于证据理论的综合性诊断方法中，一般都没有考虑所获诊断证据的先后次序，即假设是在同一时段（时刻）获得多个证据，然后再挑选适宜的证据组合规则对它们进行融合得到诊断结果。可以将这种融合看做一种"静态融合"，但没有考虑前后时段所获证据（或前后时段的证据融合结果）之间的关系。实际上，在"样板特征"事先确定的情况下，故障状态变化的趋势就可以理解为待检特征逐步接近某个故障模式的样板特征的趋势。随着时间推移，这种趋势可以用不同时段所获诊断证据中，各故障命题证据的变化来体现。所以，对于故障诊断需要研究第 k 步静态融合结果对前 $k-1$ 步融合结果的动态更新问题。

针对以上问题，本章提出基于扩展型类 Jeffery 证据更新规则的动态融合诊断方法[7,8]，先给出新型的模糊推理方法实现对系统已知故障和潜在故障实时提供诊断证据；然后给出基于扩展型类 Jeffery 证据更新规则实现前后时刻诊断证据的动态更新（融合），并利用融合结果在一定的准则下进行故障决策；最后将所提方法用于高速铁路轨道电路系统的软故障诊断，并与基于神经网络的故障诊断方法进行比较，显示了其能够较好地解决该类复杂电子设备诊断中的故障模式的多样性、故障特征的不确定性和故障诊断的动态性等问题，在诊断已知故障的同时还能进一步辨识出潜在故障，有效提高了故障的确诊率。

7.2　扩展型类 Jeffery 证据更新规则

在 2.4.2 节已经详细介绍了证据更新的相关知识,本节主要基于已有的证据更新规则，对其进行扩展得到适用于动态诊断的证据更新方法。设 $(\mathcal{F}_1, m_1)$ 和 $(\mathcal{F}_2, m_2)$ 为同一辨识框架下的两条独立的诊断证据，$\mathcal{F}_1$，$\mathcal{F}_2$ 分别代表初始证据和新到证据的焦元集合（焦元即为故障命题子集），m_1，m_2 为其相应的 BBA。基于基本信度赋值函数的类 Jeffery 更新规则为

$$m(A \,|\, (\mathcal{F}_2, m_2)) = \sum_{B \subseteq \Omega} m_2(B) m_1(A \,|\, B) \qquad (7.1)$$

其中，$m_1(A \,|\, B) = \left[\sum_{\varnothing \neq A = C \cap B} m_1(C)\right] \Big/ \mathrm{Pl}_1(B)$ 。

显然，$m_1(A \,|\, B) = \left[\sum_{\varnothing \neq A = C \cap B} m_1(C)\right] \Big/ \mathrm{Pl}_1(B)$ 对于 $m_1(\cdot \,|\, B)$ 是归一化的基本信度赋值函数，即

$$\sum_{A \subseteq \Omega} m_1(A \,|\, B) = 1 \qquad (7.2)$$

其中，C 为初始证据的焦元，B 为新到证据的焦元。

对于新到证据 $(\mathcal{F}_2, m_2)$，若其焦元集合 $\mathcal{F}_2$ 中存在焦元在证据 $(\mathcal{F}_1, m_1)$ 中的似真函

数 Pl 为 0，即 $Pl_1(B)=0$，此时得到的 $m(A|(\mathcal{F}_2, m_2))$ 并不是归一化的基本信度赋值函数，可将更新规则进行扩展[8]：

$$m(A|(\mathcal{F}_2, m_2)) = \begin{cases} \sum_{B \subseteq \Omega} m_2(B)m_1(A|B), & Pl_1(B) \neq 0 \\ m_2(B), & Pl_1(B) = 0 \end{cases} \quad (7.3)$$

显然，此时 $m(A|(\mathcal{F}_2, m_2))$ 是归一化的基本信度赋值函数。

例 7.1　设 $\Theta=\{\theta_1,\theta_2,\theta_3,\theta_4\}$ 表示研究系统的四个故障模式，原始证据为 $m_1(\{\theta_1\})=$ 0.5，$m_1(\{\theta_1,\theta_2\})=0.2$，$m_1(\{\theta_1,\theta_2,\theta_3\})=0.1$，$m_1(\{\theta_3\})=0.2$。新到证据为 $m_2(\{\theta_1\})=0.4$，$m_2(\{\theta_1,\theta_2\})=0.3$，$m_2(\{\theta_4\})=0.1$，$m_2(\Theta)=0.2$。以上更新规则对证据进行更新：$m(\{\theta_1\})=$ 0.6125，$m(\{\theta_1,\theta_2\})=0.2675$，$m(\{\theta_1,\theta_2,\theta_3\})=0.02$，$m(\{\theta_4\})=0.1$。

7.3　基于扩展型类 Jeffery 证据更新规则的动态诊断方法

图 7.1 给出基于证据更新的故障诊断模型框图，用该模型进行故障诊断的过程如下。

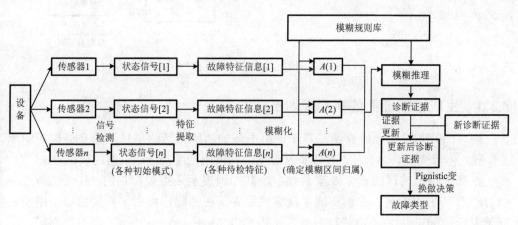

图 7.1　基于证据更新的故障诊断模型

（1）信号检测：此过程就是将不同类型传感器信息汇集在一起，形成一个设备工作状态子集，称该集合为初始模式向量。

（2）特征提取：根据不同种类信息的特点以及信息采集过程中的不确定性，利用各种方法对初始模式向量进行维数变换、形式变换，去掉冗余信息和提取故障特征。

（3）模糊化：根据模糊划分方式对故障样本特征（样板特征）中的数据进行模糊区间划分，计算每个特征数据对每个模糊区间的隶属度。

（4）模糊推理：结合已经建立好的模糊规则库，对在线获得的故障特征参数据（待检特征）进行模糊推理，获取推理结果，即诊断证据。

（5）更新及决策：利用新获得证据对原始证据进行更新，获得更新后的证据，然后将更新后的证据进行 Pignistic 变换转化为 Pignistic 概率函数，进而进行决策。

以上步骤中，模糊规则库是前提，其建立过程如图 7.2 所示，具体步骤如下。

（1）将不同类型传感器采集的信息汇集在一起，通过特征提取去掉冗余信息，提取故障特征，得到故障样本（样板特征）。

（2）根据样本数据确定每个输入变量（故障特征）和输出变量（故障模式）的取值区间，即得到样本论域。把每个输入和输出变量的取值区间划分为若干个模糊集合，即模糊划分。

（3）选定隶属度函数形式，如普遍采用的三角形函数，确定每个故障样本数据的输入输出分量所属的模糊集合，以及其在不同模糊集合上的隶属度。

（4）根据各种模糊规则提取算法从样本中获取模糊规则，生成模糊规则库。

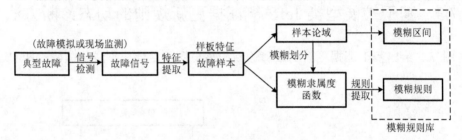

图 7.2　模糊规则库的建立过程

7.3.1　生成诊断证据的模糊规则推理方法

图 7.1 和图 7.2 中已经介绍了基于证据更新的故障诊断模型以及建立模糊规则库的步骤，本节主要具体介绍基于模糊推理生成模糊规则库及诊断证据的获取方法[7,8]。

在基于模糊推理的诊断专家系统中，其知识表示采用模糊化的"if<前项>,then<后项>"产生式规则，它们构成了模糊规则库。在故障诊断中，规则前项是用模糊变量表示的 $n(n \geq 1)$ 种故障特征参数，记为集合 $E=\{e_1, e_2, \cdots, e_n\}$，它们分别可以用 $J_k(k=1, \cdots, n)$ 个语言项 $A_{k1}, A_{k2}, \cdots, A_{kJ_k}$ 来描述。定义 E 的语言项集合为笛卡儿积空间 $U=U_1 \times U_2 \times \cdots \times U_n$，其中子空间 $U_k = \{A_{k1}, A_{k2}, \cdots, A_{kJ_k}\}$ 表示第 k 个故障特征参数的语言项集合，其中的元素是模糊集。后项是故障模式 h，令故障模式集为 $\Theta=\{F_1, F_2, \cdots, F_m\}$，$2^\Theta$ 为故障集合 Θ 的子集。模糊规则库中的某条规则可以表示为

$$\text{if}[< e_1 = A_{1q_1} > \text{and} < e_2 = A_{2q_2} > \text{and} \cdots \text{and} < e_n = A_{2q_n} >] \quad \text{then}[h \in 2^\Theta] \quad (7.4)$$

其中，$q_k \in \{1, \cdots, J_k\}(k=1, \cdots, n)$。式（7.4）表示的产生推理规则是模糊推理系统的核心。

基于模糊推理生成诊断证据的流程图如图 7.3 所示，这里以模拟电路系统软故障诊断为例给出主要步骤如下。

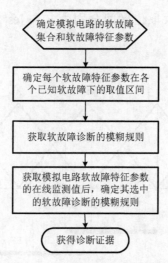

图 7.3　诊断证据生成流程图

（1）设定模拟电路的软故障集合为 $\Theta=\{F_1, \cdots, F_j, \cdots, F_N, F_{UN}\}$，其中 F_j 代表软故障集合 Θ 中的第 j 个已知软故障，$j=1, 2, \cdots, N$，N 为已知软故障的个数，F_{UN} 为软故障集合 Θ 中的潜在软故障，2^Θ 为故障集合 Θ 的子集，$h \in 2^\Theta$。

（2）设模拟电路软故障特征参数集合 $E=\{e_1, \cdots, e_i, \cdots, e_M\}$，其中 e_i 代表特征参数集合 E 中的第 i 个软故障特征参数，$i=1, 2, \cdots, M$，M 为软故障特征参数的个数。

（3）通过对模拟电路软故障的在线检测，确定上述软故障集合 Θ 中每个已知软故障发生时，软故障特征参数 e_i 的取值区间 $\mathrm{ES}_{i,j}$，取值区间集合为 $\mathrm{ES}_i=\{\mathrm{ES}_{i,1}, \cdots, \mathrm{ES}_{i,j}, \cdots, \mathrm{ES}_{i,N}\}$，$\mathrm{ES}_{i,j}=[\mathrm{es}_{i,j}^L, \mathrm{es}_{i,j}^R]$，表示在第 j 个已知软故障发生时第 i 个软故障特征参数的取值区间，$\mathrm{es}_{i,j}^L$、$\mathrm{es}_{i,j}^R$ 分别为取值区间 $\mathrm{ES}_{i,j}$ 的左、右端点值，上标 L 和 R 分别代表取值区间 $\mathrm{ES}_{i,j}$ 的左、右端点。

（4）根据上述取值区间集合 ES_i，得到每个软故障特征参数 e_i 的最大取值区间（样本论域）为 $\mathrm{EI}_i=[I_i^L, I_i^R]$，其中 I_i^L 表示 N 个软故障特征参数取值区间 $\mathrm{ES}_{i,1}, \cdots, \mathrm{ES}_{i,j}, \cdots, \mathrm{ES}_{i,N}$ 的左端点值中的最小值，$I_i^L=\min\limits_{j}\{\mathrm{es}_{i,1}^L, \cdots, \mathrm{es}_{i,j}^L, \cdots, \mathrm{es}_{i,N}^L\}$，$I_i^R$ 表示 N 个软故障特征参数取值区间 $\mathrm{ES}_{i,1}, \cdots, \mathrm{ES}_{i,j}, \cdots, \mathrm{ES}_{i,N}$ 的右端点中值的最大值，$I_i^R=\max\limits_{j}\{\mathrm{es}_{i,1}^R, \cdots, \mathrm{es}_{i,j}^R, \cdots, \mathrm{es}_{i,N}^R\}$。

例 7.2　设某模拟电路的软故障集合为 $\Theta=\{F_1, F_2, F_3, F_{UN}\}$，即 $j=1, 2, 3, N=3$，它们共同的软故障特征参数集合为 $E=\{e_1, e_2, e_3\}$，即 $i=1, 2, 3$，$M=3$。每个软故障特征参数 e_i 在每种软故障 F_j 下的取值区间分别如图 7.4、图 7.5 和图 7.6 所示，根据步骤（3）得到取值区间集合 $\mathrm{ES}_1=\{\mathrm{ES}_{1,1}, \mathrm{ES}_{1,2}, \mathrm{ES}_{1,3}\}$，$\mathrm{ES}_2=\{\mathrm{ES}_{2,1}, \mathrm{ES}_{2,2}, \mathrm{ES}_{2,3}\}$，$\mathrm{ES}_3=\{\mathrm{ES}_{3,1}, \mathrm{ES}_{3,2}, \mathrm{ES}_{3,3}\}$，各取值区间的端点值在横轴上标出。根据步骤（4）确定

三个软故障特征参数的最大取值区间分别为 $EI_1 = [es_{1,1}^L, es_{1,3}^R]$，　$EI_2 = [es_{2,2}^L, es_{2,1}^R]$，
$EI_3 = [es_{3,3}^L, es_{3,1}^R]$。

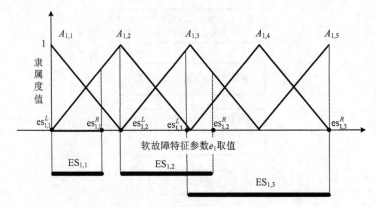

图 7.4　故障特征参数 e_1 取值

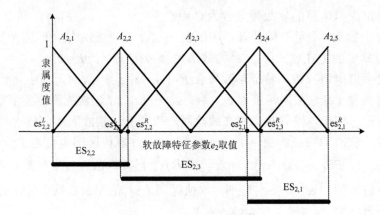

图 7.5　故障特征参数 e_2 取值

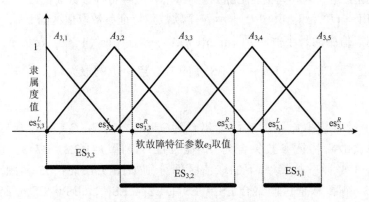

图 7.6　故障特征参数 e_3 取值

（5）根据每个软故障特征参数 e_i 的取值区间集合 ES_i 和最大取值区间 EI_i，构造软故障诊断的模糊规则，具体过程如下。

（5-1）对每个软故障特征参数 e_i 的最大取值区间 EI_i 进行三角均分，得到模糊语言项集 $U_i = \{A_{i,1}, \cdots, A_{i,p}, \cdots, A_{i,J_i}\}$，其中下标 p 代表模糊语言项的个数，共有 J_i 个模糊语言项。对于模糊语言项集 U_i 中的第 2 到第 $J_i - 1$ 个模糊语言项，即 $p = 2, \cdots, J_i - 1$，相应的模糊语言项 $A_{i,p} = [a_{i,p}^L, a_{i,p}^C, a_{i,p}^R]$ 为一个等腰三角形隶属度函数，其中 $a_{i,p}^L$、$a_{i,p}^C$ 和 $a_{i,p}^R$ 分别代表该等腰三角形的左端点、中点和右端点的取值；对于模糊语言项集 U_i 中的第 1 个和第 J_i 个模糊语言项，即 $p = 1, J_i$，相应的模糊语言项 $A_{i,p} = [a_{i,p}^L, a_{i,p}^L, a_{i,p}^R]$ 是一个直角三角形隶属度函数，三角形的左端点和中点取值相同，即 $a_{i,p}^L = a_{i,p}^L$。与上述每个模糊语言项 $A_{i,p}$ 对应的模糊区间记为 $IA_{i,p} = [a_{i,p}^L, a_{i,p}^R]$，该区间的左端点、右端点的取值即为模糊语言项 $A_{i,p}$ 的左端点、右端点的取值。

（5-2）判断第 j 个已知软故障的第 i 个软故障特征参数的取值区间 $ES_{i,j}$ 与模糊语言项集 U_i 中各个模糊语言项 $A_{i,1}, \cdots, A_{i,p}, \cdots, A_{i,J_i}$ 之间的关系。若 $ES_{i,j} \bigcap IA_{i,p} \neq 0$，则第 j 个已知软故障的第 i 个软故障特征参数的取值区间 $ES_{i,j}$ 落入与模糊区间 $IA_{i,p}$ 对应的模糊语言项 $A_{i,p}$ 中；若 $ES_{i,j} \bigcap IA_{i,p} = 0$，则第 j 个已知软故障的第 i 个特征参数的取值区间 $ES_{i,j}$ 未落入与模糊区间 $IA_{i,p}$ 对应的模糊语言项 $A_{i,p}$ 中。

（5-3）根据步骤（5-2）中的判断结果，得到三类共 $TNR = \prod_{i=1}^{M} J_i$ 条软故障诊断的模糊规则：第一类为单个已知软故障的模糊规则，共 NR1 条；第二类为已知软故障子集 $\{F_j \mid j \in \Lambda, \Lambda \subseteq \{1, 2, \cdots, N\}\}$ 的模糊规则，共 MNR 条；第三类为未知软故障 F_{UN} 的模糊规则，共 UNR 条，得到三类模糊规则的具体过程如下。

（5-3-1）得到第一类单个已知软故障的模糊规则：

$$\text{if}[<e_1 = A_{1,p1}> \text{ and } <e_2 = A_{2,p2}> \text{ and} \cdots \text{and } <e_M = A_{M,pM}>], \quad \text{then}[h = F_j] \quad （7.5）$$

若第 j 个已知软故障 F_j 的每个软故障特征参数 e_i 的取值区间 $ES_{1,j}$，$ES_{2,j}$，$\cdots$，$ES_{M,j}$ 分别依次落入模糊语言项 $A_{1,p1}$，$A_{2,p2}$，$\cdots$，$A_{M,pM}$，则模拟电路出现已知软故障 F_j。式（7.5）中的 "$[<e_1 = A_{1,p1}>$ and $<e_2 = A_{2,p2}>$ and$\cdots$and $<e_M = A_{M,pM}>]$" 为模糊规则的 "前项"，以组合形式 $A_{1,p1} \times A_{2,p2} \times \cdots \times A_{M,pM}$ 表示；"$[h = F_j]$" 为模糊规则的 "后项"，该后项表示模拟电路出现已知软故障 F_j。若模糊语言项 $A_{1,p1}$，$A_{2,p2}$，$\cdots$，$A_{M,pM}$ 分别为模糊语言项集 U_1，U_2，$\cdots$，U_M 中的 n_1，n_2，$\cdots$，n_M（$n_1 \leq J_1$，$n_2 \leq J_2$，$\cdots$，$n_M \leq J_M$）个模糊语言项，则将 n_1，n_2，$\cdots$，n_M 个模糊语言项进行组合，得到 $NR_j = n_1 n_2 \cdots n_M$ 条软故障 F_j 的模糊规则。对于软故障集合 Θ 中的所有已知软故障，共计得到 $NR = \sum_{j=1}^{N} NR_j$

条第一类单个已知软故障的模糊规则，其中包括前项和后项各不相同的 NR1 条模糊规则与前项相同、后项不同的 NR2 条模糊规则，即 NR=NR1+NR2。

例如，在图 7.4、图 7.5 和图 7.6 所示例子中，第 2 个已知软故障 F_2 的三个软故障特征参数的取值区间 $ES_{1,2}$, $ES_{2,2}$, $ES_{3,2}$ 分别依次落入模糊语言项 $A_{1,2}$, $A_{2,1}$, $A_{3,4}$，则模拟电路出现已知故障 F_2，此时已知故障 F_2 的软故障诊断的模糊规则为

$$\text{if } [<e_1=A_{1,2}> \text{ and } <e_2=A_{2,1}> \text{ and } <e_3=A_{3,4}>], \text{ then } [h=F_2] \tag{7.6}$$

已知软故障 F_2 的软故障特征参数取值区间 $ES_{1,2}$, $ES_{2,2}$, $ES_{3,2}$ 分别落入模糊语言项集 U_1 的模糊语言项 $A_{1,2}$, $A_{1,3}$, $A_{1,4}$ 中（$n_1=3$），落入 U_2 模糊语言项 $A_{2,1}$, $A_{2,2}$, $A_{2,3}$ 中（$n_2=3$），落入 U_3 的模糊语言项 $A_{3,2}$, $A_{3,2}$, $A_{3,4}$ 中（$n_3=3$），则将这三组模糊语言项进行组合，得到 $NR_2=3\cdot3\cdot3=27$ 条单个软故障 F_2 的模糊规则。同理，可以分别获得软故障 F_1 和 F_3 的 $NR_1=2\cdot3\cdot2=12$ 条和 $NR_3=4\cdot3\cdot3=36$ 条软故障诊断的模糊规则，共计得到 NR=12+27+36=75 条第一类单个已知软故障的模糊规则，其中包括前项和后项各不相同的 NR1=65 条模糊规则与前项相同、后项不同的 NR2=10 条模糊规则，即 NR=NR1+NR2。

（5-3-2）得到第二类已知软故障子集 $\{F_j \mid j\in\Lambda, \Lambda\subseteq\{1, 2, \cdots, N\}\}$ 的模糊规则。

上述步骤（5-3-1）的 NR2 条已知单个软故障的模糊规则中，当出现模糊规则的前项相同，记为 $[<e_1=A_{1,q1}> \text{ and } <e_2=A_{2,q2}> \text{ and}\cdots\text{and} <e_M=A_{M,qM}>]$，但后项不同，即后项对应不同的单个已知软故障时，将相应模糊规则后项中不同的单个已知软故障合并成已知软故障子集 $\{F_j \mid j\in\Lambda, \Lambda\subseteq\{1, 2, \cdots, N\}\}$，并将相应模糊规则合并，得到已知软故障子集 $\{F_j \mid j\in\Lambda, \Lambda\subseteq\{1, 2, \cdots, N\}\}$ 的模糊规则为

$$\text{If } [<e_1=A_{1,q1}>\text{and}<e_2=A_{2,q2}>\text{and}\cdots\text{and}<e_M=A_{M,qM}>],$$
$$\text{then}[h=\{F_j \mid j\in\Lambda, \Lambda\subseteq\{1, 2, \cdots, N\}\}] \tag{7.7}$$

其中，"$[<e_1=A_{1,q1}> \text{ and } <e_2=A_{2,q2}> \text{ and}\cdots\text{and} <e_M=A_{M,qM}>]$" 为模糊规则的"前项"，以组合形式 $A_{1,q1}\times A_{2,q2}\times\cdots\times A_{M,qM}$ 表示，"$[h=\{F_j \mid j\in\Lambda, \Lambda\subseteq\{1, 2, \cdots, N\}\}]$" 为模糊规则的"后项"，该后项表示模拟电路出现的软故障是软故障子集 $\{F_j \mid j\in\Lambda, \Lambda\subseteq\{1, 2, \cdots, N\}\}$ 中的一个。

当模糊语言项 $A_{1,q1}$, $A_{2,q2}$, $\cdots$, $A_{M,qM}$ 分别为模糊语言项集 U_1, U_2, $\cdots$, U_M 中的 m_1, m_2, $\cdots$, m_M($m_1\leq n_1$, $m_2\leq n_2$, $\cdots$, $m_M\leq n_M$) 个模糊语言项时，将得到 MNR 条已知软故障子集 $\{F_j \mid j\in\Lambda, \Lambda\subseteq\{1, 2, \cdots, N\}\}$ 的模糊规则，并有 $MNR\leq m_1\times m_2\times\cdots\times m_M$。

在图 7.4、图 7.5 和图 7.6 所示例子中，得到的 NR2=10 条前项相同、后项不同的第一类单个软故障的模糊规则如表 7.1 所示。

将表 7.1 中前项相同后项不同的模糊规则根据步骤（5-3-2）进行合并，可以得到软故障子集的模糊规则，如表 7.2 所示。

表 7.1　前项相同后项不同的模糊规则

规则序号	if 前向输入			then 输出
	e_1	e_2	e_3	软故障
1	$A_{1,2}$	$A_{2,3}$	$A_{3,4}$	F_1
2	$A_{1,2}$	$A_{2,3}$	$A_{3,4}$	F_2
3	$A_{1,2}$	$A_{2,2}$	$A_{3,3}$	F_2
4	$A_{1,2}$	$A_{2,2}$	$A_{3,3}$	F_3
5	$A_{1,2}$	$A_{2,3}$	$A_{3,3}$	F_2
6	$A_{1,2}$	$A_{2,3}$	$A_{3,3}$	F_3
7	$A_{1,3}$	$A_{2,3}$	$A_{3,3}$	F_3
8	$A_{1,3}$	$A_{2,2}$	$A_{3,3}$	F_3
9	$A_{1,3}$	$A_{2,3}$	$A_{3,3}$	F_2
10	$A_{1,3}$	$A_{2,3}$	$A_{3,3}$	F_3

表 7.2　已知软故障子集的模糊规则

规则序号	if 前向输入			then 输出
	e_1	e_2	e_3	软故障
1	$A_{1,2}$	$A_{2,3}$	$A_{3,4}$	F_1, F_2
2	$A_{1,2}$	$A_{2,2}$	$A_{3,3}$	F_2, F_3
3	$A_{1,2}$	$A_{2,3}$	$A_{3,3}$	F_2, F_3
4	$A_{1,3}$	$A_{2,2}$	$A_{3,3}$	F_2, F_3
5	$A_{1,3}$	$A_{2,3}$	$A_{3,3}$	F_2, F_3

共计得到 MNR=5 条第二类已知软故障子集的模糊规则，分别涉及模糊语言项集 U_1, U_2, U_3 中的 $m_1=m_2=m_3=2$ 个模糊语言项，并有 MNR $\leqslant m_1 \times m_2 \times m_3=8$。

（5-3-3）得到第三类未知软故障 F_{UN} 的模糊规则为

$$\text{if } [<e_1=A_{1,r1}> \text{ and } <e_2=A_{2,r2}> \text{ and} \cdots \text{and } <e_M=A_{M,rM}>], \quad \text{then } [h=F_{UN}] \quad (7.8)$$

其中，"$[<e_1=A_{1,r1}>$ and $<e_2=A_{2,r2}>$and$\cdots$and$<e_M=A_{M,rM}>]$" 为模糊规则的"前项"，以组合形式 $A_{1,r1} \times A_{2,r2} \times \cdots \times A_{M,rM}$ 表示，模糊语言项 $A_{1,r1}, A_{2,r2}, \cdots, A_{M,rM}$ 分别属于模糊语言项集 $U_1, U_2, \cdots, U_M$，"$[h=F_{UN}]$" 为模糊规则的"后项"，该后项表示模拟电路出现已知软故障 F_{UN}，可生成 UNR 条未知软故障 F_{UN} 的模糊规则，UNR = TNR−MNR−NR1。

在图 7.4、图 7.5 和图 7.6 所示例子中，得到 UNR=TNR−MNR−NR1=125−5−65=55 条第三类未知故障 F_{UN} 的模糊规则，例如，模糊规则为

$$\text{if } [<e_1=A_{1,4}> \text{ and } <e_2=A_{2,5}> \text{ and } <e_3=A_{3,5}>], \text{ then } [h=F_{UN}] \quad (7.9)$$

（6）当模拟电路在线运行时，对 M 个软故障特征参数进行观测，分别得到 M 个监测值 x_i，$i=1, 2, \cdots, M$，计算监测值 x_i 隶属于模糊语言项集 $U_i = \{A_{i,1}, \cdots, A_{i,p}, \cdots, A_{i,J_i}\}$ 中每个模糊语言项 $A_{i,p} = [a_{i,p}^L, a_{i,p}^C, a_{i,p}^R]$ 的隶属度：

$$\mu_{i,p}(x_i) = \begin{cases} \dfrac{x_i - a_{i,p}^L}{a_{i,p}^C - a_{i,p}^L}, & a_{i,p}^L \leqslant x_i < a_{i,p}^C \\[3mm] \dfrac{x_i - a_{i,p}^R}{a_{i,p}^R - a_{i,p}^C}, & a_{i,p}^C \leqslant x_i < a_{i,p}^R \end{cases} \qquad (7.10)$$

其中，x_i 为监测值，每个 x_i 分别对 U_i 中编号连续的两个模糊语言项 $A_{i,p}$ 和 $A_{i,p+1}$，$p \in \{1, 2, \cdots, J_i-1\}$ 的隶属度 $\mu_{i,p}(x_i)$ 和 $\mu_{i,p+1}(x_i)$ 大于零，对其他模糊语言项的隶属度等于零，则称 x_i 选中了模糊语言项 $A_{i,p}$ 和 $A_{i,p+1}$。x_i 对模糊语言项 $A_{i,p}$ 和 $A_{i,p+1}$ 归一化后的置信度分别为

$$\rho(A_{i,p}) = \frac{\mu_{i,p}(x_i)}{\mu_{i,p}(x_i) + \mu_{i,p+1}(x_i)}, \quad i = 1,2,\cdots,M, \quad p \in \{1,\cdots,(J_k - 1)\} \qquad (7.11)$$

$$\rho(A_{i,p+1}) = \frac{\mu_{i,p+1}(x_i)}{\mu_{i,p}(x_i) + \mu_{i,p+1}(x_i)}, \quad i = 1,2,\cdots,M, \quad p \in \{1,\cdots,(J_k - 1)\} \qquad (7.12)$$

每个软故障特征参数的监测值 x_i 选中两个模糊语言项 $A_{i,p}$ 和 $A_{i,p+1}$，对于 M 个软故障特征参数的监测值 $x_1, \cdots, x_i, \cdots, x_M$，选中 M 对模糊语言项 $\{A_{1,p}, A_{1,p+1}, \cdots, A_{i,p}, A_{i,p+1}, \cdots, A_{M,p}, A_{M,p+1}\}$，将 M 对模糊语言项进行组合得到共 JNR=2^M 个软故障诊断的模糊规则的前项，则称 M 个软故障特征参数的监测值 $x_1, \cdots, x_i, \cdots, x_M$ 选中与 JNR 个前项所对应的软故障诊断的模糊规则，将其中第 t（$t=1, 2, \cdots, \text{JNR}$）条被选中的软故障诊断的模糊规则记为

$$\text{if } [<e_1 = A^{1,t}> \text{ and } <e_2 = A^{2,t}> \text{ and} \cdots \text{and } <e_M = A^{M,t}>], \text{ then } [h = R_t] \qquad (7.13)$$

其中，"$[<e_1 = A^{1,t}>$ and $<e_2 = A^{2,t}>$ and$\cdots$and $<e_M = A^{M,t}>]$" 为被选中的软故障诊断的模糊规则的"前项"，以组合形式 $A^{1,t} \times A^{2,t} \times \cdots \times A^{M,t}$ 表示，并有 $A^{1,t} \in \{A_{1,p}, A_{1,p+1}\}$，$A^{2,t} \in \{A_{2,p}, A_{2,p+1}\}$，$\cdots$，$A^{M,t} \in \{A_{M,p}, A_{M,p+1}\}$；"$[h = R_t]$" 为被选中的软故障诊断的模糊规则的"后项"，该后项中的 R_t 为被选中的单个已知软故障或已知软故障子集或潜在软故障。

（7）根据式（7.11）和式（7.12）的被选中语言项置信度的计算方法，得到第 t 条被选中的软故障诊断的模糊规则前项的置信度为

$$\rho(A^{1,t} \times A^{2,t} \times \cdots \times A^{M,t}) = \rho(A^{1,t})\rho(A^{2,t})\cdots\rho(A^{M,t}) \qquad (7.14)$$

则由式（7.13）推理出第 t 条被选中的软故障诊断的模糊规则后项的置信度为

$$m(R_t) = \rho(A^{1,t} \times A^{2,t} \times \cdots \times A^{M,t}) \qquad (7.15)$$

并有 $\sum\limits_{t=1}^{\text{JNR}} m(R_t) = 1$，即该置信度是归一化的，那么就可以定义相应的诊断证据为 $(\mathcal{F}, m)$，其中 $\mathcal{F}$ 表示诊断证据焦元构成的集合，式（7.15）中的置信度 m 即表示对焦元赋予的基本信度赋值。

7.3.2 基于扩展型类 Jeffery 证据更新规则的动态诊断

对于连续工作的设备，故障发生时，前后时刻应具有一定的连贯性，但由于故障特征具有不确定性，每个时刻根据其给出的诊断结果也存在不确定性或不稳定的变化，所以，一般应将以往和当前的诊断结果综合，给出当前时刻的一个综合诊断结果。以往的故障诊断方法是直接将 7.3.1 节所获得的诊断证据转化 Pignistic 概率，进而进行决策，并未考虑到前后时刻证据的联系。对于每个采样时刻，可以通过 7.2 节介绍的方法获取诊断证据，假设 $k+1$ 时刻的诊断证据为 $(\mathcal{F}_{k+1}, m_{k+1})$，$k$ 时刻更新后的诊断证据为 $(\mathcal{F}_{\text{update}}^{k}, m_{\text{update}}^{k})$，可以用 $k+1$ 时刻的诊断证据对 k 时刻的更新诊断证据进行更新，得到更新后 $k+1$ 时刻的诊断证据 $(\mathcal{F}_{\text{update}}^{k+1}, m_{\text{update}}^{k+1})$，然后利用更新后的诊断证据进行决策。通过式（7.3）可以得到带有时间标签的扩展型类 Jeffery 证据更新规则如式（7.16）所示。整个更新过程如图 7.7 所示。

$$m_{\text{update}}^{k+1}(R_{\text{update}}^{k+1} \mid (\mathcal{F}_{k+1}, m_{k+1})) = \begin{cases} \sum_{B \subseteq \Omega} m_{k+1}(R_{k+1}) \cdot m_{\text{update}}^{k}(R_{\text{update}}^{k+1} \mid R_{k+1}), & \mathrm{Pl}_{\text{update}}^{k}(R_{k+1}) \neq 0 \\ m_{k+1}(R_{k+1}), & \mathrm{Pl}_{\text{update}}^{k}(R_{k+1}) = 0 \end{cases}$$

$$（7.16）$$

其中，$m_{\text{update}}^{k}(R_{\text{update}}^{k+1} \mid R_{k+1}) = \left[\sum_{\varnothing \neq R_{\text{update}}^{k+1} = R_{\text{update}}^{k} \cap R_{k+1}} m_{\text{update}}^{k}(R_{\text{update}}^{k}) \right] \Big/ \mathrm{Pl}_{\text{update}}^{k}(R_{k+1})$。

图 7.7 中初始时刻 $(\mathcal{F}_{\text{update}}^{0}, m_{\text{update}}^{0}) = (\mathcal{F}_{0}, m_{0})$。

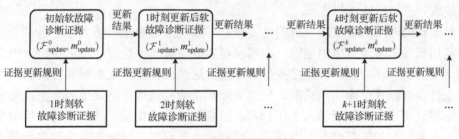

图 7.7 诊断证据更新过程

7.3.3 基于 Pignistic 概率的故障决策

通过上述方法获得 $k+1$ 时刻的诊断证据 $(\mathcal{F}_{k+1}, m_{k+1})$，并进行诊断证据的更新得到更新后的诊断证据 $(\mathcal{F}_{\text{update}}^{k+1}, m_{\text{update}}^{k+1})$，将更新后的诊断证据利用 Pignistic 变换（定义 2.6）将基本信度赋值函数转化为 Pignistic 概率函数（BetP）。

$$\text{Bet}P(F_j) = \sum_{\{R_{\text{update}}^{k+1} \subseteq \Theta, F_j \subseteq R_{\text{update}}^{k+1}\}} \frac{1}{\left|R_{\text{update}}^{k+1}\right|} \frac{m(R_{\text{update}}^{k+1})}{1 - m(\varnothing)}, \quad \forall F_j \in \Theta \qquad (7.17)$$

可见，式（7.17）满足 $\sum_{F_j \in \Theta} \text{Bet}P(F_j) = 1$，其中 $\left|R_{\text{update}}^{k+1}\right|$ 代表 R_{update}^{k+1} 中软故障的个数，式（7.17）表示把赋予整个 R_{update}^{k+1} 的置信度平均分配给关于软故障集合 Θ 中的每个软故障，对于不包含在 R_{update}^{k+1} 中的单个软故障，其置信度为零，由此我们可以得到每个故障 F_j 发生的 Pignistic 概率。

根据式（7.17）所获取的 Pignistic 概率进行故障决策，具体决策准则是：在模拟电路中采集到软故障特征参在线监测值 $x_1, \cdots, x_i, \cdots, x_M$ 时，通过 7.3.2 节的方法获得软故障诊断证据，再由式（7.16）对软故障诊断证据进行更新，获得更新后的软故障诊断证据，最后由式（7.17）获取 Pignistic 概率值，概率值最大的软故障即为模拟电路此时发生的软故障。

7.4　高速铁路典型轨道电路系统功能及其故障特点

作为列车运行控制系统和通信系统中的主要地面设备，轨道电路由一段铁路线路的钢轨为导体构成的电路。轨道电路的作用是检测钢轨的列车占用状态，也用于控制信号装置或转辙装置，以保证行车安全的设备。这些都是信号系统中的重要信息，对列车的运行起着非常重要的作用，它的故障将直接威胁到列车运行的安全，或者导致列车运行晚点等[9-12]。

对于轨道电路，从电路分析的角度来看，除发送器和接收器为数字电子设备之外，其他部件都可等效成由电阻、电感和电容等模拟元件组成的电路系统。由于钢轨振动和撞击、环境温度、湿度变化等原因，这些部件易出现断路和短路的硬故障或者元件参数漂移引起的软故障。任意故障都会造成轨道电路功能的丧失或部分失效，这将直接导致接收器输入电压异常，引起继电器的误动，造成铁路占用信号的错误，并且这些故障都会引起发送端、接收端、匹配变压器两端、电气绝缘节两端等多处节点电压、电流及某些部件温度等可检测量的变化，可以将这些量作为故障特征信息加以分析处理。因此可以通过信息融合的方法对这些特征信息进行分析，以此来诊断轨道电路的故障。

这里以在中国既有线上普遍采用的 ZPW-2000A 型无绝缘轨道电路为例，说明轨道电路的结构原理，ZPW-2000A 轨道电路是在对法国 UM71 无绝缘轨道电路技术吸收引进及国产化的基础上，结合我国铁路现状进行提高系统安全性、传输性能及系统可靠性等技术的再开发；是拥有自主知识产权，满足机车信号作为主体信号的铁路自动闭塞发展的主导产品。所以,该型号轨道电路不仅在我国高速铁路中被广泛应用,而且已在铁路第五次大提速中起到重要作用。它的结构如图 7.8 所示,轨道电路实际上是由主轨道电路(550~1900m)和调谐区小轨道电路(29m)组成的电路网络,其工作过程如下:发送器发出正弦信号经钢轨传送到接收器,当钢轨无车占用时,与发送器连接的继电器吸合,信号灯显示为绿色;当列车通过时,传送信号被车轮短路,接收器电压降低,继电器落下,信号灯随即显示红色表示"占用"状态。图中,GJ 表示轨检继电器信号;XGJ,XGHJ 表示相邻轨道信号的传输。

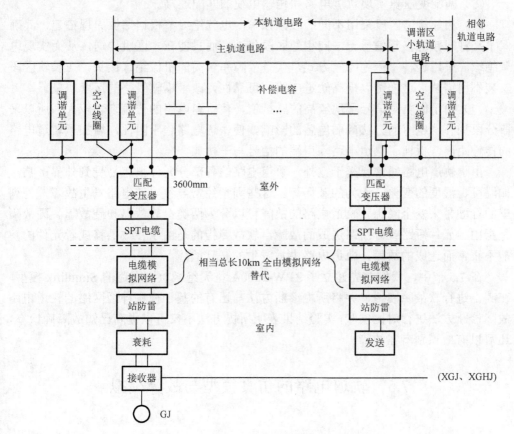

图 7.8　ZPW-2000A 型无绝缘轨道电路系统结构

该系统的主要部件包括:发送器、SPT 电缆、站防雷与电缆模拟网络、匹配变压器、电气绝缘节(由空心线圈、调谐单元及 29m 钢轨组成)、补偿电容、接收器和塞钉、引(导)接线等连接元件等。它们的主要功能如下。

(1)发送器发出不同载频(1700+n·300Hz, n=0~3),传送 18 种低频调制信号(10.3+n·1.1Hz, n=0~17),用于地车通信及运行控制。

（2）接收器用于接收主轨道电路信号，并结合小轨道电路的状态，引起相应的轨道继电器的动作。

（3）SPT 电缆即铁路内屏蔽数字信号电缆用于信号的传输。

（4）电缆模拟网络与站防雷，前者是为了调整区间轨道电路传输特性，补偿实际 SPT 电缆，以便于轨道电路在列车不同运行方向时的电路调整，保证传输电路工作的稳定性。后者是实现对传输电缆引入室内雷电冲击的防护，以保护模拟网络及室内发送、接收设备。

（5）匹配变压器实现轨道电路和传输电缆的匹配连接。

（6）相邻轨道区段采用不同的载频频率，电气绝缘节根据谐振原理搭建，其确保了某种载频的移频信号无法向相邻区段传送，而只能在本区段传送，从而实现电气绝缘。采用这种"无绝缘"方式，代替故障率较高的机械绝缘接头，在长轨区段安装不用锯轨，这样可以提高轨道电路的可靠性，改善钢轨线路的运营质量。

（7）由于钢轨对信号呈现较高的感抗值，使轨道电路的传输衰耗较大。所以采取分段加补偿电容的方法减弱电感的影响，使轨道电路趋于阻性，增加了轨道电路的传输距离，保证了轨道电路入口端的信号与干扰比。

由于轨道电路通常暴露于室外，轨道电路的各部分元件很容易受到外界影响，如温度、湿度的变化，人为的破坏等。这些因素经常导致轨道电路发生故障，为列车的行驶带来安全隐患。轨道电路的故障可以分为两类：软故障和硬故障。硬故障是指由于元件短路或者断路造成的故障，软故障指的是由于参数漂移或者元件的功能不正常而造成的故障，轨道电路中常发生的是软故障。

在 7.5 节中，我们首先建立了 ZPW-2000A 型无绝缘轨道电路的 Simulink 模型，在其上进行软故障模拟，并将所提诊断方法与已有的基于模糊神经网络的轨道电路故障诊断方法进行对比实验,实验结果表明所提方法不仅可以提高已知故障确诊率，还可以有效识别潜在故障。

7.5　轨道电路的仿真模型与故障模拟

7.5.1　轨道电路 Simulink 仿真模型

轨道电路可以看成组合了分布式元件和集总参数元件的电路网络。轨道电路中的一段钢轨属于分布式参数的元件，集总参数元件指的是轨道电路中的电阻电容等元件。对于分布式参数元件，我们采取逐段建模的方法；对集总参数元件，分别研究其机理，建立等效的元件模型。在 Simulink 中，采用上述思路对轨道电路进行建模仿真，建立的仿真系统如图 7.9 所示[10,11]。

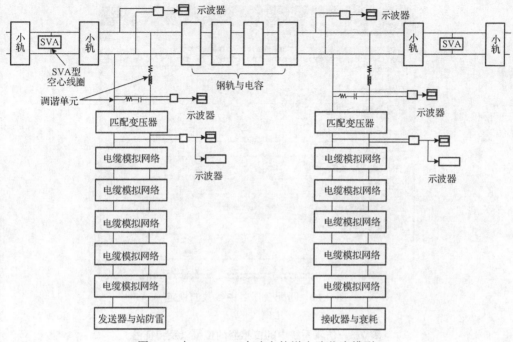

图 7.9　在 Simulink 中建立轨道电路仿真模型

7.5.2　故障模拟与故障特征设置

基于以上建立的仿真模型，可以通过改变其中的元件参数，模拟实际中遇到的软故障。下面以匹配变压器的例子来进行说明。

在仿真系统中，匹配变压器如图 7.10 所示。

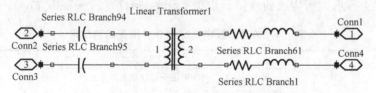

图 7.10　Simulink 中匹配变压器的建模

在 Simulink 中，可以对匹配变压器中的参数进行设定，如图 7.11 所示。这里，匹配变压器的电阻值由变量 TAD_S_R 设定，电感值由 TAD_S_L 设定。

因此，如果改变这些变量的值，则会造成匹配变压器中参数漂移的软故障。

考虑到实际中对传感器的一些限制条件，在仿真系统中设定了 5 个传感器，这些传感器采集的故障信息位置以及特征量如表 7.3 所示。

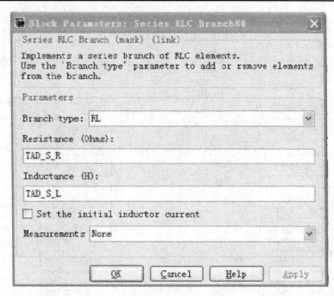

图 7.11　匹配变压器中参数的设定

表 7.3　仿真系统中的传感器的位置以及特征量

标号	软故障特征参数信息采集位置与特征量
e_1	发送端站防雷出口处交流电压（有效值），单位：V
e_2	发送端站防雷出口处交流电流（有效值），单位：A
e_3	发送端电缆模拟网络出口处交流电压（有效值），单位：V
e_4	接收端电缆模拟网络入口处交流电压（有效值），单位：V
e_5	接收端站防雷出口处交流电压（有效值），单位：V

在仿真系统中设定了 10 种常见的软故障，其中将故障 10 设为未知故障。这些故障如表 7.4 所示，则构成的故障辨识框架记为 $\Theta=\{F_1, F_2, \cdots, F_9, F_{UN}\}$，$F_{UN}=F_{10}$。

表 7.4　仿真系统中设定的 9 种常见的软故障

故障编号	软故障模式
F_1	正常状态（以接收端电压不超过容差范围为准）
F_2	发送端近端调谐单元电阻元件阻值增加 2～5 倍
F_3	发送端空心线圈电阻阻值增加 20～50 倍
F_4	发送端电缆模拟网络阻值增加 20～50 倍
F_5	发送端变压器电阻元件阻值增加 100～200 倍
F_6	接收端近端调谐单元电阻原件阻值增加 2～5 倍
F_7	接收端空心线圈电阻阻值增加 20～50 倍
F_8	接收端电缆模拟网络阻值增加 20～50 倍
F_9	接收端变压器电阻元件阻值增加 100～200 倍
F_{10}	发送端远端调谐单元电阻元件阻值增加 2～5 倍

7.6　轨道电路软故障诊断实验

7.6.1　通过故障模拟生成故障特征样本集合

利用 MATLAB 提供的 Simulink 仿真工具，通过 7.5 节给出的方法建立 ZPW-2000A 无绝缘轨道电路的计算机仿真模型，该模型可以模拟载频 1700Hz 下，主轨长度为 1200m 的轨道电路，其中发送端和接收端的电缆模拟网络模拟长度为 10km 的发送端和接收端 SPT 电缆。在此模型上模拟表 7.4 中的 9 种软故障模式及一种正常模式，采集该模型上的 5 个软故障特征参数，分别对每种软故障进行采样，$F_1 \sim F_9$ 分别采样 100 个数据点。由 7.3.1 节中步骤（1）和步骤（2）可知，本实例中所处理的故障集合为 $\Theta = \{F_1, F_2, F_3, F_4, F_5, F_6, F_7, F_8, F_9, F_{10}\}$，即 $j=1, 2, \cdots, 9$，$N=9$，其中 $F_{10}=F_{UN}$。它们共同的软故障特征参数为 e_i，$i=1, 2, \cdots, 5$，$M=5$。根据 7.3.1 节中步骤（3）和步骤（4）可确定 5 个软故障特征参数在 9 种已知软故障下的取值区间分别如表 7.5～表 7.9 所示，分别对应图 7.12～图 7.16。

表 7.5　软故障特征参数 e_1 在 9 个已知软故障下的取值区间

$ES_{1,1}$	$ES_{1,2}$	$ES_{1,3}$	$ES_{1,4}$	$ES_{1,5}$	$ES_{1,6}$	$ES_{1,7}$	$ES_{1,8}$	$ES_{1,9}$
[135.38868, 135.93132]	[135.36711, 135.43406]	[135.06525, 135.10471]	[137.24141, 138.88473]	[136.47716, 137.15148]	[135.85733, 135.9670]	[135.70636, 135.71910]	[135.60570, 135.61818]	[135.64031, 135.64995]

表 7.6　软故障特征参数 e_2 在 9 个已知软故障下的取值区间

$ES_{2,1}$	$ES_{2,2}$	$ES_{2,3}$	$ES_{2,4}$	$ES_{2,5}$	$ES_{2,6}$	$ES_{2,7}$	$ES_{2,8}$	$ES_{2,9}$
[0.26891, 0.27988]	[0.25139, 0.25841]	[0.27284, 0.27405]	[0.29980, 0.32709]	[0.29461, 0.31216]	[0.27565, 0.27688]	[0.27177, 0.27207]	[0.27388, 0.27403]	[0.27430, 0.27441]

表 7.7　软故障特征参数 e_3 在 9 个已知软故障下的取值区间

$ES_{3,1}$	$ES_{3,2}$	$ES_{3,3}$	$ES_{3,4}$	$ES_{3,5}$	$ES_{3,6}$	$ES_{3,7}$	$ES_{3,8}$	$ES_{3,9}$
[41.20537, 42.88722]	[44.17961, 45.98561]	[37.44674, 38.03448]	[30.48332, 36.30030]	[45.61271, 50.12668]	[43.45710, 44.06972]	[42.98102, 43.00950]	[41.73209, 41.82116]	[41.94222, 41.99530]

表 7.8　软故障特征参数 e_4 在 9 个已知软故障下的取值区间

$ES_{4,1}$	$ES_{4,2}$	$ES_{4,3}$	$ES_{4,4}$	$ES_{4,5}$	$ES_{4,6}$	$ES_{4,7}$	$ES_{4,8}$	$ES_{4,9}$
[10.46238, 10.8894]	[6.18651, 7.31329]	[9.53588, 9.77675]	[6.95496, 8.80219]	[8.89836, 9.70435]	[6.10931, 7.53865]	[9.53482, 9.74220]	[11.43751, 11.72083]	[9.11172, 9.74443]

表 7.9　软故障特征参数 e_5 在 9 个已知软故障下的取值区间

$ES_{5,1}$	$ES_{5,2}$	$ES_{5,3}$	$ES_{5,4}$	$ES_{5,5}$	$ES_{5,6}$	$ES_{5,7}$	$ES_{5,8}$	$ES_{5,9}$
[1.18066, 1.30494]	[0.72127, 0.85257]	[1.37221, 1.42983]	[0.90210, 1.07444]	[1.03591, 1.13133]	[1.31621, 1.36785]	[1.19695, 1.20627]	[1.22513, 1.22935]	[1.24226, 1.24399]

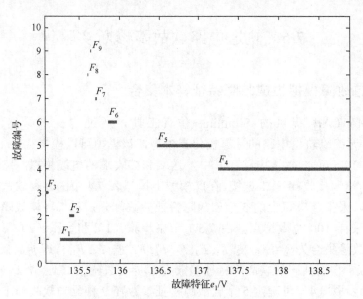

图 7.12　软故障特征参数 e_1 的取值

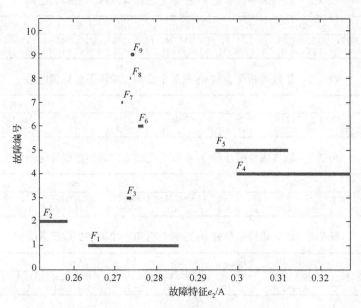

图 7.13　软故障特征参数 e_2 的取值

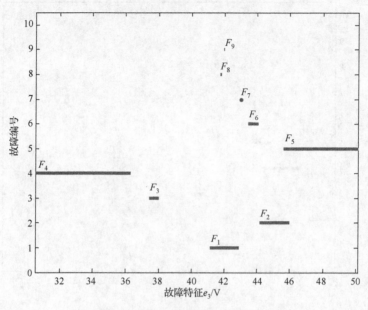

图 7.14　软故障特征参数 e_3 的取值

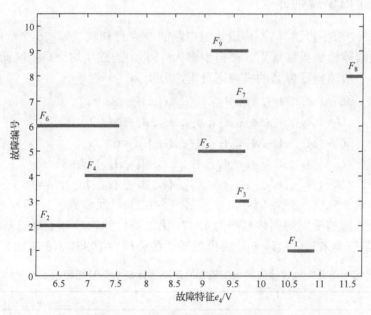

图 7.15　软故障特征参数 e_4 的取值

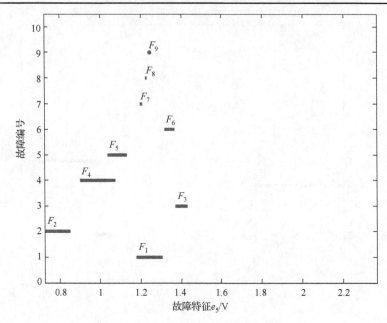

图 7.16　软故障特征参数 e_5 的取值

7.6.2　构建模糊规则库

利用 7.3.1 节中步骤（5）构造轨道电路的 9 个已知软故障、5 个软故障特征参数的三类软故障诊断模糊规则。根据步骤（5-1）中的三角均分模糊区间划分方法，可以构造 5 个故障特征参数的模糊语言集，分别为

$$U_1=\{A_{1,1}, A_{1,2}, A_{1,3}, A_{1,4}, A_{1,5}, A_{1,6}, A_{1,7}\}, J_1=7$$
$$U_2=\{A_{2,1}, A_{2,2}, A_{2,3}, A_{2,4}, A_{2,5}, A_{2,6}, A_{2,7}\}, J_2=7$$
$$U_3=\{A_{3,1}, A_{3,2}, A_{3,3}, A_{3,4}, A_{3,5}, A_{3,6},\}, J_3=6$$
$$U_4=\{A_{4,1}, A_{4,2}, A_{4,3}, A_{4,4}, A_{4,5}, A_{4,6}, A_{4,7}, A_{4,8}\}, J_4=8$$
$$U_5=\{A_{5,1}, A_{5,2}, A_{5,3}, A_{5,4}, A_{5,5}, A_{5,6}, A_{5,7}, A_{5,8}, A_{5,9}\}, J_5=9$$

根据步骤（5-2）、步骤（5-3-1）、步骤（5-3-2）以及步骤（5-3-3），分别得到第一类 9 个软故障的模糊规则数总和为 1247，第二类已知软故障子集模糊规则数总和为 54 以及第三类未知软故障 F_{UN} 的模糊规则数总和为 19867（表 7.10）。

表 7.10　所有软故障诊断的模糊规则的后项故障集类型及模糊规则个数的分配

后项	F_{UN}	1	2	3	4	5	6	7	8
规则数	19867	166	72	28	576	241	108	12	16
后项	9	{1,9}	{1,3}	{1,8}	{7,9}	{1,7,9}	{1,7}	{1,5}	
规则数	28	12	4	16	4	4	12	2	

7.6.3　利用待检样本进行模糊推理获得诊断证据

在轨道电路在线运行时，以设定 F_8 发生为例，得到 5 种软故障特征参数在 $k=0$ 时刻在线监测值，确定被监测值选中的模糊规则，并经模糊推理获得该时刻在线诊断证据。

轨道电路在线运行状态下，对 5 种软故障特征参数进行观测，得到 $k=0$ 时刻的监测值。根据 7.3.1 节中步骤（6）可以计算该组监测值所选中的模糊语言项及其归一化后的置信度取值，如表 7.11 所示。

表 7.11　$k=0$ 时刻 5 种软故障特征参数的在线监测值及被选中语言项的归一化置信度

监测特征	监测值	监测值属于各语言项的置信度	
x_1	135.56682	$m(A_{1,1})=0.2121$	$m(A_{1,2})=0.7879$
x_2	0.27895	$m(A_{1,3})=0.8159$	$m(A_{1,4})=0.1841$
x_3	40.14412	$m(A_{1,3})=0.5410$	$m(A_{1,4})=0.4590$
x_4	11.61323	$m(A_{1,7})=0.1342$	$m(A_{1,8})=0.8658$
x_5	1.27297	$m(A_{1,6})=0.7711$	$m(A_{1,5})=0.2289$
输入共有 32 种组合，则选中 JNR=32 条规则			

根据 7.3.1 节中步骤（6）可以得到在该组监测值所选中的软故障诊断的模糊规则的前项如表 7.12 所示（规则前项用相应模糊语言项的组合形式表示）。

表 7.12　$k=0$ 时刻被选中的软故障诊断的模糊规则的前项及置信度

序号	被选中的前项	置信度	序号	被选中的前项	置信度
1	$A_{1,2} \times A_{2,3} \times A_{3,3} \times A_{4,8} \times A_{5,7}$	0.2322	17	$A_{1,2} \times A_{2,3} \times A_{3,3} \times A_{4,8} \times A_{5,7}$	0.0625
2	$A_{1,2} \times A_{2,3} \times A_{3,3} \times A_{4,8} \times A_{5,8}$	0.0689	18	$A_{1,2} \times A_{2,3} \times A_{3,3} \times A_{4,8} \times A_{5,8}$	0.0186
3	$A_{1,2} \times A_{2,3} \times A_{3,3} \times A_{4,7} \times A_{5,7}$	0.0360	19	$A_{1,2} \times A_{2,3} \times A_{3,3} \times A_{4,7} \times A_{5,7}$	0.0097
4	$A_{1,2} \times A_{2,3} \times A_{3,3} \times A_{4,7} \times A_{5,8}$	0.0107	20	$A_{1,2} \times A_{2,3} \times A_{3,3} \times A_{4,7} \times A_{5,8}$	0.0029
5	$A_{1,2} \times A_{2,3} \times A_{3,4} \times A_{4,8} \times A_{5,7}$	0.1970	21	$A_{1,2} \times A_{2,3} \times A_{3,4} \times A_{4,8} \times A_{5,7}$	0.0530
6	$A_{1,2} \times A_{2,3} \times A_{3,4} \times A_{4,8} \times A_{5,8}$	0.0585	22	$A_{1,2} \times A_{2,3} \times A_{3,4} \times A_{4,8} \times A_{5,8}$	0.0157
7	$A_{1,2} \times A_{2,3} \times A_{3,4} \times A_{4,7} \times A_{5,7}$	0.0305	23	$A_{1,2} \times A_{2,3} \times A_{3,4} \times A_{4,7} \times A_{5,7}$	0.0082
8	$A_{1,2} \times A_{2,3} \times A_{3,4} \times A_{4,7} \times A_{5,8}$	0.0091	24	$A_{1,2} \times A_{2,3} \times A_{3,4} \times A_{4,7} \times A_{5,8}$	0.0024
9	$A_{1,2} \times A_{2,4} \times A_{3,3} \times A_{4,8} \times A_{5,7}$	0.0524	25	$A_{1,2} \times A_{2,4} \times A_{3,3} \times A_{4,8} \times A_{5,7}$	0.0141
10	$A_{1,2} \times A_{2,4} \times A_{3,3} \times A_{4,8} \times A_{5,8}$	0.0156	26	$A_{1,2} \times A_{2,4} \times A_{3,3} \times A_{4,8} \times A_{5,8}$	0.0042
11	$A_{1,2} \times A_{2,4} \times A_{3,3} \times A_{4,7} \times A_{5,7}$	0.0081	27	$A_{1,2} \times A_{2,4} \times A_{3,3} \times A_{4,7} \times A_{5,7}$	0.0022
12	$A_{1,2} \times A_{2,4} \times A_{3,3} \times A_{4,7} \times A_{5,8}$	0.0024	28	$A_{1,2} \times A_{2,4} \times A_{3,3} \times A_{4,7} \times A_{5,8}$	6.4887×10^{-4}
13	$A_{1,2} \times A_{2,4} \times A_{3,4} \times A_{4,8} \times A_{5,7}$	0.0445	29	$A_{1,2} \times A_{2,4} \times A_{3,4} \times A_{4,8} \times A_{5,7}$	0.0120
14	$A_{1,2} \times A_{2,4} \times A_{3,4} \times A_{4,8} \times A_{5,8}$	0.0132	30	$A_{1,2} \times A_{2,4} \times A_{3,4} \times A_{4,8} \times A_{5,8}$	0.0036
15	$A_{1,2} \times A_{2,4} \times A_{3,4} \times A_{4,7} \times A_{4,7}$	0.0069	31	$A_{1,2} \times A_{2,4} \times A_{3,4} \times A_{4,7} \times A_{4,7}$	0.0019
16	$A_{1,2} \times A_{2,4} \times A_{3,4} \times A_{4,7} \times A_{5,8}$	0.0020	32	$A_{1,2} \times A_{2,4} \times A_{3,4} \times A_{4,7} \times A_{5,8}$	5.5063×10^{-4}

实际上表 7.12 中给出的是被选中的 JNR=32 条模糊规则的前项，根据 7.3.1 节中步骤（7）可得到它们各自对应的后项及其置信度，如表 7.13 所示。

表 7.13　k=0 时刻被选中的软故障诊断的模糊规则的后项及置信度

序号	选中规则的后项	置信度	序号	选中规则的后项	置信度
1	8	0.2322	17	8	0.0625
2	0	0.0689	18	0	0.0186
3	{1,8}	0.0360	19	{1,8}	0.0097
4	1	0.0107	20	1	0.0029
5	8	0.1970	21	8	0.0530
6	0	0.0585	22	0	0.0157
7	{1,8}	0.0305	23	{1,8}	0.0082
8	1	0.0091	24	1	0.0024
9	0	0.0524	25	0	0.0141
10	0	0.0156	26	0	0.0042
11	1	0.0081	27	1	0.0022
12	1	0.0024	28	1	6.4887×10^{-4}
13	0	0.0445	29	0	0.0120
14	0	0.0132	30	0	0.0036
15	1	0.0069	31	1	0.0019
16	1	0.0020	32	1	5.5063×10^{-4}

根据 7.3.1 节中步骤（7）得到 k=0 时刻的诊断证据如表 7.14 所示。

表 7.14　k=0 时刻的诊断证据

焦元	{8}	{0}	{1,8}	{1}
基本信度赋值	0.5447	0.3211	0.0844	0.0498

7.6.4　基于证据更新的动态诊断与故障决策

7.6.3 节中获得 k=0 时刻的诊断证据，同理可得 k=1 时刻的诊断证据如表 7.15 所示。

表 7.15　k=1 时刻的诊断证据

焦元	{1,8}	{1}	{8}	{0}
基本信度赋值	0.7748	0.0399	0.2043	0.0110

表 7.14 给出 k=0 时刻的诊断证据 $(\mathcal{F}_0, m_0)$，由 7.3.2 节可知 $(\mathcal{F}_{update}^0, m_{update}^0) = (\mathcal{F}_0, m_0)$，表 7.15 给出 k=1 时刻的诊断证据 $(\mathcal{F}_{k+1}, m_{k+1})$。利用 7.3.2 节所提的方法对诊断证据进行更新。得到 k=1 时刻更新后的诊断证据 $(\mathcal{F}_{update}^1, m_{update}^1)$，如表 7.16 所示。

表 7.16　k=1 时刻更新后的诊断证据

焦元	{8}	{1,8}	{1}	{0}
基本信度赋值	0.8259	0.0963	0.0967	0.0110

通过 7.3.3 节对 k=1 时刻更新后的诊断证据做 Pignistic 变换，将基本信度赋值函数转化为 Pignistic 概率函数（Bet$P$），如表 7.17 所示。

表 7.17　k=1 时刻更新后诊断证据的 Pignistic 概率

故障编号	F_8	F_1	F_{UN}
Pignistic 概率	0.87405	0.14485	00.0110

最后可以根据故障决策准则判断 k=1 时刻故障 F_8 发生，可见诊断结果与事先设置的故障模式一致，即诊断出故障。

7.6.5　诊断结果的对比分析

这里将本章方法和文献[12]提出的模糊神经网络诊断方法进行统计诊断实验对比。构造了一个 5 输入 9 输出的模糊神经网络。设定每个输入的隶属度函数个数为 10，也就是通过模糊神经网络构建 10 条模糊推理规则。初始的隶属度函数参数通过 K 均值方法确定。利用 7.6.1 节中给出的 900 个采样数据点（每种故障有 100 个数据点）训练模糊神经网络。之后每种已知故障在线获得 245 个采样数据点，并对 245 个数据，加入 0.2%～5%不等的扰动获得每种故障的 245 个测试数据，假设 245 个测试数据是按采样时间先后获得的。然后利用每种故障的 245 个测试数据对模糊神经网络、原始证据理论方法以及基于证据更新的方法进行测试，测试结果如表 7.18 所示。

表 7.18　已知软故障诊断结果　　　　　　　　　　（单位：%）

故障编号	诊断结果		
	模糊神经网络	原始证据理论方法	本书方法
F_1	89.80	93.88	100
F_2	100	100	100
F_3	98.37	96.73	97.14
F_4	97.96	96.73	96.73
F_5	95.10	95.51	95.51
F_6	91.84	91.84	91.84
F_7	50.20	54.29	73.06
F_8	75.10	77.96	83.67
F_9	29.39	48.57	66.12
总和	80.86	83.95	89.34

对于已经训练好的模糊神经网络、原始证据理论方法及证据更新故障诊断方法，在线获得 245 个未知软故障的采样数据点，加入 0.2%～5%不等的扰动获得每种故障的 245 个测试数据，假设 245 个测试数据是按采样时间先后获得的。然后利用每种故障的 245 个测试数据对模糊神经网络、原始证据理论方法以及基于证据更新的方法进行测试，测试结果如表 7.19 所示。

表 7.19　未知软故障诊断结果　　　　　　　　　（单位：%）

故障类型	诊断结果		
	模糊神经网络	原始方法	本书方法
F_{UN}	不能诊断	72.65	72.65

从实验结果可以看出，本章所提的基于扩展型类 Jeffery 规则的故障诊断方法具有明显的优势。从表 7.19 可以看出，对于已知软故障，基于证据更新的故障诊断方法可以有效提高多数已知故障模式的确诊率。对于未知软故障，模糊神经网络方法并不能诊断，而基于证据更新的诊断方法及原始证据理论方法由于在辨识框架中定义了未知故障，这两种方法可以诊断未知故障。

7.7　本章小结

本章提出基于扩展型类 Jeffery 证据更新规则的动态融合诊断方法。首先通过采样数据，生成每个故障所对应的参数区间，构造模糊隶属度函数，并给出新型的模糊推理方法，实现对系统已知故障和潜在故障实时提供诊断证据；然后给出基于扩展型类 Jeffery 证据更新规则实现前后时刻诊断证据的动态更新（融合），并利用融合结果在一定的准则下进行故障决策。将该方法应用于 ZPW-2000A 轨道电路软故障的诊断，在 Simulink 仿真实验中验证所提方法的有效性。

参 考 文 献

[1] 徐晓滨. 不确定性信息处理的随机集方法及在系统可靠性评估与故障诊断中的应用[博士学位论文]. 上海: 上海海事大学, 2009.

[2] 徐晓滨, 王玉成, 文成林. 评估诊断证据可靠性的信息融合故障诊断方法. 控制理论与应用, 2011, 28(4): 504-510.

[3] Xu X, Zhou Z, Wen C. Data fusion algorithm of fault diagnosis considering sensor measurement uncertainty. International Journal on Smart Sensing and Intelligent System, 2013, 6(1): 171-190.

[4] 彭敏放. 容差模拟电路故障诊断屏蔽理论与信息融合方法研究[博士学位论文]. 长沙: 湖南大学, 2006.

[5] Oukhellou L, Debiolles A, Denoeux T, et al. Fault diagnosis in railway track circuits using Dempster-Shafer classifier fusion. Engineering Applications of Artificial Intelligence, 2010, 23(1): 117-128.

[6] 文成林, 徐晓滨, 吉吟东. 基于不完备模糊规则库的信息融合故障诊断方法. 南京航空航天大学学报, 2011, 43(S1): 55-59.

[7] 孙新亚, 周暐, 吉吟东, 等. 一种模拟电路软故障诊断的模糊推理方法: 中国, ZL201110319433. X.

[8] 史健. 基于证据理论的动态融合方法研究[硕士学位论文]. 杭州: 杭州电子科技大学, 2012.

[9] 赵自信. ZPW-2000A 无绝缘移频自动闭塞技术培训教材. 北京: 北京全路通信信号研究设计院, 2004.

[10] 董炜, 陈卫征, 徐晓滨, 等. 基于模糊区间优化的模糊推理故障诊断方法. 北京工业大学学报, 2012, 38(12): 1905-1912.

[11] Gu H, Dong W, Sun X Y, et al. Fault diagnosis for ZPW-2000A jointless track circuit compensation capacitor based on K-fault diagnosis. The 32nd Chinese Control Conference, Xi'an, 2013.

[12] Chen J, Roberts C, Weston P. Fault detection and diagnosis for railway track circuits using neuro-fuzzy systems. Control Engineering Practice, 2008, 16(5): 585-596.

第8章 静态融合与动态更新相结合的故障诊断方法

8.1 引 言

由于从单传感器获得的故障信息是有限的，所以在对设备进行故障诊断时，往往需要设置多个传感器收集设备的运行状态信息，并对信息进行融合，然后利用融合结果做出故障决策。实际中，由于存在一些不可避免的因素，例如，环境噪声对测量的干扰、传感器观测误差及性能下降等，监测信息具有不完整、不确定和非精确等特性[1-5]。因此，迫切需要一种有效的融合机制来减小，甚至消除这种非精确与不确定性对故障决策的影响。证据理论在处理不完整信息方面具有很好的鲁棒性，其利用基本信度函数（BBA）表示和度量信息的非精确性和不确定性[6]，并提供Dempster组合规则来融合以BBA形式表示的多源信息，有效降低信息的不确定性，提供比任何单源信息更加精准的融合结果[1-4]。因此，证据理论已经被广泛用于不确定环境下典型工业设备的故障诊断，如旋转机械[7,8]、电力电子[3,9]、控制系统以及传感器网络等[10-12]。

正如第7章所述，基于证据理论的信息融合故障诊断方法通常包括以下三个步骤：①构造故障辨识框架，即故障集合，其中包含了所有需要辨识的故障模式或命题。②根据信息或知识的种类不同，通过相关方法，如模糊匹配[13]、神经网络[3]、决策树[3]、专家系统和遗传算法[10]等，将不同信源的故障信息转化为相应的BBA，即诊断证据。它度量了故障信息对每个故障命题以及它们构成的故障子集的支持度。③选取适当的组合规则融合这些来自不同信源的BBA，并根据融合结果做出诊断决策。当然，除了Dempster组合规则之外，其他的一些改进型组合规则也被提出，用于处理冲突性、相关性诊断证据的融合[5,14]。

尽管这些研究有力地推动了证据理论方法在故障诊断领域中的应用，但目前基于证据理论的故障诊断机制仍有一些不可回避的问题值得深入分析与探讨。

（1）Dempster及其改进的证据组合机制本质上只能实现"对称的"和"静态的"融合[15,16]，即它们通常适用于融合同一时刻（或时段）获取的多个诊断证据。这些证据从不同角度描述设备在该时刻的运行状态，所以它们是对称的；同时，该时刻多个诊断证据的融合与其他时刻的诊断证据的融合是无关的，所以这种融合是静态的。而实际中设备运行状态是随时间变化的，则其相应的诊断证据也是动态变化的，那么基于在线故障信息的融合决策应该是一个连续的动态过程。为了获取更为可靠的决策结果，就需要考虑将历史诊断证据与当前时刻诊断证据进行动态融合，以期获取对当前时刻设备状态更为全面的判断。这也符合实际现场故障专家通过历史与当前信息的比对与分析做出诊断的一般性常理。显然，在此过程中用到的历史（老）证据与当前（新）证据之间是不对称的，所以原有处理对称型证据融合的规则不再适用。

（2）确诊率和误报率是评价诊断算法好坏与否的一般性指标[3]。但是，这种"硬"指标只关心诊断"正确（对所发生故障模式的信度为 1）"或者"错误（对所发生故障模式的信度为 0）"。但是，由于不确定性的存在，诊断证据及其融合结果提供的对故障命题及命题子集的支持信度往往是 0～1 的值，所以在证据理论的框架下，这种"硬"指标难以度量信度赋值接近设备真实故障的程度。尤其是在需要综合考虑"对称型"和"不对称型"融合过程的时候，更需要设计适用于不确定性故障信度形式的新指标，度量诊断证据静态与动态融合的性能。进一步，可以基于该指标对融合过程中的相关参数进行训练，优化融合系统性能。

第一个问题涉及故障信息的动态更新。诊断中可用的信息分为两部分：一是当前时刻获取的诊断证据，其描述当前设备的运行状况；二是历史证据，即从先前时刻获取的证据中提取出的诊断知识。一般来说，后者相对于前者包含更为全面的设备运行规律性信息，而前者又反映了设备的最新状况。所以，根据人的推理常识，应该引入更新过程，即利用当前证据对历史诊断证据进行更新（修正），那么根据所得更新结果进行的故障决策要比任何一部分单独给出的决策更为全面和可靠。实际上，证据的更新过程可以理解为一种动态的融合，区别于静态融合，当前证据和历史证据在融合中的作用不是对称的，所以就需要定义不同于 Dempster 组合规则的更新规则。已经有一些学者开展了动态更新规则的研究，如 Shafer 提出的 Dempster 条件规则及 Smets 提出的 TBM，可以用来实现新到证据完全确知情况下的证据更新[17,18]，Dubois 等给出了类 Jeffery 规则，实现了对 BBA 及置信函数（Bel）的更新[16]，Kulasekere 等提出基于条件化的线性组合更新方法[19]，利用加权融合的方式实现证据更新。正如 Smets 在文献[15]所总结的：更新是一种非常复杂的融合过程，很难找到"放之四海皆准"的规则，应该针对实际问题背景选取合适的方法。该结论也适用于本书所处理的动态融合诊断问题，我们发现现有的更新方法在处理该问题上都存在一定的缺陷，例如，线性更新策略是有效的，但是怎样确定线性组合权重则是一个开放的问题[1,4]。

第二个问题是关系到基于证据理论的信息融合诊断方法的性能评估。在根据融合结果做出诊断决策时，通常要遵循某些决策准则，如被判定的故障命题的信度赋值最大、似真函数取值最大、Pignistic 概率取值最大等[20]。例如，$m_{\oplus,I}$ and $m_{\oplus,II}$ 分别表示算法 I 和 II 的融合结果（融合后的 BBA），假设 $m_{\oplus,I}(F_1)=0.6$，$m_{\oplus,I}(F_2)=0.4$，$m_{\oplus,II}(F_1)=0.9$，$m_{\oplus,II}(F_2)=0.1$，则根据信度最大值原则，两个算法都可以给出"硬"判断——"故障 F_1 发生"。然而,显然可以看出算法 II 更加可靠,因为 $m_{\oplus,\mathrm{II}}(F_1)$ 比 $m_{\oplus,\mathrm{I}}(F_1)$ 更接近真实状态 "$m(F_1)=1$"。通常,可以根据诊断证据与 "$m(F_1)=1$" 的"距离"度量融合算法提供的诊断证据收敛于真实状态的程度[21]。但是,目前多数已有研究都集中在给出功能各异的融合诊断算法,鲜有考虑如何给出"软"指标来评价融合结果的性能,特别是动态融合时,不仅要考虑动态更新结果收敛于真实状态的程度,还要考虑收敛的速度。只有给出了合理的性能指标,才能对各种融合算法进行全面的评价,才能根据性能要求,对算法中的相关参数(如描述诊断证据可靠性的折扣因子等)进行优化,提升算法的收敛程度和速度。

相较于第 7 章初步尝试解决单一的动态更新问题,本章给出了一种将诊断证据静态融合与动态更新相结合的更为普适化的故障诊断方法[22]。在静态融合阶段,利用 Dempster 组合规则融合每个时刻的多条诊断证据,获取静态融合证据,并给出基于证据距离的信度静态收敛性指标;在动态更新阶段,利用条件化的线性组合更新规则融合历史与当前时刻的静态融合证据,并给出基于 S 函数的信度动态收敛性指标;在两个融合阶段中,分别基于所给出的静、动态指标函数,给出相应的优化学习方法,获取静态融合中诊断证据的静态折扣因子、动态更新中历史与当前证据的更新权重系数等参数的最优值。然后,在信度最大的原则下,利用更新结果做出诊断决策。将静、动态融合相结合,使得更新后所获证据包含了所有的诊断信息,基于其做出的诊断决策更为准确和可靠。最后,通过在电机柔性转子实验台上的诊断实验,将所提方法与已有的典型融合诊断方法进行对比分析,说明所提性能指标函数及相应参数优化方法的有效性。

8.2　证据的精细化折扣

精细化折扣与定义 2.2 中给出的经典折扣都是用来修正证据的可靠性因子,精细化折扣是在证据空间和信息源空间的笛卡儿积空间中进行的操作,并且前者与后者相比,考虑了所获得证据对辨识框架中每个"子集"命题赋值的可靠性,而后者只考虑了整个信度分布与真实状态的靠近程度[23]。客观上,前者将单一的折扣因子扩展为一个折扣因子向量,这势必能够实现对证据信度更为灵活的调整。在随后所提故障诊断方法中,在静态融合步骤中,前者对于诊断证据进行折扣操作,取得了比经典折扣更好的诊断效果。所以这里首先对精细化折扣方法给予简要介绍。

一个信息源的可靠性反映了使用者对信息源的信任程度。在证据理论中,证据的可靠性可以通过对证据进行折扣来实现[6]。证据的可靠性与折扣因子是相互联系的,证据可靠性越小,折扣因子越大,对证据进行的折扣越大,反之亦然。为了显示信息源与其所提供证据之间的关系,这里定义 2.2 中的 BBA m,表示为 m_S^Θ,上

标 Θ 表示 m 是定义在辨识框架 Θ 上，下标 S 表示 m 是由信息源 S 给出的。那么，文献[23]中定义了另外一个 BBA $m_S^{\Re}$ 度量信息源 S 的可靠度：

$$\begin{cases} m_S^{\Re}(\{R\}) = 1 - \alpha \\ m_S^{\Re}(\Re) = \alpha \end{cases} \tag{8.1}$$

它被定义在可靠度辨识框架 $\Re = \{R, NR\}$ 上，命题 R 表示 S 是可靠的，命题 NR 表示 S 是不可靠的，$\alpha \in [0,1]$ 表示 S 不可靠的信度（即 $Pl_S^{\Re}(\{NR\}) = \alpha$），而 $1 - \alpha$ 表示传感器的可靠性信度（即 $Bel_S^{\Re}(\{R\}) = 1 - \alpha$）。此时，$\alpha$ 即为证据 m_S^{Θ} 的折扣因子。分别将定义在 Θ 和 $\Re$ 上的 m_S^{Θ} 和 $m_S^{\Re}$ 通过证据扩展定理，扩展到笛卡儿积空间 $\Theta \times \Re$ 上，并利用 Dempster 组合规则对它们进行合并，然后将融合结果投影到 Θ，即可得到折扣后的证据 $^{\alpha}m^{\Theta}$，并有：

$$\begin{cases} ^{\alpha}m^{\Theta}(A) = (1 - \alpha) m_S^{\Theta}(A) & \forall A \subset \Theta \\ ^{\alpha}m^{\Theta}(\Theta) = (1 - \alpha) m_S^{\Theta}(\Theta) + \alpha \end{cases} \tag{8.2}$$

这就是在 2.2.2 节所介绍的经典折扣方法，文献[23]通过定义关于 S 的可靠度证据 $m_S^{\Re}$ 并将其与原始证据 m_S^{Θ} 融合，重新对该方法进行诠释，并且进一步给出了一种精细化的折扣方法，即考虑信息源 S 对不同种命题支持信度的可靠性度量，从而将原有的可靠性证据 $m_S^{\Re}$ 扩展为 n 个可靠性证据，其中的第 i ($i=1, 2, \cdots, n$) 个可靠度证据定义为 $m_S^{\Re}[\theta_i]$，并有：

$$\begin{cases} m_S^{\Re}[\theta_i](\{R\}) = \beta_i \\ m_S^{\Re}[\theta_i](\Re) = \alpha_i \end{cases} \tag{8.3}$$

其中，$[\theta_i]$ 表示在 θ_i 真实发生的情况下，S 所提供证据 m_S^{Θ} 的可靠度证据为 $m_S^{\Re}[\theta_i]$，$\alpha_i = 1 - \beta_i$ 表示不可靠信度，β_i 为可靠信度，从而就将式（8.1）中的折扣因子 α 扩展为

$$\alpha = (\alpha_1, \cdots, \alpha_n) \in [0,1]^n \tag{8.4}$$

同理，将 m_S^{Θ} 和 $m_S^{\Re}[\theta_i](i = 1,2,\cdots,n)$ 共计 $n+1$ 个证据扩展到 $\Theta \times \Re$ 上，并利用 Dempster 组合规则对它们进行合并，然后将融合结果投影到 Θ，得到经精细化折扣的证据 $^{\alpha}m_S^{\Theta}$，并有：

$$^{\alpha}m_S^{\Theta}(A) = \sum_{B \subseteq \Theta} {}^{\alpha}G(A,B) m_S^{\Theta}(B) \quad \forall A \subseteq \Theta \tag{8.5}$$

其中，$^{\alpha}G(A,B)$ 称为推广矩阵，其作用于 m_S^{Θ}，将 m_S^{Θ} 中关于命题集 B 的信度按照一定比例赋予 $^{\alpha}m_S^{\Theta}$ 中与其相关的命题集 A，具体的：

$$
{}^{\alpha}G(A,B)=\begin{cases}\displaystyle\prod_{\theta_i\in A\setminus B}\alpha_i\prod_{\theta_\ell\in A}\beta_\ell, & B\subseteq A\\[2mm] 0, & \text{其他}\end{cases} \tag{8.6}
$$

以上精细化折扣过程的相关算式和定理证明，可详见文献[23]，这里不再赘述，只给出一个例子说明精细化折扣的计算过程。

例 8.1　当 $\Theta=\{\theta_i\,|\,i=1,\cdots,n,n=2\}$ 时，推广矩阵 ${}^{\alpha}G$ 的形式如表 8.1 所示，此时有以下关系：

$$
\begin{cases}{}^{\alpha}m_S^{\Theta}(\{\theta_1\})=\beta_2 m_S^{\Theta}(\{\theta_1\})\\[1mm] {}^{\alpha}m_S^{\Theta}(\{\theta_2\})=\beta_1 m_S^{\Theta}(\{\theta_2\})\\[1mm] {}^{\alpha}m_S^{\Theta}(\Theta)=\alpha_2 m_S^{\Theta}(\{\theta_1\})+\alpha_1 m_S^{\Theta}(\{\theta_2\})+m_S^{\Theta}(\Theta)\end{cases} \tag{8.7}
$$

从式（8.7）可以看出，通过精细化折扣操作使得 $m_S^{\Theta}(\{\theta_1\})$ 折扣到全集 Θ 上的比例为 $\alpha_2=1-\beta_2$。

表 8.1　当 *n*=2 时，变换矩阵 ${}^{\alpha}G$

$A\setminus B$	$\{\theta_1\}$	$\{\theta_2\}$	Θ
$\{\theta_1\}$	β_2		
$\{\theta_2\}$		β_1	
Θ	α_2	α_1	1

8.3　基于静态融合与动态更新的故障诊断

第 5 章给出了基于条件化证据线性更新的报警器设计方法，用来检测设备是否有故障（异常），在对线性组合权重的研究中，只根据前后证据的相似性，动态获取每个时刻的组合权重，且只涉及动态更新过程。而在故障定位或识别等更为复杂的诊断问题中，不仅要涉及动态的更新，还要考虑多源证据的静态融合，在第 5 章研究的基础上，这里进一步给出了融合诊断过程应该经历的四个阶段，如图 8.1 所示[22]。阶段一是证据获取，在每个采样时刻 t 获得不同传感器提供的局部诊断证据 $m_{p,t}$(p=1, 2, ···, N; t=1, 2, ···, T)，其中 p 表示传感器编号；阶段二是静态融合，在 t 时刻利用 Dempster 等组合规则融合 N 个 $m_{p,t}$ 得到静态融合证据 $m_{\oplus,t}$；阶段三是动态更新，对连续时刻获取的静态融合证据 $m_{\oplus,t}$ 进行线性迭代更新获得更新后证据 $m_{1:t}$，此时 $m_{1:t}$ 包含从 1 时刻到 t 时刻的所有诊断信息；阶段四是故障决策，基于一定的诊断规则，从 $m_{1:t}$ 中做出故障决策。除了在诊断过程中将证据融合与更新相结合，本章进一步考虑了静态证据 $m_{p,t}$ 和动态更新证据 $m_{1:t}$ 的可靠性与更新组合权重 $\{\upsilon_t,\tau_t\}$ 之间的关系，定义衡量 $m_{p,t}$ 和 $m_{1:t}$ 可靠性的指标函数，结合已有的历史样本数据，

给出优化传感器 p 所提供证据的折扣因子 α_p 以及更新组合权重 $\{\upsilon_t, \tau_t\}$ 的方法，具体过程如下。

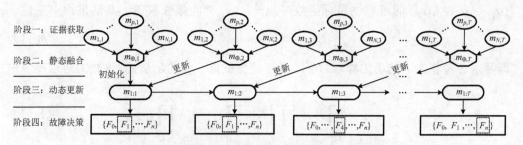

图 8.1　故障诊断的静态融合与动态更新过程

8.3.1　局部诊断证据的静态融合及基于信度静态收敛指标的折扣因子系数优化

设需要诊断设备的故障命题组成的辨识框架为 $\Theta = \{F_0, F_1, \cdots, F_n\}$，其中传感器 S_p 在 t 时刻获得的诊断证据为 $m_{p,t}^{\Theta}$，简记为 $m_{p,t}$。令 $\alpha_p = (\alpha_{1,p}, \alpha_{2,p}, \cdots, \alpha_{n,p})$ 为传感器 S_p 所提供证据的折扣因子向量，利用式（8.5）中的精细化折扣方法，获得经 α_p 折扣后的证据为 $^{\alpha_p} m_{p,t}$。利用定义 2.5 中的 Dempster 组合规则融合 N 个传感器提供的证据，得到静态融合结果：

$$^{\alpha} m_{\oplus,t} = {}^{\alpha_1} m_{1,t} \oplus \cdots \oplus {}^{\alpha_p} m_{p,t} \oplus \cdots \oplus {}^{\alpha_N} m_{N,t} \tag{8.8}$$

其中，$\alpha = (\alpha_1, \cdots, \alpha_p, \cdots, \alpha_N)$，$\oplus$ 表示 Dempster 组合算子。

若有 T 次局部证据及其静态融合证据的历史样本，其描述了设备的 $n+1$ 个运行状态 $\{F_0, F_1, \cdots, F_n\}$，且每个状态真实出现的次数分别为 $T_0, T_1, \cdots, T_n$，$\sum_{i=0}^{n} T_i = T$，那么可以建立基于 Jousselme 证据距离（定义 5.1）的诊断证据信度静态收敛目标函数为

$$\mathrm{SI}_m(\alpha_1, \cdots, \alpha_p, \cdots, \alpha_N) = w_{F_0} \sum_{t=1}^{T_0} d_J^2(^{\alpha} m_{\oplus,t}, m_{F_0}) + w_{F_1} \sum_{t=1}^{T_1} d_J^2(^{\alpha} m_{\oplus,t}, m_{F_1})$$
$$+ \cdots + w_{F_n} \sum_{t=1}^{T_n} d_J^2(^{\alpha} m_{\oplus,t}, m_{F_n}) \tag{8.9}$$

它计算了在每种状态下，折扣后的静态融合证据 $^{\alpha} m_{\oplus,t}^{\Theta}$ 与绝对证据

$$m_{F_i} = \{m(F_i) = 1, i = 1, 2, \cdots, n; m(F_j) = 0, j = 0, 1, \cdots, i-1, i+1, \cdots, n\} \tag{8.10}$$

之间的证据距离，$m_{F_i} = m(F_i) = 1$ 表示真实故障状态的理想信度赋值，即当 F_i 真实发

生时，静态证据应该"绝对"支持 F_i，那么当 ${}^\alpha m_{\oplus,t}^{\ominus}$ 越接近或收敛于 m_{F_i} 时，静态融合结果越可靠，进而局部折扣后证据 ${}^{\alpha_p} m_{p,t}$ 也越可靠。该函数即为关于折扣因子 $(\alpha_1,\cdots,\alpha_p,\cdots,\alpha_N)$ 的可靠性目标函数。此外，w_{F_i} 为收敛性权重，其满足约束条件

$$T_0 w_{F_0} = T_1 w_{F_1} = \cdots = T_n w_{F_n} \tag{8.11}$$

即要求各种状态下的历史样本对于收敛度的贡献是一样的，从式（8.11）可以推导出

$$w_{F_i} = \prod_{\substack{l=0 \\ l \neq i}}^{n} T_l \Bigg/ \left(\prod_{\substack{l=0 \\ l \neq 0}}^{n} T_l + \prod_{\substack{l=0 \\ l \neq 1}}^{n} T_l + \cdots + \prod_{\substack{l=0 \\ l \neq n}}^{n} T_l \right) \tag{8.12}$$

基于式（8.9）给出的静态收敛目标函数，可以构造如下的优化模型用于求解最优的折扣因子参数集 $(\alpha_1,\cdots,\alpha_p,\cdots,\alpha_N)$，使得 $\mathrm{SI}_m(\alpha_1,\cdots,\alpha_p,\cdots,\alpha_N)$ 最小。

$$\min_{(\alpha_1,\cdots,\alpha_p,\cdots,\alpha_N)} \mathrm{SI}_m(\alpha_1,\cdots,\alpha_p,\cdots,\alpha_N)$$

$$\text{s.t.} \quad 0 \leqslant \alpha_{i,p} \leqslant 1, i=1,2,\cdots,n, \quad p=1,2,\cdots,N \tag{8.13}$$

8.3.2　基于条件化证据线性更新规则的更新后诊断证据获取

在局部证据的最优折扣因子下获得最优静态融合证据后，可利用式（2.40）中条件化证据线性组合更新规则，递归计算求得每个时刻的更新后证据（全局证据）：

$$m_{1:t}(B) = \tau_t m_{1:t-1}(B) + \upsilon_t m_t(B \mid D), \quad B,D = F_0, F_1, \cdots, F_n, \Theta \tag{8.14}$$

其中，$m_{1:t-1}(B)$ 表示所有的历史证据对 $m_{1:t}(B)$ 的贡献量，$m_t(B \mid D)$ 是当前的条件信度赋值，它通过式（2.38）或式（2.39）计算，表示了当前融合证据 ${}^\alpha m_{\oplus,t}^{\ominus}$ 对于 $m_{1:t}(B)$ 的贡献量，这是因为条件命题 D 是由 ${}^\alpha m_{\oplus,t}^{\ominus}$ 决定的。由于式（2.38）或式（2.39）要求 ${}^\alpha m_{\oplus,t}^{\ominus}$ 是一个"绝对的证据"，即对 D 的信度赋值为 1，但是实际中，我们获取的证据都是含有不确定性的，所以我们规定：${}^\alpha m_{\oplus,t}^{\ominus}$ 中信度赋值最大的那个命题即为条件命题 D。由式（2.38）或式（2.39）可以看出，$m_t(B \mid D)$ 实际上是根据条件命题 D 与 B 之间的包含关系，对 $m_{1:t-1}$ 中焦元信度进行调整后的结果。

此外，式（8.14）中的更新组合权重 $\{\upsilon_t, \tau_t\}$ 可以通过前后时刻全局证据的相似性来求取，这里首先定义一种基于 S 型函数的新型证据相似度。定义 5.1 中给出的证据距离通常被用来度量两个证据 m_1 和 m_2 之间信度赋值的差异度，所以证据距离与证据相似度是一对相反的概念，即证据距离越大，则证据之间的相似度越小，信度赋值的差异越大。那么 m_1 和 m_2 之间的相似度 $\mathrm{Sim}(m_1, m_2)$ 可以通过它们之间的距离 $d(m_1, m_2)$ 来定义[24]：

$$\mathrm{Sim}(m_1, m_2) = f\big(d(m_1, m_2)\big) \tag{8.15}$$

其中，相似度函数 $f:[0,1] \to [0,1]$，是严格单调递减的。为了能够获取所期望的证据相似性特性，使用 S 型函数构造 f 为

$$\text{Sim}(m_1, m_2) = \frac{1}{1 + \exp\left(-a\left(0.5 - d(m_1, m_2)\right)\right)} \tag{8.16}$$

其中，a 是一个可调参数，用于调整 m_1 和 m_2 信度赋值的差异对于它们之间相似度的影响程度。可以证明，式（8.16）满足相似性的约束条件[21]：① $\text{Sim}(m_1, m_1) = 1$；② $\text{Sim}(m_1, m_2) = \text{Sim}(m_2, m_1)$（对称性）；③当 $m_1 \neq m_2$ 时，$\text{Sim}(m_1, m_1) > \text{Sim}(m_1, m_2)$。证据距离 d 与相似度 Sim 的关系如图 8.2 所示，这里以 $a = 6,8,15$ 为例加以分析。当 $d = 0.5$ 时，$\text{Sim} = 0.5$；当 d 从 0.5 减小到 0 时，相似性迅速趋近于 1 增大；当 d 从 0.5 增大到 1 时，相似性迅速趋近于 0 减小，针对 a 的不同取值，趋近速度有所变化。通常，相似度函数 f 大多被构造为距离 d 的线性形式，例如，在 5.3.2 节给出引入的线性相似度函数 $f = 1 - d$ [24]。然而，与线性函数相比，这里所提的非线性函数能够"两极化" m_1 和 m_2 之间的相似性关系，这对于正确区分设备的不同状态（正常与各种故障状态）是非常有利的，并且两极化程度可以通过调整参数 a 实现。本书中更新组合权重 $\{\upsilon_t, \tau_t\}$ 将被构造成可调参数 a 的函数形式，通过优化参数 a，进而优化 $\{\upsilon_t, \tau_t\}$，即可使得更新后证据对于真实故障的信度赋值趋近于 1，从而给出更为可靠的故障决策结果[22]。

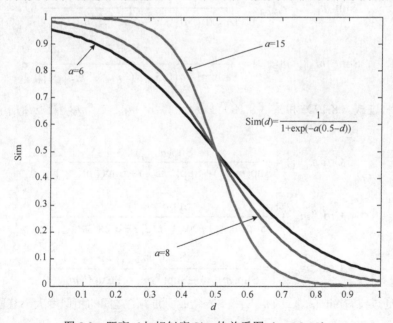

图 8.2　距离 d 与相似度 Sim 的关系图（$a = 6,8,15$）

假设辨识框架 Θ 下有 T 条证据，分别记为 $m_1, m_2, \cdots, m_T$，则 $m_t, t = 1, 2, \cdots, T$ 被其他 $T-1$ 条证据所支持的支持度 Sup 定义为[24]

$$\mathrm{Sup}(m_t) = \sum_{\substack{q=1 \\ q \neq t}}^{T} \mathrm{Sim}(m_t, m_q) \tag{8.17}$$

m_t 的可靠度定义为

$$\mathrm{Crd}(m_t) = \frac{\mathrm{Sup}(m_t)}{\sum_{t=1}^{T} \mathrm{Sup}(m_t)} \tag{8.18}$$

显然，$\sum_{t=1}^{T} \mathrm{Crd}(m_t) = 1$。事实上，可靠度是反映证据相对重要性的权重。

实际上，式（8.14）给出的更新结果是历史全局证据和当前诊断证据的加权和，它们的权重由参数 $\{\upsilon_t, \tau_t\}$ 决定。设利用式（8.14）已经递推计算出 $t-1$ 的更新结果 ${}^{\alpha}m_{1:t-1}$，并且获得了 t 和 $t+1$ 时刻的静态融合证据 ${}^{\alpha}m_{\oplus,t}$ 和 ${}^{\alpha}m_{\oplus,t+1}$，则在计算 t 时刻的诊断证据更新结果时，可以通过下述步骤获取权重参数 $\{\upsilon_t, \tau_t\}$。

（1）利用式（8.16）分别计算 $m_{1:t-1}$、${}^{\alpha}m_{\oplus,t}$ 及 ${}^{\alpha}m_{\oplus,t+1}$ 之间的两两相似度。

$$\mathrm{Sim}(m_{1:t-1}, {}^{\alpha}m_{\oplus,t}) = \frac{1}{1 + \exp\left(-a\left(0.5 - d(m_{1:t-1}, {}^{\alpha}m_{\oplus,t})\right)\right)} \tag{8.19}$$

$$\mathrm{Sim}(m_{1:t-1}, {}^{\alpha}m_{\oplus,t+1}) = \frac{1}{1 + \exp\left(-a\left(0.5 - d(m_{1:t-1}, {}^{\alpha}m_{\oplus,t+1})\right)\right)} \tag{8.20}$$

$$\mathrm{Sim}({}^{\alpha}m_{\oplus,t}, {}^{\alpha}m_{\oplus,t+1}) = \frac{1}{1 + \exp\left(-a\left(0.5 - d({}^{\alpha}m_{\oplus,t}, {}^{\alpha}m_{\oplus,t+1})\right)\right)} \tag{8.21}$$

（2）通过式（8.17）和式（8.18）分别计算出 $m_{1:t-1}$、${}^{\alpha}m_{\oplus,t}$ 及 ${}^{\alpha}m_{\oplus,t+1}$ 各自的可靠度。

$$\mathrm{Crd}(m_{1:t-1}) = \frac{\mathrm{Sup}(m_{1:t-1})}{\mathrm{Sup}(m_{1:t-1}) + \mathrm{Sup}({}^{\alpha}m_{\oplus,t}) + \mathrm{Sup}({}^{\alpha}m_{\oplus,t+1})} \tag{8.22}$$

$$\mathrm{Crd}({}^{\alpha}m_{\oplus,t}) = \frac{\mathrm{Sup}({}^{\alpha}m_{\oplus,t})}{\mathrm{Sup}(m_{1:t-1}) + \mathrm{Sup}({}^{\alpha}m_{\oplus,t}) + \mathrm{Sup}({}^{\alpha}m_{\oplus,t+1})} \tag{8.23}$$

$$\mathrm{Crd}({}^{\alpha}m_{\oplus,t+1}) = \frac{\mathrm{Sup}({}^{\alpha}m_{\oplus,t+1})}{\mathrm{Sup}(m_{1:t-1}) + \mathrm{Sup}({}^{\alpha}m_{\oplus,t}) + \mathrm{Sup}({}^{\alpha}m_{\oplus,t+1})} \tag{8.24}$$

（3）通过比较 $\mathrm{Sim}(m_{1:t-1}, {}^{\alpha}m_{\oplus,t+1})$ 和 $\mathrm{Sim}({}^{\alpha}m_{\oplus,t}, {}^{\alpha}m_{\oplus,t+1})$ 之间的相似度大小获取 $\{\upsilon_t, \tau_t\}$。

$$\begin{cases} \tau_t = \mathrm{Crd}(m_{1:t-1}) + \mathrm{Crd}({}^{\alpha}m_{\oplus,t+1}), \upsilon_t = \mathrm{Crd}({}^{\alpha}m_{\oplus,t}), & \mathrm{Sim}(m_{1:t-1}, {}^{\alpha}m_{\oplus,t+1}) \geqslant \mathrm{Sim}({}^{\alpha}m_{\oplus,t}, {}^{\alpha}m_{\oplus,t+1}) \\ \tau_t = \mathrm{Crd}(m_{1:t-1}), \upsilon_t = \mathrm{Crd}({}^{\alpha}m_{\oplus,t}) + \mathrm{Crd}({}^{\alpha}m_{\oplus,t+1}), & \text{其他} \end{cases}$$

$$\tag{8.25}$$

　　式（8.25）反映了诊断专家在故障决策时所使用的一种"瞻前顾后"的准则，即在 t 时刻做出决策时，需要将历史、当前和未来时刻的诊断信息做一对比并综合后给出结论。将该准则用于所提出的线性更新算法时，就是将未来信息 $^{\alpha}m_{\oplus,t+1}$ 以其可靠度 $Crd(^{\alpha}m_{\oplus,t+1})$ 的形式引入更新过程。实际上 $Crd(^{\alpha}m_{\oplus,t+1})$ 可被定义为一个平滑因子，根据未来与历史、当前时刻诊断证据之间的相似性差异，用该因子自适应地调整组合权重 $\{\upsilon_t, \tau_t\}$ 的取值[25]。

　　具体地，当 $Sim(m_{1:t-1}, ^{\alpha}m_{\oplus,t+1}) > Sim(^{\alpha}m_{\oplus,t}, ^{\alpha}m_{\oplus,t+1})$ 时，说明当前融合证据 $^{\alpha}m_{\oplus,t}$ 的信度分布异于历史全局证据 $m_{1:t-1}$ 和未来时刻融合证据 $^{\alpha}m_{\oplus,t+1}$ 的信度分布，但是，一般来说，相邻时刻设备状态变化趋势应该一致，那么信度分布也应具有相同的变化趋势，而此种情况下，$^{\alpha}m_{\oplus,t}$ 较于 $m_{1:t-1}$ 和 $^{\alpha}m_{\oplus,t+1}$ 的突变很可能是由于外界干扰等不确定因素引起的，那么 $m_{1:t-1}$ 应该比 $^{\alpha}m_{\oplus,t}$ 更为可靠，此时要将 $Crd(^{\alpha}m_{\oplus,t+1})$ 赋予 $m_{1:t-1}$ 的权重 τ_t，使得 $\tau_t > \upsilon_t$，从而增加历史证据在线性更新中的权重。当 $Sim(m_{1:t-1}, ^{\alpha}m_{\oplus,t+1}) = Sim(^{\alpha}m_{\oplus,t}, ^{\alpha}m_{\oplus,t+1})$ 时，由于迭代更新过程，$m_{1:t-1}$ 包含了所有历史时刻的诊断信息，所以 $m_{1:t-1}$ 应该比 $^{\alpha}m_{\oplus,t}$ 更为可靠，仍将 $Crd(^{\alpha}m_{\oplus,t+1})$ 赋予 τ_t。相反，当 $Sim(m_{1:t-1}, ^{\alpha}m_{\oplus,t+1}) < Sim(^{\alpha}m_{\oplus,t}, ^{\alpha}m_{\oplus,t+1})$ 时，说明在最近的 t 和 $t+1$ 时刻，$^{\alpha}m_{\oplus,t}$ 和 $^{\alpha}m_{\oplus,t+1}$ 的信度分布相较于历史时刻 $m_{1:t-1}$ 有了较大的变化，表明设备状态较历史时刻发生了明显的变化，且该变化持续了两个采样周期，此时应将 $Crd(^{\alpha}m_{\oplus,t+1})$ 赋予 υ_t，使得 $\upsilon_t > \tau_t$，从而增加了当前融合证据在线性更新中的权重。

　　该准则与第 5 章使用的"向后看"准则相比，增加了未来时刻的信息确定组合权重的取值。这是因为在故障定位或识别问题中，故障状态的变化较为复杂，不仅有突变，还有渐变故障，待辨识的故障类型多，这远比报警器所解决的故障检测问题复杂，所以需要引入更多的信息参与组合权重的求解[22]。当然，"瞻前顾后"准则，会引入故障决策的一步延迟，但是将未来诊断信息引入更新过程会有效提高故障决策的可靠性。在随后的电机柔性转子故障诊断实验中，针对以上不同的设备运行状态变化情况，说明了所提权重选取方法的有效性。

8.3.3　基于故障信度动态收敛指标的更新权重系数优化

　　8.3.2 节给出的更新组合权重 $\{\upsilon_t, \tau_t\}$ 是 S 型函数中参数 a 的函数，这里将给出故障信度动态收敛目标函数，用其优化 a 进而优化 $\{\upsilon_t, \tau_t\}$。

　　假设第 $l(l=1,2,\cdots,L)$ 个诊断过程共进行 T_l 次故障特征信号的采样，在每个采样周期内，经过局部证据获取、静态融合和动态更新后，可以依次获得 T_l 个更新后证据（全局证据）$m_{1:t}(t=1,2,\cdots,T_l)$。若在该诊断过程中，设备依次经历了 M 个运行状态 $F_{T_1}^l, F_{T_2}^l, \cdots, F_{T_M}^l$，则有 $F_{T_m}^l \in \{F_0, F_1, \cdots, F_n\}, m=1,2,\cdots,M$。若获得 L 个这样的诊断过程及其全局证据序列，则可定义全局证据的信度收敛指标函数为

$$\text{UDI}(a) = \frac{1}{L}\sum_{l=1}^{L}\left(\frac{1}{M}\times\left(\frac{1}{T_1}\sum_{t=1}^{T_1}\text{Sim}(m_{1:t}, m_{F_{T_1}^l}) + \frac{1}{T_2}\sum_{t=T_1+1}^{T_1+T_2}\text{Sim}(m_{1:t}, m_{F_{T_2}^l}) + \cdots + \frac{1}{T_M}\sum_{t=T_1+\cdots+T_{M-1}+1}^{T_1+\cdots+T_M}\text{Sim}(m_{1:t}, m_{F_{T_M}^l})\right)\right)$$

$$(8.26)$$

其中，$m_{F_{T_m}^l} = m(F_{T_m}^l) = 1$ 表示真实故障状态的理想信度赋值，T_m 表示设备在某一诊断过程中，运行在第 m 个状态下的次数，T_m 和 M 在每个诊断过程的取值可以不同，但是 $\sum_{m=1}^{M} T_m$ 等于每个诊断过程的采样次数总和 T_l。$1/L$，$1/M$ 和 $1/T_m$ 分别是针对诊断过程批次、状态批次和状态持续次数的归一化因子，从而保证 UDI$\in[0, 1]$。UDI 描述了包含所有诊断信息的全局证据趋近于真实状态的程度，UDI 取值越大，则所获全局证据的可靠性越高，反之则越低。

UDI 只描述了各个独立采样时刻所获全局证据的可靠性，为了度量全局证据对故障状态变化的响应能力，可以定义相邻时刻全局证据的信度差异度函数为

$$\text{DDI}(a) = \frac{1}{L}\sum_{l=1}^{L}\left(\frac{1}{M}\times\left(\sum_{t=1}^{T_1}\lambda_{t,1}^l\Delta_{t,1}^l + \sum_{t=T_1+1}^{T_1+T_2}\lambda_{t,2}^l\Delta_{t,2}^l + \cdots + \sum_{t=T_1+\cdots+T_{M-1}+1}^{T_1+\cdots+T_M}\lambda_{t,M}^l\Delta_{t,M}^l\right)\right) \quad (8.27)$$

其中

$$\Delta_{t,m}^l = \text{Sim}(m_{1:t}, m_{F_{T_m}^l}) - \text{Sim}(m_{1:t-1}, m_{F_{T_m}^l}) \quad (8.28)$$

表示在第 l 个诊断过程的 $F_{T_m}^l$ 故障状态下，相邻两个时刻 $m_{1:t}$ 与理想证据 $m_{F_{T_m}^l}$ 之间的相似度之差。$\Delta_{t,m}^l$ 取值大，则说明 $m_{1:t}$ 能够快速跟踪故障状态的变化。当 $t=1$ 时，设定 $\Delta_{1,1}^l = \text{Sim}(m_{1:1}, m_{F_{T_m}^l}) - 0$，采样开始之前没有获取证据，那么先验证据与 $F_{T_1}^l$ 的相似度为 0。此外，$\lambda_{t,m}^l$ 为跟踪速度的渐消因子，它的取值为

$$\lambda_{t,m}^l = \begin{cases} \dfrac{1}{t}, & m=1, t\geq 1 \\ \dfrac{1}{t - \sum_{j=1}^{m-1} T_j}, & 2\leq m\leq M, T_1+1\leq t\leq \sum_{m=1}^{M} T_m \end{cases} \quad (8.29)$$

这里，举例说明 $\Delta_{t,m}^l$ 和 $\lambda_{t,m}^l$ 的具体含义，若第 l 个诊断过程的采样周期为 1s，前 3s 设备运行正常（F_0），接下来的 4s 设备出现故障 F_1，则本次诊断过程持续 $T_l=7$s，$t=1, 2, \cdots, 7$，$T_1=3$，$T_2=4$，$M=2$，$m=1, 2$，$F_{T_1}^l=F_0$，$F_{T_2}^l=F_1$。假设在获取每个时刻的 $m_{1:t}$ 之后，计算得出相邻时刻的 $\Delta_{t,m}^l$ 如表 8.2 所示。

表 8.2　相邻两全局证据相似度之差

状态 m	1			2			
采样时刻 t	1	2	3	4	5	6	7
相似度差 $\Delta_{t,m}^l$	1	0	0	0.8	0.1	-0.2	0.2
渐消因子 $\lambda_{t,m}^l$	1	1/2	1/3	1	1/2	1/3	1/4

表 8.2 中 $\Delta_{1,1}^l = 1$ 说明在 $t=1$ 时，$m_{1:1}$ 就对 F_0 的信度赋值为 $m_{1:1}(\{F_0\}) = 1$，以最快的速度跟踪上设备的真实状态，且在随后的 2 次采样中，$\Delta_{2,1}^l = \Delta_{3,1}^l = 0$，说明 $m_{1:2}(\{F_0\}) = m_{1:3}(\{F_0\}) = 1$，更新结果稳定且完全可靠。当然，我们希望在设备状态发生变化时，$m_{1:t}$ 能够第一时间做出正确反映，所以 $\lambda_{t,m}^l$ 体现了"更新证据越早对状态变化做出反应，其相对的 $\Delta_{t,m}^l$ 就越重要，即 $\Delta_{t,m}^l$ 对 DDI 的贡献将随着时间衰减"。表 8.2 中的 $\Delta_{6,2}^l = \mathrm{Sim}(m_{1:6}, m_{F_1}) - \mathrm{Sim}(m_{1:5}, m_{F_1}) = -0.2$，说明 $\mathrm{Sim}(m_{1:6}, m_{F_1}) < \mathrm{Sim}(m_{1:5}, m_{F_1})$，即 $m_{1:6}$ 相较于 $m_{1:5}$ 对 F_1 的信度赋值降低了，更新结果的可靠性下降。式（8.27）中的 $1/L$，$1/M$ 为归一化因子，其含义与式（8.26）中的相同，那么通过以上分析可知，$\mathrm{DDI} \in [-1, 1]$。当 DDI=0 时，意味着 $m_{1:t}$ 没有能力跟踪上设备的真实状态；当 DDI>0 时，意味着 $m_{1:t}$ 能够正确跟踪上真实状态，反之则意味着 $m_{1:t}$ 跟踪到错误状态，且 DDI 绝对值越大，则跟踪到正确或错误状态的速度越快。

将 UDI 和 DDI 综合，即可获得故障信度动态收敛目标函数为

$$\mathrm{DI}(a) = \kappa \times (1 - \mathrm{UDI}(a)) + \eta \times (1 - \mathrm{DDI}(a)) \qquad (8.30)$$

显然，$\mathrm{DI} \in [0, 2]$，它是 UDI 和 DDI 的加权和，两者的权重分别为 κ, η，且有 $\kappa + \eta = 1, 0 \leq \kappa, \eta \leq 1$，UDI 度量了每个时刻的全局证据对真实故障状态的反应能力，DDI 度量了更新过程对故障状态变化的响应能力，两者侧重点不一样，可以根据实际需要选择 κ 和 η。

基于式（8.30）给出的动态收敛目标函数，可以构造如下的优化模型用于求解最优的参数 a 以及相应的更新组合权重 $\{\upsilon_t, \tau_t\}$，使得 $\mathrm{DI}(a)$ 最小[22]：

$$\begin{aligned} & \min_a \mathrm{DI}(a) \\ & \mathrm{s.t.} \quad 0 \leq a \leq 50 \end{aligned} \qquad (8.31)$$

对于式（8.13）和式（8.31）所示的优化模型，可以用常规的非线性优化算法或者直接利用 MATLAB 中提供的非线性优化函数 fmincon 即可求解。

8.4　基于全局诊断证据的故障决策

在基于证据推理的故障决策方法中，要利用融合或更新得到的证据对设备出现的故障做出判断，就需要一定的判定准则。结合本章提出的方法，这里基于质量函数（2.3 节中的第二种融合决策方法）给出故障决策的一些基本准则。

（1）判定的故障类型应有最大的基本信度赋值，该值要大于某一门限，这里规定必须大于整体信度的一半即 0.5。

（2）不确定度 $m(\Theta)$ 要小于某一门限，这里规定必须小于 0.3。

（3）判定的故障模式的 BBA 和其他模式的 BBA 之差要大于某个阈值，这里规定必须不小于 0.15。

8.5　故障诊断实例

本诊断实验仍是在第 3 章引入的 ZHS-2 型电机转子系统实验平台（图 3.3）上进行的。转子系统的支架上分别安装了一个振动位移传感器和一个振动加速度传感器，用于收集垂直和水平方向的时域振动信号。收集到的振动数据被输入 HG-8902 型数据采集器，经信号调理模数转换后输入计算机，基于 LabVIEW 的 HG-8902 的数据分析软件，对时域数据进行快速傅里叶变换（Fast Fourier Transform，FFT）后获得频域频谱。在该平台上设置转子的三种典型故障：{不平衡 F_1}、{不对中 F_2}和{基座松动 F_3}，则定义故障辨识框架为 $\Theta=\{F_0,F_1,F_2,F_3\}$，其中，$F_0$=正常运行状态。提取振动加速度频域信号的 1 倍频（基频）、2 倍频和 3 倍频的幅值以及振动位移信号的平均值作为故障特征，分别记为 $f_{\times 1}\sim f_{\times 3}$ 和 $\bar{d}$。实验中设定转子转速为 1500r/min，则 $f_{\times 1}$，$f_{\times 2}$，$f_{\times 3}$ 分别为 25Hz、50Hz 和 75Hz。按照文献[2]提供的诊断证据获取方法，可以从 $f_{\times 1}\sim f_{\times 3}$ 和 $\bar{d}$ 这四个信息源获取每个采样时刻的局部诊断证据（采样间隔为 8s），分别记为 $m_{1,t}\sim m_{4,t}$，然后根据图 8.1 中所示的静态融合和动态更新过程，得到静态融合结果 $m_{\oplus,t}$，并对连续时刻获取的静态融合证据 $m_{\oplus,t}$ 进行迭代更新获得全局证据 $m_{1:t}$。

我们通过故障模拟产生故障，并提取故障特征 $f_{\times 1}\sim f_{\times 3}$ 和 $\bar{d}$ 的数据，用于静态融合中局部证据折扣因子系数以及动态更新中更新权重系数的优化。故障数据生成过程如下：在转子实验台上模拟转子从正常运行到各个故障状态的连续变化过程，具体包括 $F_0\to F_1$，$F_0\to F_2$，$F_0\to F_3$ 三个变化过程，每个过程模拟 20 次，共计可以获得 60 个诊断过程。每次过程模拟中包含 20 次数据采样（共持续 160s），且前半时段转子状态为正常，后半时段状态为故障。为了使模拟实验更贴近故障演化的真实情况，60 个诊断过程中包含正常到各个故障的渐变和突变情况。分别从 $F_0\to F_1$，$F_0\to F_2$，$F_0\to F_3$ 中提取 12 次诊断过程中的故障特征数据作为训练样本，其余 8 次作为测试样本，那么共计可以获得 36 组训练样本和 24 组测试样本。

8.5.1　静态融合中局部诊断证据折扣因子的优化

用 36 组训练样本中的故障特征数据可以构造局部证据 $m_{1,t}\sim m_{4,t}$，然后基于 8.3.1 节给出的静态融合与信度静态收敛指标函数 SI_m，利用式（8.13）提供的折扣因子优化模型，运用 MATLAB 中的 fmincon 函数（$\alpha_1\sim\alpha_4$ 初值均是元素取值为 0 的四维向量），求解出局部证据 $m_{1,t}\sim m_{4,t}$ 的最优折扣因子向量分别为 $\alpha_1=(0,0,0.1965,0.2563)$、$\alpha_2=(0.0622,0,0,0)$、$\alpha_3=(0,0,0.0127,1)$、$\alpha_4=(0,0.0052,0.1576,0.0002)$。进一步，可以利

用式（8.9）计算出未折扣时直接融合结果 $m_{\oplus,t}$（$\alpha_1 \sim \alpha_4$ 取初值）和折扣优化后的融合结果 $^{\alpha}m_{\oplus,t}$ 的 SI_m 取值，如表 8.3 所示。式（8.9）中的 $N=n+1=3+1=4$，$T_0=339$，$T_1=120$，$T_2=132$，$T_3=129$，$T=\sum_{i=0}^{n=3} T_i =720$。

表 8.3　未折扣和折扣优化后融合结果 $m_{\oplus,t}$ 和 $^{\alpha}m_{\oplus,t}$ 对应的 SI_m 取值

融合方法	SI_m
$m_{\oplus,t}$	23.1225
$^{\alpha}m_{\oplus,t}$	21.7505

依照 8.4 节给出的故障决策准则，利用每个采样时刻的 $m_{\oplus,t}$ 和 $^{\alpha}m_{\oplus,t}$ 可以给出诊断结果，表 8.4 和表 8.5 中分别给出两种静态融合证据给出的误报/漏报次数的统计表。

表 8.4　未折扣融合结果 $m_{\oplus,t}$ 的误报/漏报次数的统计表

真实状态\决策结果	F_0	F_1	F_2	F_3	各状态次数	确诊率/%
F_0	270	34	35	0	339	79.6
F_1	0	102	7	11	120	85
F_2	1	8	114	9	132	86.4
F_3	0	11	13	105	129	81.3

表 8.5　折扣优化后融合结果 $^{\alpha}m_{\oplus,t}$ 的误报/漏报次数的统计表

真实状态\决策结果	F_0	F_1	F_2	F_3	各状态次数	确诊率/%
F_0	280	15	44	0	339	82.6
F_1	0	102	6	12	120	85
F_2	4	1	115	12	132	87.1
F_3	0	10	13	106	129	82.1

从表 8.4 和表 8.5 的统计数据对比可以发现，对于 F_0，F_2 和 F_3 的确诊率有所提高，同时伴随着三种状态下的漏报和误报率的下降或上升，例如，F_0 状态下误报为 F_1 的次数由 34 次降低为 15 次，F_2 状态下误报为 F_1 的次数由 8 降为 1，漏报次数由 1 升至 4，但是整体上，总确诊率从 82.1%提升至 83.8%。虽然总确诊率提升程度有限，但是从表 8.3 可知，经过优化折扣因子，静态信度收敛指标的取值有明显提高，这意味着，虽然从优化前和优化后的静态融合结果都能做出正确的故障决策，但是后者对于真实发生故障的信度赋值要高于前者，说明优化过程增加了诊断决策的可靠性。经过随后的动态更新及参数优化过程，可以进一步提升确诊率，具体见下面的分析。

8.5.2　动态更新中相似性参数 a 及更新权重系数的优化

仍然利用 36 组训练样本，根据 8.3.3 节给出的故障信度动态收敛指标函数 $\mathrm{DI}(a)$

以及式（8.31）中的优化模型，求解最优的 S 型相似性函数中的参数 a 并得到相应每个时刻的最优更新权重 $\{\upsilon_t, \tau_t\}$。共计用于训练的诊断过程为 $L=36$ 个，每个过程中的故障特征信号采样次数均为 $T_l=20$，都经历了 $M=2$ 个运行状态，$F_{T_1}^l=F_0$，$F_{T_2}^l=F_1, F_2, F_3$，$F_{T_1}^l$ 和 $F_{T_2}^l$ 持续的采样周期数 $T_1 \in [8,11]$ 和 $T_2 \in [9,12]$，并有 $T_1+T_2=T_l$。这里假设 DI 中的 1-UDI 和 1-DDI 同等重要，则它们的权重 $\kappa=\eta=0.5$。最终运用 MATLAB 中的 fmincon 函数（初值 $a=5$，如图 8.2 所示，此时 Sim 和 d 近似线性关系），求解得到最优值 $a=25$，此时，按照式（8.25）计算每次采样时的最优更新权重，并获得更新后证据记为 ${}^a m_{1:t}$；记不通过静态折扣因子优化和动态更新权重优化情况下获得的更新后证据为 $m_{1:t}$，则这两种情况下对 36 组训练样本实施静态融合与动态更新方法后获得的 UDI、DDI 和 DI 指标取值如表 8.6 所示。通过 ${}^a m_{1:t-1}$ 和 $m_{1:t-1}$ 做出的诊断决策统计信息如表 8.7 和表 8.8 所示。

表 8.6　未优化和优化后更新结果 $m_{1:t}$ 和 ${}^a m_{1:t}$ 相应的 UDI、DDI 和 DI 取值

更新方法	UDI	DDI	DI ($\kappa = \eta = 0.5$)
$m_{1:t-1}$	0.8285	0.8195	0.1760
${}^a m_{1:t-1}$	0.9411	0.9585	0.0502

表 8.7　未优化的更新结果 $m_{1:t}$ 的误报/漏报次数的统计表

真实状态\决策结果	F_0	F_1	F_2	F_3	各状态次数	确诊率/%
F_0	320	15	4	0	339	94.3
F_1	0	112	8	0	120	93.3
F_2	0	3	127	2	132	96.2
F_3	0	4	6	119	129	92.2

表 8.8　优化后更新结果 ${}^a m_{1:t}$ 的误报/漏报次数的统计表

真实状态\决策结果	F_0	F_1	F_2	F_3	各状态次数	确诊率/%
F_0	325	6	8	0	339	95.8
F_1	0	112	6	2	120	93.3
F_2	2	0	128	2	132	97
F_3	0	4	6	119	129	92.2

　　从表 8.4 和表 8.7 的对比可知，在静态融合后再进行动态更新，可以将总确诊率从 83.8%提升至 94%，可见动态更新对提升确诊率的作用。从表 8.7 和表 8.8 的对比可知，动态更新优化后总确诊率从 94%提升至 95%，虽然确诊率只提高了一个百分点，但是 DI 的指标值有明显下降，这说明 ${}^a m_{1:t}$ 对真实发生故障的信度赋值要高于 $m_{1:t}$ 给出的赋值，且前者对真实故障的跟踪速度高于后者，所以，优化过程增加了诊断决策的可靠性。这一点可以从下面针对测试样本的实验中看出。

8.5.3 针对测试样本的诊断实验及其对比分析

基于获得的最优静态折扣和动态更新相似度参数 a，对剩余的 24 组测试样本实施静态融合与动态更新方法，获得的 UDI、DDI 和 DI 指标取值如表 8.9 所示，相应的诊断决策统计信息如表 8.10 所示。测试样本下的总确诊率为 94.8%，DI 取值为 0.0423，与训练样本下的相应取值相当，说明两组样本的故障特征变化规律一致，所提优化方法在实际使用中是有效的。这里，图 8.3 进一步给出训练样本中某次诊断过程（$F_0 \rightarrow F_3$）中未优化时的静态 $m_{\oplus,t}$、动态 $m_{1:t}$ 以及经优化后所获 $^am_{\oplus,t}$、$^am_{1:t}$ 的信度分布变化情况。在该诊断过程中，当 $t=1, 2, \cdots, 10$ 时，转子处于正常状态 F_0，当 $t=11$ 时，状态突变为故障 F_3 并一直持续到诊断结束，并且由于在 $t=4,6,12,14$ 时外加扰动，其分别依次表现为虚假故障 F_2,F_1,F_2,F_1，通过更新过程，可以成功抑制扰动对诊断决策的影响。从图 8.3(a)和图 8.3(d)可以看出，虽然经由 $m_{1:t}$ 和 $^am_{1:t}$ 做出的诊断决策在每个采样时刻都是一样的，但是 $^am_{\oplus,t}$、$^am_{1:t}$ 对于真实故障命题的信度赋值在大多情况下都分别大于 $m_{\oplus,t}$ 和 $m_{1:t}$ 给出的信度赋值；从对故障状态变化的跟踪能力上，$^am_{1:t}$ 在 $t=11$ 时刻，能够快速对新状态 F_3 做出反应，随后持续对其赋予接近 1 的信度赋值，但 $m_{1:t}$ 对于新状态的响应速度明显慢于前者，整体上 $m_{1:t}$ 和 $^am_{1:t}$ 的 DI 取值分别为 0.196 和 0.0351，这充分说明了所给出的参数优化方法可以有效提升诊断证据的可靠性，使得由其给出的决策结果更为可信。

表 8.9 测试样本下所获 $^am_{1:t}$ 的 UDI、DDI 和 DI 取值

基于参数优化的更新结果	UDI	DDI	DI ($\kappa = \eta = 0.5$)
$^am_{1:t}$	0.9434	0.9720	0.0423

表 8.10 测试样本下所获 $^am_{1:t}$ 的误报/漏报次数的统计表

真实状态\决策结果	F_0	F_1	F_2	F_3	各状态次数	确诊率/%
F_0	208	5	12	0	225	92.4
F_1	0	76	3	1	80	95
F_2	0	0	86	0	86	100
F_3	0	1	3	85	89	95.5

除了以上给出的方法在优化前后纵向的比较外，下面将其与已有的几种经典更新方法再做横向的比较，其中包括 2.4.2 节给出的利用无限惯性策略、零惯性策略和比例惯性策略的条件化线性组合更新方法，以及文献[1]中提出的将条件化线性更新与类 Jeffery 更新相结合的方法，它根据前后时刻证据的（线性）相似度设定阈值，根据相似度取值切换使用两种更新方法。分别对 24 组测试样本实施以上四种方法（所用静态融合过程都与图 8.1 所示"阶段二"相同），获取的误报/漏报次数的统计表如表 8.11～表 8.14 所示。

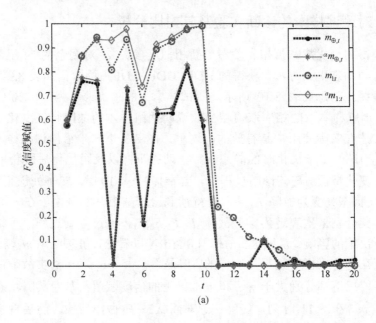

(a)

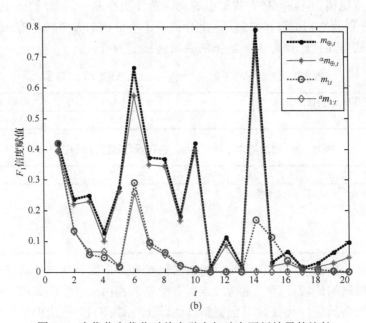

(b)

图 8.3 未优化和优化时静态融合与动态更新结果的比较

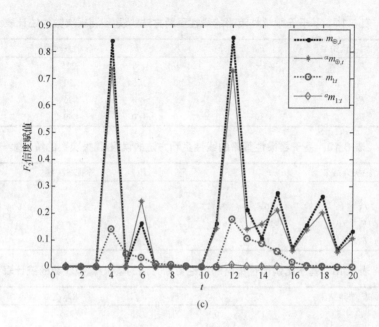

(c)

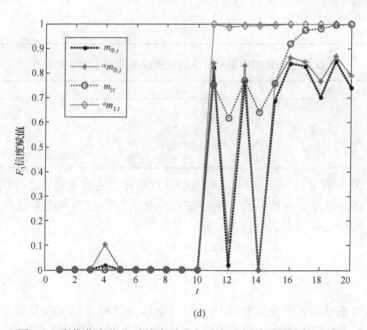

(d)

图 8.3　未优化和优化时静态融合与动态更新结果的比较（续）

表 8.11　基于无限惯性策略的线性更新方法的误报/漏报次数的统计表

真实状态\决策结果	F_0	F_1	F_2	F_3	各状态次数	确诊率/%
F_0	255	0	0	0	225	100
F_1	80	0	0	0	80	0
F_2	86	0	0	0	86	0
F_3	89	0	0	0	89	0

表 8.12　基于零惯性策略的线性更新方法的误报/漏报次数的统计表

真实状态\决策结果	F_0	F_1	F_2	F_3	各状态次数	确诊率/%
F_0	183	18	24	0	225	81.3
F_1	0	66	6	8	80	82.5
F_2	0	6	73	7	86	84.9
F_3	0	6	8	75	89	84.3

表 8.13　基于比例惯性策略的线性更新方法的误报/漏报次数的统计表

真实状态\决策结果	F_0	F_1	F_2	F_3	各状态次数	确诊率/%
F_0	225	0	0	0	225	100
F_1	65	15	0	0	80	18.8
F_2	51	0	35	0	86	40.7
F_3	60	0	0	29	89	32.6

表 8.14　文献[1]中更新方法统计的误报/漏报次数的统计表

真实状态\决策结果	F_0	F_1	F_2	F_3	各状态次数	确诊率/%
F_0	219	5	1	0	225	97.3
F_1	13	67	0	0	80	83.7
F_2	11	2	73	0	86	84.9
F_3	14	0	0	75	89	84.3

从表 8.10 与表 8.11～表 8.14 的对比中可以看出，通过使用"瞻前顾后"的更新权重组合策略，以及相应的融合与更新参数优化方法，使得所提方法在诊断性能上都远优于这四种已有的更新方法。

8.6　本　章　小　结

本章继第 5 章将条件化证据线性更新用于解决故障检测（报警器设计）问题之后，进一步将证据静态融合与动态更新相结合，用于解决更为复杂的故障定位问题。此外，相较于第 7 章单一注重动态更新诊断过程的讲解，本章更加系统地介绍了"静态"和"动态"两种融合方式的区别及不同的意义，静、动态结合的融合思想更适用于解决故障状态的动态变化问题。从对典型旋转机械设备的故障诊断实验中，可以看出所提出的综合性方法能够有效提高融合诊断系统的可靠性和确诊率，其主要创新点包括：①将原有相互独立的融合与更新过程有机结合，从而综合所有诊断信息对设备故障进行诊断；②在条件化线性更新规则中，定义了非线性的证据相似度函数，并基于此给出了确定更新组合权重的新方法，其适用于带有干扰的渐变和缓变等复杂的故障演变情况；③针对静态和动态两个融合过程，给出了符合故障诊断要求及证据信度故障表示特性的静态和动态故障信度收敛指标函数；④证据融合框架下，提出基于以上两个指标的优化模型，利用历史样本数据得到最优的融合与更新参数。最后，通过在电机柔性转子实验台上的诊断实验，将所提方法与已有的典型融合诊断方法进行对比分析，说明所提出的融合诊断方法及其性能指标函数和参数优化方法的有效性。

参 考 文 献

[1] 王玉成. 冲突证据的相似性度量方法及其在信息融合故障诊断中的应用[硕士学位论文]. 杭州: 杭州电子科技大学, 2010.

[2] 徐晓滨, 文成林, 王迎昌. 基于模糊故障特征信息的随机集度量信息融合诊断方法. 电子与信息学报, 2009, 31(7): 1635-1640.

[3] Oukhello L, Debioless A, Denoeux T. Fault diagnosis in railway track circuits using Dempster-Shafer classifier. Engineering Applications of Artificial Intelligence, 2010, 23(1): 117-128.

[4] 徐晓滨, 王玉成, 文成林. 基于证据动态更新的信息融合故障诊断方法. 南京理工大学学报, 2011, 35(S): 115-121.

[5] Wen C L, Xu X B, Jiang H N, et al. A new DSmT combination rule in open frame of discernment and its application. Science China Information Sciences, 2012, 55(3): 551-557.

[6] Shafer G. A Mathematical Theory of Evidence. Princeton: Princeton University Press, 1976: 25-28.

[7] Basir O, Yuan X. Engine fault diagnosis based on multi-sensor information fusion using Dempster-Shafer evidence theory. Information Fusion, 2007, 8(4): 379-386.

[8] Zhang Q H, Hu Q, Sun G, et al. Concurrent fault diagnosis for rotating machinery based on vibration sensors. International Journal of Distributed Sensor Networks, 2013, Article ID 472675.

[9] Peng M, Chi K T, Shen M, et al. Fault diagnosis of analog circuits using systematic tests based on data fusion. Circuits, Systems, and Signal Processing, 2013, 32(2): 525-539.

[10] Luo H, Yang S L, Hu X J, et al. Agent oriented intelligent fault diagnosis system using evidence theory. Expert Systems with Applications, 2012, 39(3): 2524-2531.

[11] Lardon L, Punal A, Steyer J P. On-line diagnosis and uncertainty management using evidence

theory-experimental illustration to anaerobic digestion processes. Journal of Process Control, 2014, 14(7), 747-763.

[12] Marhic B, Delahoche L, Solau C, et al. An evidential approach for detection of abnormal behavior in the presence of unreliable sensors. Information Fusion, 2012, 13(2), 146-160.

[13] Xu X, Zhou Z, Wen C. Data fusion algorithm of fault diagnosis considering sensor measurement uncertainty. International Journal on Smart Sensing and Intelligent System, 2013, 6(1), 171-190.

[14] Wen C, Xu X, Li Z. Research on unified description and extension of combination rules of evidence based on random set theory. Chinese Journal of Electronics, 2008, 17(2): 279-289.

[15] Smets P. About updating. Proceedings of the Seventh Conference on Uncertainty in Artificial Intelligence, 1999: 378-385.

[16] Dubois D, Prade H. Updating with belief functions, ordinal conditional functions and possibility measures. Proceedings of the Sixth Conference on Uncertainty in Artifical Intelligence, Cambridge, 1990: 311-330.

[17] Shafer G. Jeffrey's rule of conditioning. Philosophy of Science, 1981, 48: 337-362.

[18] Smets P. The transferable belief model and random sets. International Journal of Intelligent System, 1992, 7(1): 37-46.

[19] Kulasekere E C, Premaratne K, Dewasurendra D A, et al. Conditioning and updating evidence. International Journal of Approximate Reasoning, 2004, 36(1): 75-108.

[20] Jamrozik W. Importance discounting as a technique of expert knowledge incorporation into diagnostic decision-making process. Intelligent Systems in Technical and Medical Diagnostics, 2014, 230: 175-185.

[21] Jousselme A L, Grenier D, Bosse E. A new distance between two bodies of evidence. Information Fusion, 2001, 30(2): 91-101.

[22] 徐晓滨, 张镇, 李世宝, 等. 基于诊断证据静态融合与动态更新的故障诊断方法. 自动化学报, 2016(1): 107-121.

[23] Mercier D, Quost B, Denoeux T. Refined modeling of sensor reliability in the belief function framework using contextual discounting. Information Fusion, 2008, 9: 246-258.

[24] Guo H, Shi W, Deng Y. Evaluating sensor reliability in classification problems based on evidence theory. Systems, Man, and Cybernetics, Part B: Cybernetics, IEEE Transactions on, 2006, 36(5): 970-981.

[25] Shang Q L, Zhang Z, Xu X B. Dynamic fault diagnosis using the improved linear evidence updating strategy. Journal of Shanghai Jiaotong University, 2015, 20(4): 427-436.

第 9 章 基于相关证据融合的动态系统状态估计方法

9.1 引　言

　　状态估计就是根据获取的测量数据估计出动态系统内部状态的方法。实际中，无论系统模型还是传感器得到的量测，都因受到干扰而带有一定的不确定性。传统的状态估计方法将系统的噪声建模为已知统计特性的随机变量，这也是目前比较主流的方法。在线性系统中，通常用 Kalman 滤波方法对系统状态进行状态估计[1]。Kalman 滤波把状态空间模型引入滤波理论，在假设系统的状态和观测噪声服从高斯分布的条件下，以最小均方误差为估计的最优准则导出一套递推估计算法。基本的卡尔曼滤波器（the basic Kalman filter）只适用于线性系统，然而实际中，大部分的系统都是非线性的，其中的"非线性"可能是存在于系统的状态方程或观测方程中，或者两者兼有之。为了将 Kalman 滤波器应用于非线性系统，Screnson 等提出扩展卡尔曼滤波（Extended Kalman Filter，EKF）方法[2,3]。EKF 同样假设系统的状态和观测噪声都服从高斯分布，通过一阶泰勒展开线性化状态和观测方程，然后通过 Kalman 滤波获得状态估计值。在 EKF 中，状态的后验概率密度是通过高斯分布来逼近的，并将该分布在线性化的系统方程中进行传播。但是，当系统模型高度非线性时，状态的统计特性通过非线性系统方程进行传播就可能变得并不是十分明确，此时若采用线性化系统方程的方法，则会导致状态估计结果不可靠甚至发散。

　　与对非线性函数的近似相比，对噪声高斯分布的近似要简单得多。基于这种思想，Bucy 等发展了无损卡尔曼滤波（Unscented Kalman Filter，UKF）方法[3]。UKF 方法直接使用系统的非线性模型，假设系统噪声服从高斯分布，具有和 EKF 方法相同的算法结构。UKF 是一类用采样策略逼近非线性分布的方法，其以无迹变换（UT 变换）为基础，采用卡尔曼滤波的框架，采样形式为确定性采样，而非随机采样。UKF 的采样点（Sigma 点）个数根据所选择的采样策略而定，最常用的 $2n+1$ 个 Sigma 点对称采样。UKF 的计算量基本与 EKF 算法相当，但性能优于 EKF。

　　EKF 和 UKF 都是递推滤波算法，它们采用参数化的解析形式对系统的非线性进行近似，或对系统采用高斯假设，而在实际情况中非线性、非高斯随机系统估计问题更加普遍。英国学者 Gordon 等于 1993 年提出了序贯蒙特卡罗的贝叶斯滤波方法，即粒子滤波（Particle Filter，PF）方法[4,5]，对于非线性动态系统的状态估计，该方法效果往往优于 EKF。实际上，粒子滤波是求解贝叶斯概率的一种实用方法，其核心思想是：通过寻找一组在状态空间中传播的随机样本对状态概率密度函数进行近似，以样本均值代替积分运算，从而获得状态的最小方差估计。PF 与 EKF 相比，其对状态的后验概率分布提供了更加精确的信息，特别是对于多峰值和噪声干扰是非高斯的情况，该方法更为有效[5,6]。PF 的精确性主要依靠估计时使用的粒子数目和每次迭代时对粒子权重的分配。为了处理系统模型的高度不确定，就需要大量的粒子。特别是当状态向量维数较高时，其实时性就成为该算法得以实施的瓶颈。国内外众多学者都致力于 PF 算法的改进，力图解决粒子滤波存在的问题，这些改进主要围绕增加粒子的多样性和选择更为合适的重要性分布函数。

上述状态估计方法都是在噪声统计特性已知的前提下才得以实施的，而实际中，这些噪声的精确统计特性并不十分容易得到，但噪声的变化范围相对容易获得。这时就出现了一类噪声有界下的状态估计方法，也称误差有界下的状态估计方法。这一类方法假设变量的论域属于已知的紧集，即在一定的约束条件下，该紧集包含了变量的所有取值。针对线性系统的状态估计，此类方法从 20 世纪 60 年代就有学者开始研究。而对于非线性系统，此类方法研究的相对较少。Gning 等基于区间分析和约束传播算法，提出一种相对简单、快速的误差有界方法用于非线性动态系统的状态估计，并将该方法成功应用于机动车辆的定位。但是，当噪声边界难以明确界定时，该方法估计效果欠佳[7]。2010 年 Nassreddine 等提出了基于区间分析和证据理论的状态估计方法[8]，它是对误差有界算法的改进，通过引入证据理论来解决噪声有界下的状态估计算法中，噪声界限难以确定的问题。主要引入可能性分布来建模有界噪声，再将可能性分布转化为具有嵌套区间焦元的证据来近似可能性分布，以此来解决噪声界限太宽估计结果不精确或者噪声界限过窄无法得到估计结果的问题。

Nassreddine 的研究表明，Dempster-Shafer 证据理论有处理动态系统不确定性的强大能力。基于此研究基础，本章给出了一种噪声有界下基于证据融合的动态系统状态估计方法。该方法将系统的状态方程、观测方程及实际观测看作提供证据的三个信息源，利用证据的随机集表示及随机集扩展准则从三个信息源中构造关于系统状态和观测的证据；然后通过所提出的相关证据融合方法将所构造的证据进行融合，并利用 Pignistic 期望从融合结果中计算出状态估计值。与 Nassreddine 方法相比，所提方法中的融合过程增加了状态估计的聚焦性，使得估计结果更加精确。最后，通过在工业液位仪液位估计中的应用[9]，说明了所提方法的优越性。

9.2　证据相关性因子及相关证据融合

第 2 章介绍了 Dempster 组合规则相关知识，运用 Dempster 组合规则时，要求两条证据之间是相互独立的，但是在实际中，会发生证据相关的情况。文献[10]、[11]中指出，若证据来自于多个独立的信息源，则当不同的证据用到相同信息源的信息时，这些证据往往是相关的。在此情况下，文献[10]给出证据能量的定义，并根据两个证据的交集（相关）部分的能量推导出证据的相关性因子，用其对原始证据折扣后得到相互独立的证据，然后再利用 Dempster 组合规则将它们融合，从而实现相关证据在 Dempster 组合规则下的融合。

定义 9.1　证据能量[10,11]

对于辨识框架 Θ 下的一条证据 $E=(\mathcal{F}, m)$，可以定义证据的能量 $\mathrm{En}(E)$ 为

$$\mathrm{En}(E) = \sum_{\substack{i=1 \\ A_i \neq \Theta}}^{n(E)} \frac{m(A_i)}{|A_i|} \tag{9.1}$$

其中，$|A_i|$ 为焦元 A_i 中元素的个数，即 A_i 的势；$n(E)$ 为证据 E 包含的焦元个数。En 满足以下三个条件：①若 $m(\Theta)=1$，则 $\mathrm{En}(E)=0$，即如此形式的证据不提供任何信息；②若 $|A_i|=1$，且 $m(\Theta)=0$，则 $\mathrm{En}(E)=1$，即如此形式的证据提供的信息量最大；③$\mathrm{En}(E)\in[0, 1]$。

对于定义在 Θ 上的两条证据 $E_1=(\mathcal{F}_1, m_1)$ 和 $E_2=(\mathcal{F}_2, m_2)$，若 E_1 和 E_2 分别来自于不同的独立信息源，则 E_1 和 E_2 相互独立；若 E_1 和 E_2 来自于相同的独立信息源，则可以定义 E_1 和 E_2 之间相关部分的能量为

$$\mathrm{En}(E_1, E_2) = \sum_{\substack{ij=1 \\ D_{ij} \neq \varnothing}}^{|\{D_{ij}\}|} \frac{m(D_{ij})}{|D_{ij}|} \tag{9.2}$$

其中，D_{ij} 表示与 E_1 和 E_2 都相关的信息源引入的焦元，$|\{D_{ij}\}|$ 为此类焦元的个数，其反映了 E_1 和 E_2 之间的相关性。

$\mathrm{En}(E_1,E_2)$ 和 $\mathrm{En}(E_1)$、$\mathrm{En}(E_2)$ 的关系如图 9.1 所示，若 $\mathrm{En}(E_1, E_2)=0$，则有 $\mathrm{En}(E_1)$ 和 $\mathrm{En}(E_2)$ 相互独立；若 $\mathrm{En}(E_1, E_2)=1$ 且 $\mathrm{En}(E_1)<\mathrm{En}(E_2)$，则有 $\mathrm{En}(E_2)\rightarrow\mathrm{En}(E_1)$。

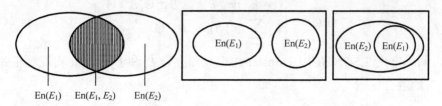

图 9.1　证据间能量关系

定义 9.2　证据的相关程度[10, 11]

由 $\mathrm{En}(E_1, E_2)$ 可以定义证据 E_1 和 E_2 之间的相关程度为

$$D(E_1, E_2) = \frac{2\mathrm{En}(E_1, E_2)}{\mathrm{En}(E_1) + \mathrm{En}(E_2)} \tag{9.3}$$

根据式（9.3）可以对 E_1 和 E_2 的能量按比例进行分配，得到它们相应的能量 $\mathrm{En}_f(E_1)$ 和 $\mathrm{En}_f(E_2)$，它们是相互独立的，从而进一步得出证据的相关性因子。

$$
\begin{aligned}
\mathrm{En}_f(E_1) &= \mathrm{En}(E_1) - \mathrm{En}(E_1, E_2) + \mathrm{En}(E_1, E_2)\frac{\mathrm{En}(E_1)}{\mathrm{En}(E_1)+\mathrm{En}(E_2)} \\
&= \mathrm{En}(E_1) - \mathrm{En}(E_1, E_2)\frac{\mathrm{En}(E_2)}{\mathrm{En}(E_1)+\mathrm{En}(E_2)} \\
&= \mathrm{En}(E_1)\left(1 - \frac{\mathrm{En}(E_1, E_2)}{\mathrm{En}(E_1)+\mathrm{En}(E_2)}\frac{\mathrm{En}(E_2)}{\mathrm{En}(E_1)}\right) \\
&= \mathrm{En}(E_1)\left(1 - \frac{1}{2}D(E_1, E_2)\frac{\mathrm{En}(E_2)}{\mathrm{En}(E_1)}\right)
\end{aligned} \tag{9.4}
$$

同理

$$
\mathrm{En}_f(E_2) = \mathrm{En}(E_2)\left(1 - \frac{1}{2}D(E_1, E_2)\frac{\mathrm{En}(E_1)}{\mathrm{En}(E_2)}\right) \tag{9.5}
$$

定义 9.3　证据的相关性因子[10,11]

E_1 和 E_2 的相关性因子分别为

$$
R_{12} = \frac{1}{2}D(E_1, E_2)\frac{\mathrm{En}(E_2)}{\mathrm{En}(E_1)} \tag{9.6}
$$

$$
R_{21} = \frac{1}{2}D(E_1, E_2)\frac{\mathrm{En}(E_1)}{\mathrm{En}(E_2)} \tag{9.7}
$$

分别利用 R_{12} 和 R_{21} 对 E_1 和 E_2 进行修正，即可得到它们相应的独立证据 E_1' 和 E_2'，它们的质量函数分别为

$$
m_1'(A) = \begin{cases} (1-R_{12})m_1(A), & \forall A \subseteq \Theta, A \neq \Theta \\ 1 - \sum_{A \subset \Theta} m_1'(A), & A = \Theta \end{cases} \tag{9.8}
$$

$$
m_2'(B) = \begin{cases} (1-R_{21})m_2(B), & \forall B \subseteq \Theta, B \neq \Theta \\ 1 - \sum_{B \subset \Theta} m_2'(B), & B = \Theta \end{cases} \tag{9.9}
$$

随后，利用定义 2.5 介绍的 Dempster 组合规则融合 E_1' 和 E_2'，从而实现对相关证据 E_1 和 E_2 的融合。

9.3　基于相关证据融合的动态系统状态估计

9.3.1　噪声有界下的动态系统模型

为了保证本章研究内容叙述的连贯性，这里给出动态系统的状态方程及观测方程，形式为

$$\begin{cases} x_{k+1} = f(x_k, v_k) \\ z_{k+1} = g(x_{k+1}, w_{k+1}) \end{cases} \quad k = 1, 2, 3, \cdots \tag{9.10}$$

其中，函数 f 描述 $k+1$ 时刻的状态 x_{k+1} 和 k 时刻的状态 x_k 之间的关系，函数 g 表示 $k+1$ 时刻观测值 z_{k+1} 与状态 x_{k+1} 之间的关系（f 和 g 可以是线性或非线性方程）。v_k 和 w_k 分别是有界加性状态噪声和观测噪声序列，两者相互独立。这两个噪声分别被建模为三角形可能性分布（即隶属度函数，每个时刻的噪声，其分布相同），分别记为 π_v 和 π_w，如图 9.2 所示。

$$\pi_v(v) = \begin{cases} \dfrac{v - v_a}{v_c - v_a}, & v_a \leqslant v < v_c \\[2mm] \dfrac{v_b - v}{v_b - v_c}, & v_c \leqslant v \leqslant v_b \\[2mm] 0, & \text{其他} \end{cases} \tag{9.11}$$

其中，$[v_a, v_b]$ 表示状态噪声的支撑区间，v_c 表示状态噪声的众数。类似地，有

$$\pi_w(w) = \begin{cases} \dfrac{w - w_a}{w_c - w_a}, & w_a \leqslant w < w_c \\[2mm] \dfrac{w_b - w}{w_b - w_c}, & w_c \leqslant w \leqslant w_b \\[2mm] 0, & \text{其他} \end{cases} \tag{9.12}$$

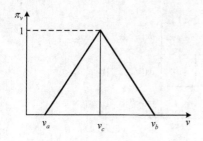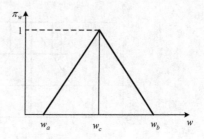

图 9.2　状态和观测噪声的三角形可能性分布

9.3.2　基于相关证据融合的动态系统状态估计算法

基于相关证据融合的状态估计迭代算法的流程如图 9.3 所示。

（1）初始化。确定状态噪声 v_k 和观测噪声 w_k 的可能性分布。

（2）从状态方程中获取 $k+1$ 时刻的状态预测证据 $E^x_{k+1|k} = (\mathcal{R}^x_{k+1|k}, \rho^x_{k+1|k})$。

首先构造关于 v_k 和 x_k 的证据 $(\mathcal{F}^v_k, m^v_k)$ 和 $(\mathcal{F}^x_k, m^x_k)$。通过 v_k 可以用可能性分布 π_v 得到 $(\mathcal{F}^v_k, m^v_k)$。对于任意 $\alpha \in (0, 1]$，定义 π_v 的 α 截集为

$$[\pi_\alpha^{v-}, \pi_\alpha^{v+}] = \{v \mid \pi_v(v) \geqslant \alpha\} \tag{9.13}$$

若存在 $0 + \varepsilon = \alpha_0 < \alpha_1 < \cdots < \alpha_{p-1} < 1$ 的 p 个数（ε 是一个无穷小量），则它们相应的截集满足 $[\pi_0^{v-}, \pi_0^{v+}] \subset [\pi_{\alpha_1}^{v-}, \pi_{\alpha_1}^{v+}] \subset \cdots \subset [\pi_{\alpha_{p-1}}^{v-}, \pi_{\alpha_{p-1}}^{v+}]$，将这 p 个截集看作闭区间形式的焦元，则它们相应的质量函数取值为 $m_k^v([\pi_0^{v-}, \pi_0^{v+}]) = \alpha_1$，$m_k^v([\pi_{\alpha_1}^{v-}, \pi_{\alpha_1}^{v+}]) = \alpha_2 - \alpha_1$，$\cdots$，$m_k^v([\pi_{\alpha_{p-1}}^{v-}, \pi_{\alpha_{p-1}}^{v+}]) = 1 - \alpha_{p-1}$。那么，焦元组成的集合 $\mathcal{F}_k^v$ 及其质量函数 m_k^v 就构成嵌套形式的证据 $(\mathcal{F}_k^v, m_k^v)$。图 9.4 给出当 $p=3$，即经 α 均匀截取 3 次时得到的 $(\mathcal{F}_k^v, m_k^v)$。

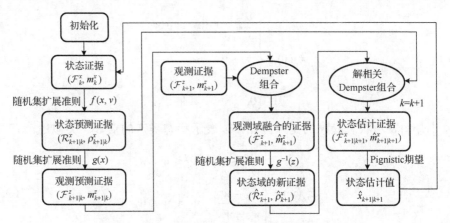

图 9.3　基于证据理论的状态估计算法流程图

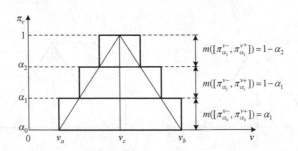

图 9.4　状态噪声可能性分布及其证据的构造

假设 k 时刻得到的估计值为 $\hat{x}_{k|k}$，考虑到噪声 $v(k)$ 对状态的影响，可以通过对 $\hat{x}_{k|k}$ 加噪的方式构造 x_k 的证据 $(\mathcal{F}_k^x, m_k^x)$，即

$$\mathcal{F}_k^x = \{[\pi_0^{v-} + \hat{x}_{k|k}, \pi_0^{v+} + \hat{x}_{k|k}], [\pi_{\alpha_1}^{v-} + \hat{x}_{k|k}, \pi_{\alpha_1}^{v+} + \hat{x}_{k|k}], \cdots, [\pi_{\alpha_{p-1}}^{v-} + \hat{x}_{k|k}, \pi_{\alpha_{p-1}}^{v+} + \hat{x}_{k|k}]\}, \quad m_k^x = m_k^v$$

然后，将 $(\mathcal{F}_k^v, m_k^v)$ 和 $(\mathcal{F}_k^x, m_k^x)$ 作为状态方程 $x_{k+1} = f(x_k, v_k)$ 的输入，经式（2.14）和式（2.15）中的随机集扩展准则映射到输出得到 $E_{k+1|k}^x = (\mathcal{R}_{k+1|k}^x, \rho_{k+1|k}^x)$。此外，当 $k=1$ 时，初始化的状态 $\hat{x}_{1|1}$ 设定为此时获得的观测值 z_1。

（3）从观测方程中获取 $k+1$ 时刻的观测预测证据 $E_{k+1|k}^z = (\mathcal{F}_{k+1|k}^z, m_{k+1|k}^z)$。

将步骤（1）得到的状态预测证据 $(\mathcal{R}_{k+1|k}^x, \rho_{k+1|k}^x)$ 作为观测方程 $g(x_{k+1})$ 的输入，经式（2.14）和式（2.15）中的扩展准则映射到输出得到 $E_{k+1|k}^z = (\mathcal{F}_{k+1|k}^z, m_{k+1|k}^z)$。

（4）求解 $k+1$ 时刻观测域的融合证据 $\hat{E}_{k+1}^z = (\hat{\mathcal{F}}_{k+1}^z, \hat{m}_{k+1}^z)$。

首先通过 w_k 的可能性分布 π_w 构造其证据 $(\mathcal{F}_k^w, m_k^w)$，构造方法与步骤（2）中构造 $(\mathcal{F}_k^v, m_k^v)$ 的方法相同，即 α 的取值及截取相同，则 $\mathcal{F}_k^w = \{[\pi_0^{w-}, \pi_0^{w+}], [\pi_{\alpha_1}^{w-}, \pi_{\alpha_1}^{w+}], \cdots, [\pi_{\alpha_{p-1}}^{w-}, \pi_{\alpha_{p-1}}^{w+}]\}$，$m_k^w = m_k^v$。

在得到 $k+1$ 时刻的观测值 $z(k+1)$ 后，考虑到噪声 $w(k)$ 对观测的影响，可以通过对 z_{k+1} 加噪的方式构造 $z(k+1)$ 的证据 $(\mathcal{F}_{k+1}^z, m_{k+1}^z)$，即

$$\mathcal{F}_{k+1}^z = \{[\pi_0^{w-} + z_{k+1}, \pi_0^{w+} + z_{k+1}], [\pi_{\alpha_1}^{w-} + z_{k+1}, \pi_{\alpha_1}^{w+} + z_{k+1}], \cdots, [\pi_{\alpha_{p-1}}^{w-} + z_{k+1}, \pi_{\alpha_{p-1}}^{w+} + z_{k+1}]\}, m_{k+1}^z = m_k^w$$

然后，将 $(\mathcal{F}_{k+1}^z, m_{k+1}^z)$ 和 $(\mathcal{F}_{k+1|k}^z, m_{k+1|k}^z)$ 利用 Dempster 组合规则进行融合得到 $k+1$ 时刻观测域的融合证据 $\hat{E}_{k+1}^z = (\hat{\mathcal{F}}_{k+1}^z, \hat{m}_{k+1}^z)$，由于 $(\mathcal{F}_{k+1}^z, m_{k+1}^z)$ 和 $(\mathcal{F}_{k+1|k}^z, m_{k+1|k}^z)$ 分别来自于传感器和观测方程两个独立的信息源，所以可以直接利用 Dempster 组合规则将两者融合。

（5）求解 $k+1$ 时刻状态域的新证据 $\hat{E}_{k+1}^x = (\hat{\mathcal{R}}_{k+1}^x, \hat{\rho}_{k+1}^x)$。

将步骤（4）中得到的 $(\hat{\mathcal{F}}_{k+1}^z, \hat{m}_{k+1}^z)$ 作为逆函数 $g^{-1}(z_{k+1})$ 的输入，通过式（2.14）和式（2.15）中的扩展准则映射到输出，得到 $(\hat{\mathcal{R}}_{k+1}^x, \hat{\rho}_{k+1}^x)$。

（6）求解 $k+1$ 时刻的状态估计证据 $(\hat{\mathcal{F}}_{k+1|k+1}^x, \hat{m}_{k+1|k+1}^x)$ 及状态估计值 $\hat{x}_{k+1|k+1}$。

将步骤（5）中的 $(\hat{\mathcal{R}}_{k+1}^x, \hat{\rho}_{k+1}^x)$ 和步骤（2）中的 $(\mathcal{R}_{k+1|k}^x, \rho_{k+1|k}^x)$ 利用 2.2.1 节中介绍的 Dempster 组合规则进行融合，即用前者对后者进行修正，得到状态估计证据 $(\hat{\mathcal{F}}_{k+1|k+1}^x, \hat{m}_{k+1|k+1}^x)$。$(\hat{\mathcal{R}}_{k+1}^x, \hat{\rho}_{k+1}^x)$ 是从观测域中的融合证据 $(\hat{\mathcal{F}}_{k+1}^z, \hat{m}_{k+1}^z)$ 逆映射而来的，$(\hat{\mathcal{F}}_{k+1}^z, \hat{m}_{k+1}^z)$ 是将观测证据 $(\mathcal{F}_{k+1}^z, m_{k+1}^z)$ 和观测预测证据 $(\mathcal{F}_{k+1|k}^z, m_{k+1|k}^z)$ 融合得到，由步骤（2）可知，$(\mathcal{F}_{k+1|k}^z, m_{k+1|k}^z)$ 与 $(\mathcal{R}_{k+1|k}^x, \rho_{k+1|k}^x)$ 相关，则 $(\hat{\mathcal{R}}_{k+1}^x, \hat{\rho}_{k+1}^x)$ 和 $(\mathcal{R}_{k+1|k}^x, \rho_{k+1|k}^x)$ 是相关的。所以，在融合两者之前，要对它们进行解相关处理。

由于 $(\hat{\mathcal{R}}_{k+1}^x, \hat{\rho}_{k+1}^x)$ 和 $(\mathcal{R}_{k+1|k}^x, \rho_{k+1|k}^x)$ 的焦元都是闭区间的形式，这里将 9.2 节介绍的离散值辨识框架下的解相关方法扩展到连续值辨识框架下，解决待融合证据的解相关与融合问题。

这里首先通过命题 9.1 对证据能量的定义进行扩展。

命题 9.1　假设存在一个焦元为闭区间的证据 $E = (\mathcal{F}_x, m)$，可以定义区间焦元下证据的能量为

$$\text{En}'(E) = \sum_{\substack{i=1 \\ [x_i^-, x_i^+] \neq \Theta}}^{n(E)} \frac{m([x_i^-, x_i^+])}{d([x_i^-, x_i^+]) / \min_i(d([x_i^-, x_i^+]))} \tag{9.14}$$

其中，$[x_i^+, x_i^-]$ 表示区间焦元；$d([x_i]) = x_i^+ - x_i^-$，代表区间宽度；$n(E)$ 表示证据 E 中焦元的个数。可以证明 $\text{En}'(E)$ 满足证据能量定义的三个条件：①若 $m(\Theta)=1$，则 $\text{En}'(E)=0$，即如此形式的证据不提供任何信息；②若 $d([x_i^-, x_i^+]) = \min_i(d([x_i^-, x_i^+]))$，且 $m(\Theta)=0$，则 $\text{En}'(E)=1$，如此形式的证据，其提供的信息量最大；③$\text{En}'(E)\in[0,1]$。

证明　由于质量函数满足 $\sum_{[x_i^-, x_i^+] \subseteq \Theta} m([x_i^-, x_i^+]) = 1$，并且 $d([x_i^-, x_i^+]) / \min_i(d([x_i^-, x_i^+])) \geq 1$，所以，这里分四种情况进行讨论。

（1）若 $m(\Theta)=1$，则其他焦元赋值为 0。由于计算 $\text{En}'(E)$时，要求 $[x_i^+, x_i^-] \neq \Theta$，所以，可以得到此时 $\text{En}'(E)=0$，即该证据不提供任何信息，条件①得证。

（2）若 $m(\Theta)=0$，且对于任一个区间焦元 $[x_i^+, x_i^-]$，有 $d([x_i^-, x_i^+]) / \min_i(d([x_i^-, x_i^+])) = 1$，则 $\text{En}'(E)=1$，此时该证据提供的信息量最大，条件②得证。

（3）若 $m(\Theta)=0$，且对于区间焦元 $[x_i^+, x_i^-]$，所有的 $d([x_i^-, x_i^+]) / \min_i(d([x_i^-, x_i^+]))$ 不全为 1，则 $\text{En}'(E)\in(0,1)$。

（4）若 $0<m(\Theta)<1$，由于计算 $\text{En}'(E)$时，要求 $[x_i^+, x_i^-] \neq \Theta$，则可以得到 $\text{En}'(E)\in(0,1)$。

综合情况（1）～（4）可以得证条件③。证毕。

假设有两个焦元为闭区间的证据 $E_1=(\mathcal{F}_x, m_x)$ 和 $E_2=(\mathcal{F}_y, m_y)$，若 E_1 和 E_2 由相关的信息源引入，则可以定义它们之间的相关部分的能量为

$$\text{En}'(E_1, E_2) = \sum_{\substack{ij=1 \\ D_{ij} \neq \varnothing}}^{|\{D_{ij}\}|} \frac{m(D_{ij})}{d(D_{ij}) / \min\{\min_{x_i}\{d([x_i^-, x_i^+])\}, \min_{y_j}\{d([y_j^-, y_j^+])\}\}} \tag{9.15}$$

其中，D_{ij} 表示由相关信息源引入的焦元，$|\{D_{ij}\}|$ 表示此类焦元的个数。在本书所提方法中，相关证据为 $(\hat{\mathcal{R}}_{k+1}^x, \hat{\rho}_{k+1}^x)$ 和 $(\mathcal{R}_{k+1|k}^x, \rho_{k+1|k}^x)$，它们的 D_{ij} 即为那些同时在两个证据中出现且完全相同的区间焦元。

由定义 9.2 得 E_1 和 E_2 之间的相关程度为

$$D'(E_1, E_2) = \frac{2\text{En}'(E_1, E_2)}{\text{En}'(E_1) + \text{En}'(E_2)} \tag{9.16}$$

由定义 9.3 得 E_1 和 E_2 的相关性因子分别为

$$R'_{12} = \frac{1}{2} D'(E_1, E_2) \frac{\text{En}'(E_2)}{\text{En}'(E_1)} \tag{9.17}$$

$$R'_{21} = \frac{1}{2}D'(E_1, E_2)\frac{\text{En}'(E_1)}{\text{En}'(E_2)} \tag{9.18}$$

分别利用 R'_{12} 和 R'_{21} 对 E_1 和 E_2 进行修正，即可得到相应的独立证据 E'_1 和 E'_2，它们的质量函数分别为

$$m'_1([x_i^-, x_i^+]) = \begin{cases} m_1([x_i^-, x_i^+])(1 - R'_{12}), & [x_i^-, x_i^+] \neq \Theta \\ 1 - \displaystyle\sum_{[x_i^-, x_i^+]' \subset \Theta} m'_1([x_i^-, x_i^+]), & [x_i^-, x_i^+] = \Theta \end{cases} \tag{9.19}$$

$$m'_2([y_j^-, y_j^+]) = \begin{cases} m_2([y_j^-, y_j^+])(1 - R'_{21}), & [y_j^-, y_j^+] \neq \Theta \\ 1 - \displaystyle\sum_{[y_j^-, y_j^+] \subset \Theta} m'_2([y_j^-, y_j^+]), & [y_j^-, y_j^+] = \Theta \end{cases} \tag{9.20}$$

随后，利用 Dempster 组合规则融合 E'_1 和 E'_2 实现对相关证据 E_1 和 E_2 的融合。

用上述经扩展后的解相关方法对 $k+1$ 时刻状态域的新证据 $(\hat{\mathcal{R}}_{k+1}^x, \hat{\rho}_{k+1}^x)$ 及 $k+1$ 的状态预测证据 $(\mathcal{R}_{k+1|k}^x, \rho_{k+1|k}^x)$ 进行处理并融合，从而得到 $k+1$ 时刻状态估计证据 $(\hat{\mathcal{F}}_{k+1|k+1}^x, \hat{m}_{k+1|k+1}^x)$。然后，利用式（9.21）求 $k+1$ 时刻状态估计证据的 Pignistic 期望，即为 $k+1$ 状态估计值 $\hat{x}_{k+1|k+1}$。将 $k+1$ 时刻状态估计值代入步骤（2）进行下一时刻算法迭代，便可递推得出每一时刻的状态估计值。

在 2.2.3 节的基础上，我们给出了 $(\mathcal{R}, \rho)$ 的期望[11,12]

$$E(\rho) = \sum_{j=1}^{N} \rho(R_j) \cdot \left(\frac{r_j^+ + r_j^-}{2}\right) \tag{9.21}$$

其中，$R_j = [r_j^-, r_j^+]$, $j = 1, 2, \cdots, N$，N 是焦元 R_j 的个数。

该方法主要将系统状态方程、观测方程及实际观测看作提供证据的三个信息源，利用证据的随机集表示及随机集扩展准则从三个信息源中构造关于系统状态和观测的证据；然后通过所提出的相关证据融合方法将所构造的证据进行融合，并利用 Pignistic 期望从融合结果中计算出状态估计值。而 Nassreddine 所提方法是构造区间焦元形式的状态噪声证据、状态证据和观测证据，结合系统方程，利用前反向传播算法对区间焦元进行处理获得状态估计证据，然后利用 Pignistic 期望从融合结果中计算出状态估计值，但其整个过程只涉及相关证据的前反向传播，并不包含本章所提的证据融合过程[8]。下面通过液位估计的实验说明，本节所提出的相关证据融合方法具有更好的液位估计效果。

9.4　液位状态估计中的应用

基于声音反射现象的水平测量方法已被成功运用在过程工业的某些领域(化学、废水处理、石油等)。超声波测量方法因为具有良好的指向性、操作方便等优点，正

逐渐成为最常用的技术之一[13]。它的测量原理是将超声波发射到液体表面并接收回波，然后通过声波速度乘以往返时间计算出从表面到声学接收器的距离[14]。然而，这种方法对仪器本身的质量和环境噪声较为敏感，可能会导致测量精度的恶化。另外，如果超声波在测量过程中遇到泡沫、残留、镀层等，也容易产生寄生反射，从而改变其传播路径，严重影响测量精度[15]。

相反，低频声波因为具有较长的波长，容易产生衍射现象，所以可以有效地克服由于泡沫、残留、沉淀等引起的寄生反射问题。当扬声器发出从 f_L 到 f_H 均匀变化的声波到液位表面时，麦克风用来接收相应的回波，此时可以利用从示波器中提取的驻波信号计算液位高度。Donlagić 等[14,15]通过这种方法来测量液位。然而，它们都是直接使用观测来计算液体的水平。实际上，如果使用扬声器和麦克风获得的测量不够精确或者环境噪声的影响是不可避免的，那么最终测量结果的偏差将是不可接受的，这也是目前液位测量中最普遍的缺点。

本书中，利用所提递归算法来估计液位以提高液位测量的精度。首先，基于声学驻波的测量原理构造系统状态方程和观测方程。然后，利用所提递归算法估计驻波的频率，该频率可以用来求解液位的高度。相比于直接测量和 Nassreddine 的方法，结果表明我们的算法对于提高估计精度具有明显的优势。

9.4.1　液位仪结构及液位测量原理

基于声共振的液位仪结构如图 9.5 所示，它由导声管、扬声器、麦克风、温度计和控制器等组成[9]。

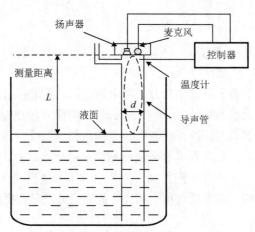

图 9.5　液位测量结构图

通过扬声器产生频率变化范围为[f_L, f_H]的声波，该声波沿垂直于液面的方向传播时，发射波与反射波频率和振幅均相同、振动方向一致、传播方向相反，这两列

波相互叠加后就形成驻波[16]。y_1 表示扬声器产生的声波，y_2 表示经液面反射的声波，它们的表达式分别为

$$y_1 = A\cos 2\pi\left(Pt - \frac{L}{\lambda} \right) \tag{9.22}$$

$$y_2 = A\cos 2\pi\left(Pt + \frac{L}{\lambda} \right) \tag{9.23}$$

y_1 和 y_2 的合成波可以表示为

$$y = 2A\cos\left(\pi\frac{2L}{\lambda} \right)\cos(2\pi Pt) \tag{9.24}$$

其中，A 为声波的振幅，P 为声波的频率，λ 为声波的波长，L 为液面到扬声器的垂直距离，如图 9.5 所示，即需要测量的液位高度。由式（9.24）可以看出，当合成波的振幅达到最大时，λ 与 L 有如下的关系：

$$L = n_k\frac{\lambda_k}{2}, \quad k = 1,2,3,\cdots \tag{9.25}$$

此时的合成波称为驻波。其波长 λ_k 为

$$\lambda_k = \frac{c}{f_k} = \frac{331.4 + 0.6T}{f_k} \tag{9.26}$$

其中，c 是声速，T 是摄氏温度，λ_k 和 f_k 分别表示 k 时刻声波频率在 $[f_L, f_H]$ 驻波的波长和频率。

将式（9.25）代入式（9.26）中，可得

$$L = \frac{n_k(331.4 + 0.6T)}{2f_k} \tag{9.27}$$

这里，n_k 取值为[9]

$$n_k = f_k / (f_{k+1} - f_k) \tag{9.28}$$

且

$$n_{k+1} = n_k + 1 \tag{9.29}$$

理论上，在式（9.28）中，$f_{k+1} - f_k = f_F$，f_F 是基本共振频率，且 $f_k = n_k f_F$，$n_k \in \mathbf{N}^+$（$\mathbf{N}^+$ 为所有正整数集合）[9,15]。例如，当 $L=9.6\mathrm{m}$，$T=23.9℃$，$n=1$ 时，基本共振频率可以通过式（9.30）计算：

$$f_F = \frac{n(331.4 + 0.6T)}{2L} = 18\mathrm{Hz} \tag{9.30}$$

如果频率变化范围 $[f_L, f_H]$ 为 [1000Hz, 2400Hz]，那么在该范围中将有 82 个共振频率（$k=1, 2, \cdots, 82$ 和 $n_k=56, 57, \cdots, 137$）。相应地，$f_1=56×18\mathrm{Hz}$，$f_2=57×18\mathrm{Hz}$，$\cdots$，$f_{82}=137×18\mathrm{Hz}$。

9.4.2　动态系统建模

首先，将共振频率作为估计状态，并建立相应的状态方程。如果能连续采集共振频率 f_{k+1}，那么得到以下动态模型：

$$L = \frac{n_{k+1}(331.4 + 0.6T)}{2f_{k+1}} \qquad (9.31)$$

联立式（9.27）和式（9.31），显然有

$$\frac{n_{k+1}(331.4 + 0.6T)}{2f_{k+1}} = \frac{n_k(331.4 + 0.6T)}{2f_k} \qquad (9.32)$$

$$f_{k+1} = \frac{n_k + 1}{n_k} f_k \qquad (9.33)$$

因此，我们可以建立相应的递归线性状态方程和观测方程

$$x_{k+1} = \frac{n_k + 1}{n_k} x_k + v_k \qquad (9.34)$$

$$z_{k+1} = x_{k+1} + w_{k+1} \qquad (9.35)$$

其中，$x_k = f_k$，z_k 是 f_k 观测。w_k 和 v_k 是由声卡和麦克风偏差引起的独立噪声序列，满足条件

$$v_k = [v_a, v_b] \qquad (9.36)$$

$$w_k = [w_a, w_b] \qquad (9.37)$$

其中，区间 $[v_a, v_b]$ 和 $[w_a, w_b]$ 分别表示状态噪声和观测噪声的边界。状态噪声 v_k 和观测噪声 w_k 可以通过可能性分布 π_v 和 π_w 表示，其相应的支持区间依次为 $[v_a, v_b]$ 和 $[w_a, w_b]$。

需要注意的是，理论上式（9.34）中的 n_k 应该取正整数。然而，实际上，根据式（9.28），它仅可以通过观测 z_k 和 z_{k+1} 计算。由于观测不精确，计算出的 n_k 通常不是一个正整数，所以应该近似为

$$n_k = \| z_k / (z_{k+1} - z_k) \| \qquad (9.38)$$

其中，"$\|\cdot\|$" 表示取离其最近的整数。

9.4.3　液位状态估计实验

在图 9.5 的液位装置中，我们分别使用廉价的麦克风和扬声器发出和接收余弦声波、电子温度计采集温度及直径 $D=75\text{mm}$ 的 PVC 管传播声音。估计高度 L 为从液面到扬声器平台的距离。控制器发射正弦波或余弦波以驱动扬声器沿着垂直于液面的方向发出信号。过程中使用基于音频控制器（英特尔 82801HBM-ICH8M，采样

频率为 44100Hz）的软件 AUDIOSCSI 产生声波。在 5s 内，声波频率从 f_L=1000Hz
到 f_H=2400Hz 匀速改变。因此，麦克风如图 9.6 接收合成波并送至控制器（L=4.6m）。
可以看出，在[1000Hz, 2400Hz]，麦克风收集到 39 个相邻的驻波。通过快速检测算
法[9]从合成波的频谱中提取到的共振频率 f_k(k=1, 2, …, 39)如图 9.7 所示。

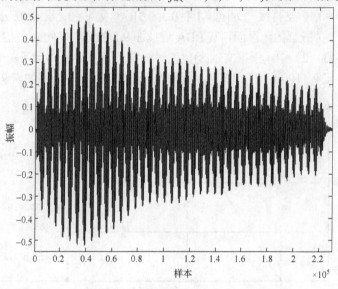

图 9.6 波形图（L=4.6m）

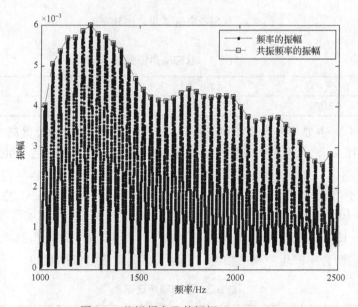

图 9.7 共振频率及其振幅（L=4.6m）

此实验中，设定液面的高度 L=4.6m，环境温度为 26.5℃，声音传播速度为

337.4m/s。共振频率的状态和观测方程如式（9.34）和式（9.35）所示。

对于状态噪声 v_k，我们利用高精度示波器（Tektronix TPS2024）接收范围在[1000Hz, 2500Hz]的余弦声波，并计算从中挑选出 100 个频率点的误差。v_k 的界限是期望加上或减去 3 倍的标准差[8]。因此，我们建立 v_k 的可能性分布 π_v 如图 9.8 所示。此时 π_v 的期望为 0，标准差 σ_v=0.1，支持区间为[v_a,v_b]=[−0.3, 0.3]，众数 v_c=0。设 α_0=0, α_1=1/3, α_2=2/3，我们可以得到 3 个嵌套的闭区间，其 BBA 近似图 9.8 的分布。此外，9.3.2 节所提算法步骤（1）和步骤（2）中，根据文献[8]建议对 m 进行折扣，折扣因子 ε_v=0.05 并且全集设定为[v_c−100σ_v, v_c+100σ_v]=[−10,10]，我们构造 v_k 的证据（$\mathcal{F}_k^v,m_k^v$）如表 9.1 所示。

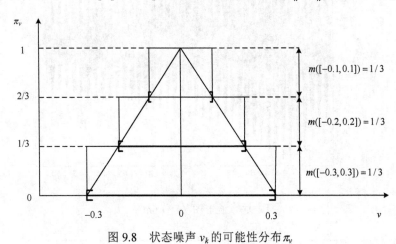

图 9.8　状态噪声 v_k 的可能性分布 π_v

表 9.1　状态噪声证据

$\mathcal{F}_k^v$	[−0.1, 0.1]	[−0.2, 0.2]	[−0.3, 0.3]	[−10, 10]
m_k^v	0.3167	0.3167	0.3167	0.05

观测噪声 w_k 主要与麦克风和快速检测算法有关。首先，我们设置高度 L 从 1.3m 均匀改变到 10.6m，并利用快速检测算法提取共振频率在[1000Hz,2500Hz]范围内的大约 30 个观测值。其次，计算理论真实值与观测值之间的误差。以同样的方式，构造 w_k 可能性分布 π_w 及其闭区间和 BBA，如图 9.9 所示。这里，σ_w=1.23，w_c=−6.9，故[w_a, w_b]=[−10.59, −3.21]。此外，m 的折扣因子 ε_w = 0.05 并且全集设定为[w_c−100σ_w, w_c+100σ_w]=[−129.7, 115.7]，w_k 的证据（$\mathcal{F}_k^w,m_k^w$）如表 9.2 所示。折扣的实施可以有效减少随后证据融合中产生空集的数量，有利于区间焦元信度的聚焦。

表 9.2　观测噪声证据

$\mathcal{F}_k^w$	[−8.13, −5.67]	[−9.36, −4.44]	[−10.59, −3.21]	[−129.7, 115.7]
m_k^w	0.3167	0.3167	0.3167	0.05

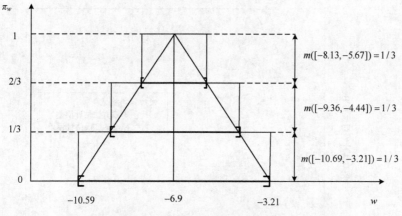

$m([-8.13,-5.67])=1/3$

$m([-9.36,-4.44])=1/3$

$m([-10.69,-3.21])=1/3$

图 9.9 观测噪声 w_k 的可能性分布 π_w

从图 9.7 可以看出，首次观测值的共振频率 z_1=1023.3Hz。根据 9.3.2 节的步骤（2），首次估计值 $\hat{x}_{1|1}$ 初始化为真实观测 z_1。在获取 $(\mathcal{F}_1^v, m_1^v)$ 和 $(\mathcal{F}_1^w, m_1^w)$ 之后，9.3.2 节中提出的递归算法可以用来估计每一 k 时刻的共振频率。图 9.10(a)给出了所提方法与 Nassreddine 方法在真实值和观测值（z_k）上的比较。图 9.10(b)给出了本章所提方法、Nassreddine 方法及直接测量三者的估计绝对误差比较。可以看出，所提方法的估计精度和收敛性都要优于 Nassreddine 方法，这是因为所提方法使用了具有聚焦功能的相关证据融合策略。

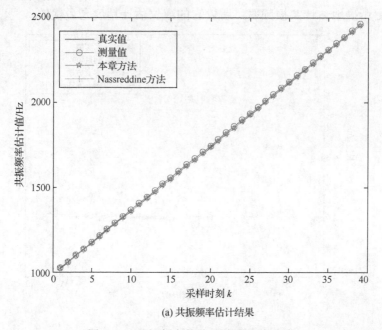

(a) 共振频率估计结果

图 9.10 共振频率的估计结果及其误差

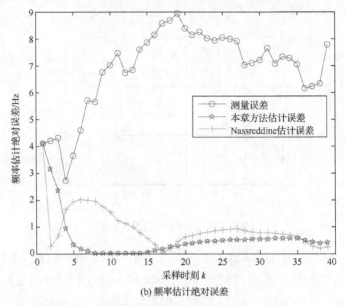

(b) 频率估计绝对误差

图 9.10　共振频率的估计结果及其误差（续）

最后，我们可以根据式（9.27），通过估计共振频率分别计算出本章所提方法、Nassreddine 方法及直接测量相应的估计液位高度如图 9.11(a)所示。图 9.11(b)给出相应的估计绝对误差。显然，估计共振频率越精确，液位的估计就越精确。由于所提方法总是更精确地估计共振频率，所以它的液位估计精度是最优的。

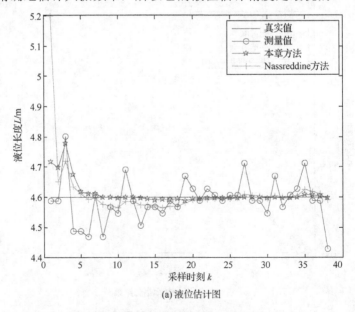

(a) 液位估计图

图 9.11　液位估计结果及其误差

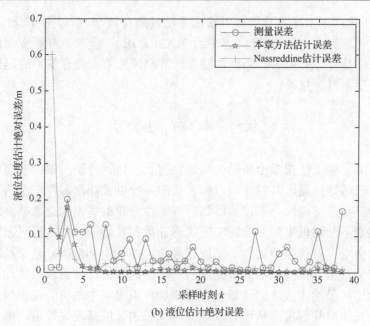

(b) 液位估计绝对误差

图 9.11　液位估计结果及其误差（续）

　　为了证明所提方法的有效性，我们进行更多不同液位高度的实验，并求取各自相应估计绝对误差的平均值，如表 9.3 所示。这里，对于每一个 L 取值，表 9.3 从上往下依次给出了本章所提方法、Nassreddine 方法及直接测量方法相应的实验结果。

表 9.3　不同液位高度下的实验结果

编号	L/m	T/℃	运行时间/s	平均误差/m	编号	L/m	T/℃	运行时间/s	平均误差/m
			1.81	**0.0126**				**20.11**	**0.018**
1	1.3	27	0.88	0.016	6	5.6	26.5	4.81	0.0374
			—	0.238				—	0.0661
			2.49	**0.0254**				**23.57**	**0.0238**
2	2.1	26.5	1.33	0.0364	7	6.6	26.5	5.61	0.0436
			—	0.0441				—	0.088
			7.81	**0.0144**				**27.94**	**0.0299**
3	2.6	26.5	2.05	0.0297	8	7.6	26.5	6.77	0.0530
			—	0.0591				—	0.1060
			9.62	**0.0141**				**31.23**	**0.0216**
4	3.6	26.5	2.34	0.0312	9	8.6	23.9	7.41	0.0456
			—	0.0468				—	0.1295
			16.07	**0.0160**				**35.15**	**0.0435**
5	4.6	26.5	3.81	0.0337	10	9.6	23.9	8.36	0.0732
			—	0.0552				—	0.1624

　　需要指出的是，由于本章所提方法的算法复杂度较高，所以需要较长的时间（该测试中 CPU E8400，时钟频率 3.00GHz，RAM 2GB）。但对于液面变化比较慢的情况，所提方法是行之有效的。当然，随着计算机硬件数据处理能力的迅速发展，该算法的复杂度不再是瓶颈。

9.5　本章小结

　　本章提出了基于证据理论和随机集理论的状态估计方法。该方法能够处理噪声有界下的状态估计问题。其将观测方程、状态方程以及观测看作三个信息源，并将噪声建模为三角形可能性分布，然后利用可能性分布的截集构造证据；之后利用证据的随机集表示及随机集扩展准则实现状态证据和观测证据的传播，通过所提出的相关证据融合规则对传播得到的证据进行融合，并利用 Pignistic 期望从融合结果中计算出状态估计值。与 Nassreddine 提出的基于区间分析及证据理论的动态系统状态估计方法相比，虽然本方法的计算量有所增加，但本章中的相关证据融合过程能够增加证据焦元的聚焦程度，从而有效地提高状态估计的精度。最后，通过工业液位仪在液位估计中的应用，说明了所提方法的优越性。

参 考 文 献

[1] Kalman R E. A new approach to linear filtering and prediction problems. Transactions of the ASME-Journal of Basic Engineering, 1960, 88(1): 35-45.

[2] Sorenson H W. Kalman Filtering, Theory and Application. New York: IEEE Press, 1985.

[3] Bucy R S, Kalman R E. New results in linear filtering and prediction theory. Journal of Basic Engineering, 1961, 83(1): 95-108.

[4] Gordon N J, Salmond D J, Smith A F M. Novel approach to nonlinear/non-Gaussian Bayesian state estimation. IEE Proceedings for Radar and Signal Processing, 1993, 140(2): 107-113.

[5] Julier S J, Uhlmann J K, Durrant-Whyte H F. A new approach for filtering nonlinear systems. Proceedings of American Control Conference, 1995: 1628-1632.

[6] 徐晓滨, 史健, 文成林. 基于证据理论的状态估计方法及其在液位估计中的应用. 计算机与应用化学, 2012, 29(7): 121-129.

[7] Gning A, Bonnifait P. Constraints propagation techniques on intervals for a guaranteed localization using redundant data. Automatica, 2006, 42(7): 1167-1175.

[8] Nassreddine G, Abdallah F, Denoux T. State estimation using interval analysis and belief-function theory: application to dynamic vehicle localization. IEEE Transactions on Systems, Man, and Cybernetics, Part B: Cybernetics, 2010, 40(5): 1205-1218.

[9] 徐晓滨, 赵晨萍, 夏丙铎, 等. 基于固定频段声波共振原理的液位测量方法. 计量学报, 2011, 32(1): 53-57.

[10] Wu Y, Yang J, Liu K, et al. On the evidence inference theory. Information Sciences, 1996, 89(3): 245-260.

[11] 史健. 基于证据理论的动态融合方法研究[硕士学位论文]. 杭州: 杭州电子科技大学, 2012.

[12] Smets P. Belief functions on real numbers. International Journal of Approximate Reasoning, 2005, 40: 181-223.

[13] Tong F, Xu S Y, Xu T Z. A processing method with high precision for ultrasonic distance measurement. Journal of Xiamen University (Natural Science), 1998, 37(4): 507-512.

[14] Donlagić D, Kumperščak V, Završnik M. Low-frequency acoustic resonance level gauge. Sensors and Actuators A: Physical, 1996, 57(3): 209-215.

[15] Donlagić D, Zavrsnik M, Sirotic I. The use of one-dimensional acoustical gas resonator for fluid level measurements. IEEE Transactions on Instrumentation and Measurement, 2000, 49(5): 1095-1100.

[16] 胡险峰. 驻波法测量声速实验的讨论. 物理实验, 2007, 27(1): 3-6.

第 10 章　基于可传递信度模型的电路性能可靠性评估方法

10.1　引　言

在电路的优化设计和电路系统的故障诊断中，产品所用元件容差的不断积累会使电路的输出超出规定值而无法使用，在这种情况下，用故障隔离法无法指出某个器件是否故障或输入是否正常。在电路的容差分析中，为了消除这种现象，应进行元件和电路系统性能的可靠性评估与分析，以便在设计阶段及早采取措施加以纠正。由于实际元件的参数值和标称值之间总存在着随机误差，所以电路元件参数可以看作在一定容差范围内变化的随机变量，它符合一定的分布。若将电路的某个输出量作为电路性能的指标，则它是电路元件参数的多变量函数，其取值也是一个随机变量，它的大小并非评价系统的唯一标准，还要看其保持在特定容差范围内的概率是否高。电路性能可靠性评估就是要通过分析此容差范围及其概率的大小，对电路性能做出判断。

研究电路等系统的性能可靠性时，许多问题可以用常规的解析方法进行处理。而对于复杂的非线性电路，若各个元器件的参数取值为随机变量，则系统性能指标（电路性能函数）一般为这些变量的非线性函数；甚至有时只知道参数与指标之间的输入输出关系，但无法用显式表达，这时使用解析方法求解系统性能可靠度就会十分困难。若对电路的可靠性要求较高，通常可用概率统计中的蒙特卡罗方法得到电路性能函数的直方图或者概率分布，用它来评估系统性能是否满足要求[1-6]。其他方法也常以蒙特卡罗方法为标准，衡量其自身性能的好坏。

蒙特卡罗方法采用随机抽样的方法进行计算，其分析结果非常接近实际情况，但是必须保证足够多的抽（采）样次数（电路仿真次数）。由切比雪夫不等式可知，抽样次数的多少与所求变量的方差和所设定的仿真误差有关[1]。在标准差固定的情况下，每提高一位数的精度，就要增加一百倍的抽样次数，这必将使得计算量大幅增加；另外，研究者通常还从减小方差的角度来提高蒙特卡罗方法的效率，常见的有重要性抽样、相关抽样和分层抽样等方法[1-6]。这类方法需要很高的技巧，例如，重要性抽样方法需要找到一个最优重要抽样函数，分层抽样则要考虑如何分层，这些方法的针对性较强，并且需要额外的辅助方法得到关于电路性能指标容差范围的信息，所以较难得到一种普遍适用的方法来提高蒙特卡罗仿真的效率[1-6]。在分层抽样蒙特卡罗方法中，文献[4]证明了最优的分层策略为拉丁超立方体采样（Latin Hypercube Sampling，LHS）方法，该方法除了在减少抽样次数和电路仿真次数方面具有优势外，还不需要辅助方法获得电路的其他信息，所以它已经成为公认的适用于电路可靠性分析的改进型蒙特卡罗方法。

然而，不论应用何种蒙特卡罗方法，它们所给出的可靠性估计误差都具有一定的置信水平，但是置信度不可能达到 100%。因为由切比雪夫不等式可知，100%置信度对应的电路仿真次数为无穷大。这也说明，单个一次的蒙特卡罗估计结果必定是不精确的，而多次实施蒙特卡罗方法又需要进行为数更多的电路仿真，所以该类方法并没有解决计算量过大的问题。

基于证据理论的可传递信度模型（TBM），本章给出一种新的方法来缓解估计误差和计算量之间的矛盾[7,8]。新方法与蒙特卡罗方法相比，其特点在于，仅实施一次该方法就可以获得置信度为 100%的估计误差；给定同样的估计误差，新方法需要的计算量要远少于蒙特卡罗方法。10.2 节介绍了电路系统性能可靠性评估（概率）模型和蒙特卡罗方法。在可传递信度模型的框架下，10.3 节利用证据的随机集形式及随机集扩展准则给出了电路性能函数的 Pignistic 累计概率分布，作为真实分布的一种近似，可以用其进行电路性能可靠性估计。10.4 节分析了 Pignistic 近似估计的误差。最后，通过高速铁路轨道电路绝缘节的性能可靠性估计说明了所提方法的有效性。

10.2 电路性能可靠性评估模型及蒙特卡罗方法

10.2.1 性能可靠性评估的概率模型

给定某电路的可靠性性能指标的容差范围为[1,2]

$$L_j \leq g_j(u) \leq U_j, \quad j = 1, 2, \cdots, M \tag{10.1}$$

其中，$u = (u_1, \cdots, u_n)$ 是电路 n 个元件的参数，g_j 是电路的第 j 个性能指标函数。例如，当评估轨道电路绝缘节的共振性能时，U_j, L_j 即为共振频率容差范围的左右端点值。对于模拟电路，元件参数包含电阻、电容和电感等的参数值。通常假设 u_i 是在容差范围 $I_i = [u_{i\_0} - \Delta u_i, \ u_{i\_0} + \Delta u_i]$ 内符合正态分布的变量，它的均值为 u_{i_0}，当然也可以是符合其他分布的变量。在这些情况下，本章给出的新方法都是适用的。

电路性能指标的可靠性容差为

$$R_a = \{u \mid L_j \leq g_j(u) \leq U_j, \quad j = 1, 2, \cdots, M\} \tag{10.2}$$

因为 u 为一个随机变量，所以性能函数的输出 $y_j = g_j(u)$ 也为随机变量，性能指标落入容差区间的概率，即电路性能的可靠度定义为[1]

$$Y = \int_{L_M}^{U_M} \cdots \int_{L_1}^{U_1} f_y(y_1, y_2, \cdots, y_M) \mathrm{d}y_1 \mathrm{d}y_2 \cdots \mathrm{d}y_M \tag{10.3}$$

其中，f_y 是输出变量 $y = (y_1, y_2, \cdots, y_M)$ 的联合概率密度函数。可靠度 Y 也可以根据输入变量 u 定义，首先定义一个指示函数为

$$\eta(u) = \begin{cases} 0, & u \notin R_a \\ 1, & u \in R_a \end{cases} \tag{10.4}$$

则 Y 也可由式（10.5）获得。

$$Y = \int_{u_{n\_0}-\Delta u_n}^{u_{n\_0}+\Delta u_n} \cdots \int_{u_{1\_0}-\Delta u_1}^{u_{1\_0}+\Delta u_1} \eta(u) f_u(u) \mathrm{d}u_1 \mathrm{d}u_2 \cdots \mathrm{d}u_n \tag{10.5}$$

其中，f_u 是输入变量 $u = (u_1, u_2, \cdots, u_n)$ 的联合概率密度函数。

若设定可靠度为 Υ，性能评估准则为：①如果 $Y \geqslant \Upsilon$，则系统性能可靠；②如果 $Y < \Upsilon$，则系统性能不可靠。

10.2.2 系统可靠度的蒙特卡罗估计方法

根据式（10.5）给出的可靠度的第二个定义，Y 的蒙特卡罗无偏估计为[1-6]

$$\hat{Y}_{\mathrm{MC}} = \frac{1}{N} \sum_{i=1}^{N} \eta(u^i) \tag{10.6}$$

其中，u^i 是根据 f_u 抽样出的相互独立的样本，N 是样本个数，$\hat{Y}_{\mathrm{MC}}$ 的方差为[2]

$$\sigma_Y^2 = \frac{Y(1-Y)}{N} = \frac{\sigma_B^2}{N} \tag{10.7}$$

其中，$\sigma_B^2 = Y(1-Y)$ 是随机变量 $\eta(u)$ 的方差，切比雪夫不等式可以用于度量 $\hat{Y}_{\mathrm{MC}}$ 的估计精度[2]。

$$P\left\{ \left| \hat{Y}_{\mathrm{MC}} - Y \right| < \varepsilon_{\mathrm{MC}} \right\} \geqslant 1 - \frac{\sigma_B^2}{N \varepsilon_{\mathrm{MC}}^2} \tag{10.8}$$

因为无法获取 σ_B^2 的精确取值，所以只能用其无偏估计代替，有

$$\sigma_B^2 = \hat{Y}_{\mathrm{MC}}(1 - \hat{Y}_{\mathrm{MC}}) \tag{10.9}$$

可以给出关于估计误差的 $\varepsilon_{\mathrm{MC}}$ 的置信水平 $\alpha > 0$，并令

$$P\left\{ \left| \hat{Y}_{\mathrm{MC}} - Y \right| < \varepsilon_{\mathrm{MC}} \right\} \geqslant 1 - \frac{\sigma_B^2}{N \varepsilon_{\mathrm{MC}}^2} = \alpha \tag{10.10}$$

在式（10.10）的约束下可知，相应的抽（采）样样本个数要达到

$$N = \frac{\sigma_B^2}{(1-\alpha)\varepsilon_{\text{MC}}^2} \tag{10.11}$$

显然，当方差 σ_B^2 变大或者误差 ε_{MC} 变小时，样本数量急剧增多，在此情况下，重要性采样、相关采样和分层采样等策略被用于减少方差，从而克服蒙特卡罗方法固有的采样样本过多的缺陷。但是，从式（10.11）可以看出，当信度水平 $\alpha = 100\%$ 时，N 必然趋近于无穷大，显然对于蒙特卡罗方法及其改进方法，都很难获得在此信度水平下的估计误差；当 $\alpha < 100\%$ 时，任何一次的估计结果都不可能是完全精确的，只有多次实施蒙特卡罗估计，取它们的均值作为最终估计结果才具有更好的精确性。因此，此类方法在计算量上的弊端是无法完全避免的。根据式（10.5）对电路系统可靠度的定义，下面将给出一种基于可传递信度模型的电路系统可靠度估计方法，它能提供一个可靠度的近似估计值，其估计误差的信度水平可以达到 100%。

10.3　基于可传递信度模型的电路系统可靠度近似估计

在一定的论域中，2.2.3 节中给出的可传递信度模型（TBM）用来给出论域中命题（元素）的量化的信度[9]，例如，在本节所研究的电路性能可靠性评估问题中，对电路元件参数给出的随机集形式的证据即为一种信度函数。TBM 将信度分为两种状态（层次），第一个是 creedal 状态（表示层），第二个是 Pignistic 状态（决策层）在 "creedal 状态" 中的信度函数即为证据理论中的证据（基本概率赋值函数或质量函数）。当需要利用证据进行决策时，证据由 "creedal 状态" 转换到 "Pignistic 状态"上，随之证据被转换为 Pignistic 概率分布函数，该转换过程被称为 Pignistic 转换（Pignistic transforms）[7]。当所讨论的论语（辨识框架）建立在实数域上时，"creedal 状态" 层中的信度被称为基本信度密度（Basic Belief Density，BBD）函数，实数域上的一个 credal 变量即可用其 BBD 来描述[10]。

本节给出一种获取电路性能函数 Pignistic 累积概率分布的方法，它是该函数真实累积概率分布（Cumulative Probability Distribution，CPD）的一种有效近似，可以用它估计出电路的可靠度。首先，电路元件参数被表示为 "creedal 状态" 中的 credal 变量，其取值范围即为该元件参数的容差区间，再将该 credal 变量建模为一个随机集形式的证据；接着，根据随机集的扩展准则（定义 2.9）获得函数输出的随机集证据；然后，将 "creedal 状态" 下的函数输出证据转换到 "Pignistic 状态"，此时随机集证据被转换为 Pignistic 累积概率分布。利用该近似分布可以估计出电路的可靠度，进一步可判别电路的性能可靠性是否达标。方法的流程图如图 10.1 所示。

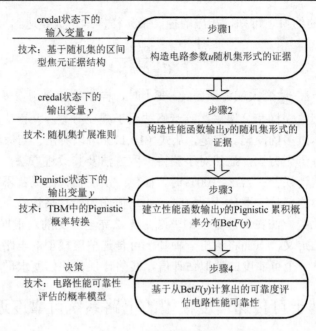

图 10.1　方法流程图

10.3.1　构造电路参数随机集形式的证据

1）性能函数输入参数的随机集证据表示

对于参数向量 $u = (u_1, u_2, \cdots, u_n) \in \Omega$，它的随机集证据表示为$(\mathcal{F}, m)$，这里$\Omega$是实数域上的多维空间 $\Omega = \Omega_1 \times \cdots \times \Omega_n$，并有 $[-\infty, +\infty] \in \Omega$，"×"表示笛卡儿积算子。$\mathcal{F} = \{A_k, k = 1, \cdots, M\}$是$\Omega$上的非空子集组成的集类，$m$ 是一个映射$\mathcal{F} \rightarrow [0, 1]$，并有

$$\sum_{A \in \mathcal{F}} m(A) = 1 \qquad (10.12)$$

其中，m 是基本信度赋值（BBA）[8]。如果 $m(A_k) > 0$，则 A_k 被称为焦元。由 2.2.4 节的定义 2.8 可知,$(\mathcal{F}, m)$也被称为随机关系,也就是一种定义在实数域上的特殊证据。$(\mathcal{F}, m)$的边缘随机集即为$(\mathcal{F}_i, m_i)$, $i = 1, \cdots, n$，其定义为

$$\forall C_i \subseteq \Omega_i, m_i(C_i) = \sum \{m(A) \mid C_i = \mathrm{Proj}_{\Omega_i}(A)\}$$
$$\mathrm{Proj}_{\Omega_i}(A) = \{u_i \in \Omega_i \mid \exists u = (u_1, \cdots, u_i, \cdots, u_n) \in A\} \qquad (10.13)$$

如果 $\forall A \in \mathcal{F}$，$A = C_1 \times \cdots \times C_n$ 且 $m(A) = m_1(C_1) \times \cdots \times m_n(C_n)$，则$(\mathcal{F}, m)$被称为一个可分解笛卡儿积随机关系，并且$(\mathcal{F}_1, m_1), \cdots, (\mathcal{F}_n, m_n)$是相互独立的。

在电路系统中，如电阻、电感和电容等元件参数一般都是非负的，所以Ω_i只涉及非负的实数域，所以元件参数 u_i 属于容差区间 $I_i = [u_{i\_0} - \Delta u_i, \ u_{i\_0} + \Delta u_i] \subset \Omega_i$。若令

$I=I_1\times\cdots\times I_n\subset\Omega$，则 $u=(u_1,u_2,\cdots,u_n)\in I$。这里重写为

$$\mathcal{F}=\{A_k,k=1,\cdots,|\mathcal{F}|\} \tag{10.14}$$

如果 I_i 被划分为 d_i 个子区间 C_i，并有

$$A_k=C_1^k\times C_2^k\times\cdots\times C_n^k, C_i^k\subseteq I_i, \quad i=1,\cdots,n, \quad k=1,\cdots,|\mathcal{F}| \tag{10.15}$$

则 $\mathcal{F}$ 是 I 的一个划分。$|\mathcal{F}|$ 是 $\mathcal{F}$ 的势，也就是 $\mathcal{F}$ 中焦元的个数，即

$$|\mathcal{F}|=\prod_{i=1}^n d_i \tag{10.16}$$

实际上，$\mathcal{F}$ 包含 $|\mathcal{F}|$ 个 n 维的盒子，这个盒子顶点的数量为

$$v=\prod_{i=1}^n (d_i+1) \tag{10.17}$$

这里我们仅考虑 $u_1,\cdots,u_n$ 是相互独立的情况，则 A_k 的基本信度赋值（BBA）为

$$\begin{aligned}
m(A_k)&=\int_{A_k}f(u)\mathrm{d}u=\int_{C_1^k\times C_2^k\times\cdots\times C_n^k}f(u_1,u_2,\cdots,u_n)\mathrm{d}u_1\mathrm{d}u_2\cdots\mathrm{d}u_n\\
&=\left(\int_{C_1^k}f(u_1)\mathrm{d}u_1\right)\left(\int_{C_2^k}f(u_2)\mathrm{d}u_2\right)\cdots\left(\int_{C_n^k}f(u_n)\mathrm{d}u_n\right)\\
&=m_1(C_1^k)m_2(C_2^k)\cdots m_n(C_n^k)
\end{aligned} \tag{10.18}$$

其中，$f(u)$ 是一个联合概率密度函数。式（10.14）和式（10.18）组成了元件参数向量 u 的随机集 $(\mathcal{F},m)$，第 i 个元素 u_i 的 $\mathcal{F}_i$ 和 BBA m_i 构成了随机集 $(\mathcal{F}_i,m_i)$，它是 $(\mathcal{F},m)$ 的边缘随机集。

2）性能函数输出变量的随机集证据表示

在得到 $(\mathcal{F},m)$ 后，通过 2.2.4 节给出的随机集扩展准则，可以生成输出变量 $y=g(u)$ 的随机集 $(\mathcal{R},\rho)$，即

$$\begin{aligned}
\mathcal{R}&=\{R_k=g(A_k)\mid A_k\in\mathcal{F}\}\\
g(A_k)&=\{g(u)\mid u\in A_k\}, \quad k=1,2,\cdots,|\mathcal{F}|
\end{aligned} \tag{10.19}$$

$$\rho(R_j)=\sum\{m(A_k)\mid R_j=g(A_k)\}, \quad j=1,2,\cdots,|\mathcal{R}| \tag{10.20}$$

这里的扩展准则要应用在电路系统单个的性能函数 $g(u)$ 上，$|\mathcal{R}|$ 是 $\mathcal{R}$ 的势。式（10.20）中的求和算子是考虑到会有多于一个的 A_k 都映射到同一个 R_i，所以 $j\le k$。

为了便于理解，这里举例说明如何构造 $(\mathcal{R},\rho)$。对于一个二维的参数向量 $u=(u_1,u_2)$，$u_1\in I_1$，$u_2\in I_2$，$I=I_1\times I_2$。I_1 被划分为 $d_1=3$ 个子区间 $[u_{1,1},u_{1,2})$，$[u_{1,2},u_{1,3})$，$[u_{1,3},u_{1,4}]$；I_2 被划分为 $d_2=2$ 个子区间 $[u_{2,1},u_{2,2})$，$[u_{2,2},u_{2,3}]$；那么共计给出 6 个焦元为

$$A_1=[u_{1,1},u_{1,2})\times[u_{2,1},u_{2,2}), A_2=[u_{1,1},u_{1,2})\times[u_{2,2},u_{2,3}]$$

$$A_3=[u_{1,2}, u_{1,3}]\times[u_{2,1}, u_{2,2}), \quad A_4=[u_{1,2}, u_{1,3}]\times[u_{2,2}, u_{2,3}]$$

$$A_5=[u_{1,3}, u_{1,4}]\times[u_{2,1}, u_{2,2}), \quad A_6=[u_{1,3}, u_{1,4}]\times[u_{2,2}, u_{2,3}]$$

由式（10.16）和式（10.17）可得$|\mathcal{F}|=6$，$v=12$。若 g 及其偏导数是连续的，且关于每个元件参数函数 g 都是单调的，则区间 $g(A_k)$ 的端点值即为区间 A_k 的端点值经函数 g 映射后所获得的值。这里，假设 g 及其偏导数在 I_1 和 I_2 是连续的，并且 u_1 和 u_2 在 I_1 和 I_2 分别是单增和单减的，那么这里给出了 A_2 像的求法：

$$g(A_2) = [g(u_{1,1},u_{2,3}), g(u_{1,2},u_{2,2})] \tag{10.21}$$

计算所有需要的电路仿真次数仅为 $v-2=(3+1)\times(2+1)-2=10$，此外，如果 $A_k \neq A_t$，$k \neq t$，$k,t=1,\cdots,6$，则可以用式（10.20）计算 y 的 BBA，即

$$\begin{aligned}
\rho(g(A_2)) = m(A_2) &= \int_{A_2} f(u)\mathrm{d}u \\
&= \left(\int_{u_{1,1}}^{u_{1,2}} f(u_1)\mathrm{d}u_1\right)\left(\int_{u_{2,2}}^{u_{2,3}} f(u_2)\mathrm{d}u_2\right) \\
&= m_1([u_{1,1},u_{1,2}])m_2([u_{2,2},u_{2,3}])
\end{aligned} \tag{10.22}$$

值得注意的是，当 $d_1,d_2 \to \infty$，$|\mathcal{F}| \to \infty$ 时，由式（10.16）可知 $|\mathcal{R}| \to \infty$。所以，可以得出一个结论，随着 $(\mathcal{F}, m)$ 中焦元个数的无限增多，每个焦元区间的长度趋近于零，同时这会导致 $(\mathcal{R}, \rho)$ 中焦元个数也为无限增多，它们的区间长度趋近于零，下面将给出这一结论的相关证明。

10.3.2　构造性能函数输出的 Pignistic 近似累积概率分布

首先给出基本信度密度（BBD）的概念[10]，它是定义在 Ω 上的非负函数。若焦元 A 不是一个闭区间，或焦元 A 的右端点小于其左端点，则 $m^{\Omega}(A)=0$，此外 $m^{\Omega}(A)$ 还满足：

$$\int_{-\infty}^{\infty}\int_{x}^{\infty} m^{\Omega}([x,z])\mathrm{d}z\mathrm{d}x + m^{\Omega}(\varnothing) = 1 \tag{10.23}$$

这里定义在 Ω 上的焦元 A 的数量是无限的。实际上，输入变量 u 的 BBA $m(A)$ 和输出变量 y 的 BBA $\rho(R)$ 都可以被看作离散状态下 BBD 的特殊形式。u 和 y 是分别用 $m(A)$ 和 $\rho(R)$ 刻画的 credal 变量。此时，$(\mathcal{F}, m)$ 和 $(\mathcal{R}, \rho)$ 的焦元是定义在 u 和 y 各自容差区间上的离散的闭区间或半开半闭区间。实际中，半开半闭区间可以被近似看作闭区间，在求输出变量 y 的 Pignistic 累积概率分布时，这并不会引起额外的误差。

在计算输出变量 y 的 Pignistic 累积概率分布时，需要将 y 的信度从 credal 状态转换到 Pignistic 状态。给定一个关于 y 的 BBD $\rho(R_j)$，$R_j=[a_j, b_j]\in\mathcal{R}$，$j=1,\cdots,|\mathcal{R}|$，Pignistic 概率密度函数定义为[10]

$$\text{Bet } f(y) = \sum_{j=1}^{|\mathcal{R}|} \frac{I(y, [a_j, b_j])}{b_j - a_j} \rho([a_j, b_j]) \tag{10.24}$$

其中，Bet 表示 Pignistic 转换算子，指示函数 $I(y, [a_j, b_j])=1$，$y \in [a_j, b_j]$；$I(y, [a_j, b_j])=0$，$y \notin [a_j, b_j]$。

与概率论相似，由 y 的 Pignistic 概率密度可以得到它的 Pignistic 累积概率分布

$$\text{Bet} F(a) = \int_{-\infty}^{a} \text{Bet } f(y) \mathrm{d}y = \int_{L}^{a} \text{Bet } f(y) \mathrm{d}y$$

$$= \text{Bet} P([L, a]) = \sum_{j=1}^{|\mathcal{R}|} \text{Bet } F(a)_j \tag{10.25}$$

其中，$\text{Bet} P([L, a])$ 给出了 y 落入区间 $[L, a]$ 的概率。L 是容差区间 $[L, R]$ 的左端点，该区间通过从 $\mathcal{F}$ 到 $\mathcal{R}$ 的映射得到。

求解式（10.25）分三种情况[10]：①若 $a \geq b_j$，则 $\text{Bet} F(a)_j = \rho([a_j, b_j])$；②若 $a_j < a < b_j$，则 $\text{Bet } F(a)_j = \dfrac{a - a_j}{a_j - b_j} \rho([a_j, b_j])$；③若 $a \leq a_j$，则 $\text{Bet} F(a)_j = 0$。

这里给出定理 10.1 证明 y 的 Pignistic 累积概率分布 $\text{Bet} F(y)$ 与其真实累积概率分布 $F(y)$ 之间的近似关系，从而说明利用 Pignistic 累积概率进行可靠度估计的合理性。

定理 10.1　若 $g(u)$ 及其偏导数都是连续的，它关于输入参数 $u_i, i = 1, \cdots, n$ 是严格单调的，则当 $(\mathcal{F}, m)$ 中所有焦元的长度趋近于零时，$(\mathcal{R}, \rho)$ 中所有焦元的长度也趋近于零，此时，Pignistic 累积概率分布 $\text{Bet} F(y)$ 无限趋近于实累积概率分布 $F(y)$。

证明　若每个函数输入参数 $u_i, i = 1, \cdots, n$ 是相互独立的随机变量，则 $(\mathcal{F}, m)$ 可以从它的边缘随机 $(\mathcal{F}_i, m_i)$ 构造出。输出随机集 $(\mathcal{R}, \rho)$ 可以利用随机集扩展准则获得。

令 $[l_i, l_i + \Delta l_i] \in \mathcal{F}_i$ 是 $(\mathcal{F}_i, m_i)$ 的任何一个焦元，那么 $(\mathcal{F}, m)$ 中与其相应的焦元为 $[l_1, l_1 + \Delta l_1] \times [l_2, l_2 + \Delta l_2] \times \cdots \times [l_n, l_n + \Delta l_n]$，$\Delta l_i$ 是正的增量，当 $\Delta l_i \to 0$ 时，$i = 1, \cdots, n$，有 $|\mathcal{F}| \to \infty$。若 $g(u)$ 关于每个输入变量都是单增的（也可以假设其他单调变化的情况），则通过文献[11]中给出的区间计算方法得到 $(\mathcal{R}, \rho)$ 的焦元：

$$[a, b] = [g(l_1, l_2, \cdots, l_n), g(l_1 + \Delta l_1, l_2 + \Delta l_2, \cdots, l_n + \Delta l_n)] \in \mathcal{R} \tag{10.26}$$

那么，$g(u)$ 在 $u = (l_1, l_2, \cdots, l_n)$ 处的增量可以表示为

$$\Delta y = b - a = g(l_1 + \Delta l_1, l_2 + \Delta l_2, \cdots, l_n + \Delta l_n) - g(l_1, l_2, \cdots, l_n)$$

$$= \sum_{i=1}^{n} O_i(l_1, l_2, \cdots, l_n) \Delta l_i + o(\rho) \tag{10.27}$$

其中，O_i 与 $\Delta l_i, \cdots, \Delta l_n$ 无关，只与 $l_1, l_2, \cdots, l_n$ 相关，并有

$$\rho = \sqrt{\sum_{i=1}^{n} \Delta l_i^2} \tag{10.28}$$

$o(\rho)$ 是关于 ρ 的高阶项，是无限小的。

当 $\Delta l_i \to 0, i = 1, \cdots, n$ 时，有

$$\lim_{\substack{\Delta l_i \to 0 \\ i=1,\cdots,n}} \Delta y = \lim_{\substack{\Delta l_i \to 0 \\ i=1,\cdots,n}} \left(f(l_1 + \Delta l_1, l_2 + \Delta l_2, \cdots, l_n + \Delta l_n) - f(l_1, l_2, \cdots, l_n) \right)$$

$$= \lim_{\substack{\Delta l_i \to 0 \\ i=1,\cdots,n}} \left(\sum_{i=1}^{n} O_i(l_1, l_2, \cdots, l_n) \Delta l_i + o(\rho) \right) = 0 \tag{10.29}$$

所以 $\Delta l_i \to 0$ 意味着 $\Delta y \to 0$，同时 $|\mathcal{F}| \to \infty$ 意味着 $|\mathcal{R}| \to \infty$，且 $[a, b]$ 区间的长度趋近于零。

如果 $(\mathcal{R}, \rho)$ 的焦元为 $[a_j, a_j + \Delta y_j]$，$j = 1, \cdots, |\mathcal{R}|$，并且 $\Delta y_j \to 0$，则

$$\lim_{\substack{\Delta y_j \to 0 \\ j=1,\cdots,|\mathcal{R}|}} \mathrm{Bet}f(y) = \lim_{\substack{\Delta y_j \to 0 \\ j=1,\cdots,|\mathcal{R}|}} \sum_{j=1}^{|\mathcal{R}|} \frac{I(y, [a_j, a_j + \Delta y_j])}{\Delta y_j} \rho([a_j, a_j + \Delta y_j])$$

$$= \lim_{\Delta y \to 0} \frac{1}{\Delta y} \int_y^{y+\Delta y} f(x) \mathrm{d}x = f(y) \tag{10.30}$$

这里，第二个等式成立的原因为：当每个 $\Delta y_j \to 0$，$|\mathcal{R}| \to \infty$ 时，这里仅有一个无限小的区间 $[a_j, a_j + \Delta y_j]$ 包含 $y = a_j$，而最后一个等式可以利用 L'Hospital 规则推导出。

因此，当每个 $\Delta y_j \to 0$，$|\mathcal{R}| \to \infty$ 时，由式（10.25）可得

$$\lim_{\substack{\Delta y_j \to 0 \\ j=1,\cdots,|\mathcal{R}|}} \mathrm{Bet}F(a) = \lim_{\substack{\Delta y_j \to 0 \\ j=1,\cdots,|\mathcal{R}|}} \int_L^a \mathrm{Bet}f(y) \mathrm{d}y$$

$$= \int_L^a f(y) \mathrm{d}y = P(L \leqslant y \leqslant a) = F_y(a) \tag{10.31}$$

证毕。

最后，可以计算出可靠度的 Pignistic 近似估计为

$$\hat{Y}_{\mathrm{Bet}} = \mathrm{Bet}\, F(U) - \mathrm{Bet}\, F(L) \tag{10.32}$$

其中，L 和 U 分别是变量 y 容差区间的左右端点。

10.4　Pignistic 近似估计的误差分析

从定理 10.1 可知，完全精确的估计只有当输入参数向量 $(\mathcal{F}, m)$ 的焦元趋近于无限时才能得到，此时，也需要无数次的电路仿真才能获得输出变量的随机集 $(\mathcal{R}, \rho)$。

很明显，这样的计算负担是不可接受的。然而，一般情况下，较为可行的策略是对输入变量 u 的容差区间 I 进行有限次的划分获得含有有限个数焦元 A_k，$k=1,\cdots,|\mathcal{F}|$ 的随机集 $(\mathcal{F}, m)$，从而只需进行电路仿真（或评估性能函数）$v-2$ 次，即可获得含有有限个焦元的随机集 $(\mathcal{R}, \rho)$。接着，可以利用式（10.25）得到 $\mathrm{Bet}F(y)$。如果估计误差太大，则可以对 I 进行更为细密的划分。

为了分析估计误差，这里先给出 y 真实累积概率分布 $F_y(y)$ 的上下边界为[12]

$$F_{y,\mathrm{upp}}(y) = \mathrm{Pl}(-\infty, y] = \mathrm{Pl}(L, y] = \sum \left\{ \rho\big(g(A_k)\big) \,|\, y \geq \inf\big(g(A_k)\big) \right\} \quad (10.33)$$

$$F_{y,\mathrm{low}}(y) = \mathrm{Bel}(-\infty, y] = \mathrm{Bel}(L, y] = \sum \left\{ \rho\big(g(A_k)\big) \,|\, y \geq \sup\big(g(A_k)\big) \right\} \quad (10.34)$$

其中，$g(A_k)$ 是一个实数区间，所以 $\inf(g(A_k))$、$\sup(g(A_k))$ 分别是 $g(A_k)$ 的左、右端点。文献[10]中已证明：

$$F_{y,\mathrm{low}}(y) < F_y(y) < F_{y,\mathrm{upp}}(y) \quad (10.35)$$

因此 $F_{y,\mathrm{low}}(y)$ 和 $F_{y,\mathrm{upp}}(y)$ 必然可以包含通过蒙特卡罗仿真得到的 $F_y(y)$。另外，也可以证明 $F_{y,\mathrm{low}}(y)$ 和 $F_{y,\mathrm{upp}}(y)$ 必然包含 $\mathrm{Bet}F(y)$。

定理 10.2　若区间 $[L, R]$ 是输出变量 y 的论域，则对于任意的 $y \in [L, R]$，如下不等式成立。

$$F_{y,\mathrm{low}}(y) < \mathrm{Bet}F(y) < F_{y,\mathrm{upp}}(y) \quad (10.36)$$

证明　由 Pignistic 累积概率分布 $\mathrm{Bet}F(y)$ 的定义可知

$$\mathrm{Bet}F(y) = \sum \left\{ \rho\big(g(A_k)\big) \,|\, y \geq \inf\big(g(A_k)\big) \right\}$$

$$- \sum \left\{ \frac{\sup\big(g(A_k)\big) - y}{\sup\big(g(A_k)\big) - \inf\big(g(A_k)\big)} \rho\big(g(A_k)\big) \,|\, \inf\big(g(A_k)\big) < y < \sup\big(g(A_k)\big) \right\}$$

$$< \sum \left\{ \rho\big(g(A_k)\big) \,|\, y \geq \inf\big(g(A_k)\big) \right\} = F_{y,\mathrm{upp}}(y) \quad (10.37)$$

$$\mathrm{Bet}F(y) = \sum \left\{ \rho\big(g(A_k)\big) \,|\, y \geq \sup\big(g(A_k)\big) \right\}$$

$$+ \sum \left\{ \frac{y - \inf\big(g(A_k)\big)}{\sup\big(g(A_k)\big) - \inf\big(g(A_k)\big)} \rho\big(g(A_k)\big) \,|\, \inf\big(g(A_k)\big) < y < \sup\big(g(A_k)\big) \right\}$$

$$> \sum \left\{ \rho\big(g(A_k)\big) \,|\, y \geq \sup\big(g(A_k)\big) \right\} = F_{y,\mathrm{low}}(y) \quad (10.38)$$

证毕。

若令 $D = [L, U]$ 是 y 的容差区间，则可靠度 $Y = F_y(U) - F_y(L)$，$\hat{Y}_{\mathrm{Bet}} = \mathrm{Bet}F(U) - \mathrm{Bet}F(L)$，并有

$$F_{y,\mathrm{low}}(U) - F_{y,\mathrm{upp}}(L) < Y < F_{y,\mathrm{upp}}(U) - F_{y,\mathrm{low}}(L) \quad (10.39)$$

$$F_{y,\mathrm{low}}(U) - F_{y,\mathrm{upp}}(L) < \hat{Y}_{\mathrm{Bet}} < F_{y,\mathrm{upp}}(U) - F_{y,\mathrm{low}}(L) \quad (10.40)$$

显然，Y 和 $\hat{Y}_{\text{Bet}}$ 有相同的边界，因此 Pignistic 近似估计有一个明确的误差上限：

$$\varepsilon_{\text{Bet}}^{\text{upp}} = (F_{y,\text{upp}}(U) - F_{y,\text{low}}(U)) + (F_{y,\text{upp}}(L) - F_{y,\text{low}}(L)) \tag{10.41}$$

值得注意的是，Pignistic 近似估计误差 $|Y - \hat{Y}_{\text{Bet}}|$ 必小于该误差的上界。当输入参数向量的容差区间 I 的划分数确定之后，该误差上界即被确定，这点可以从式（10.37）和式（10.38）推导出。所以，$\hat{Y}_{\text{Bet}}$ 是可靠度 Y 的一个有偏估计。

对于本书给出的近似估计方法，I 的划分数一旦确定，电路仿真的次数（v–2）和估计误差即可确定。所以，这里有两条途径实现 Pignistic 近似估计与蒙特卡罗估计之间的比较。第一条途径是令 $\varepsilon_{\text{Bet}}^{\text{upp}} = \varepsilon_{\text{MC}}$（置信水平为 99.99%），在此约束下比较两种方法的计算量。第二条途径是使得本书所提方法的电路仿真次数（v–2）等于蒙特卡罗采样样本数，在此约束下比较两种方法的估计误差。在随后的算例中，本书方法将与原始的蒙特卡罗（Primary Monte Carlo，PMC）方法和公认的蒙特卡罗改进方法，即拉丁超立方体采样蒙特卡罗（Latin Hypercube Sampling Monte Carlo，LHSMC）方法进行比较，从而说明新方法的有效性。所有的算例仿真都在 MATLAB 软件上实现，仿真硬件计算机的 Intel CPU 的主频为 2.4GHz。

10.5　高速铁路轨道电路调谐单元性能可靠性评估实例

10.5.1　轨道电路调谐单元的工作原理

这里对 7.4 节中涉及的轨道电路进行进一步的研究，在图 7.8 所示轨道电路中的调谐区小轨道电路（电气绝缘节）是实现电气绝缘的主要部件，其主要是根据频率共振原理构成的电路，结构包括调谐单元 BA1 和 BA2 以及空心线圈 SVA，其电路元件构成如图 10.2 所示（以本轨道电路载频 2300Hz，相邻轨道电路载频 1700Hz 为例）[13]。因为 BA1 和 BA2 的共振原理相似，所以以本书的 BA2 为例分析其共振性能，并评估其性能可靠性。

首先介绍一下 BA2 的共振原理。L_2C_2 在 1700Hz 的频率点发生串联谐振，L_2C_2 谐振的阻抗值只有 10mΩ（称为零阻抗），这种等效的短路状态可以阻止相邻轨道载频为 1700Hz 的信号传输到本轨道电路中。$L_2(\mu\text{H})$ 和 $C_2(\mu\text{F})$ 的参数值可以由共振频率 f_1 的公式确定。

$$f_1 = 10^6 \times \frac{1}{2\pi(L_2C_2)^{0.5}} \quad (\text{Hz}) \tag{10.42}$$

另外，$L_2C_2C_3$ 和小轨道的等效电感参数 L_v 构成了并联谐振，共振频率为主轨道电路载频 2300Hz，L_v 取值为

$$L_v = 0.5L + 0.5L//L_s \tag{10.43}$$

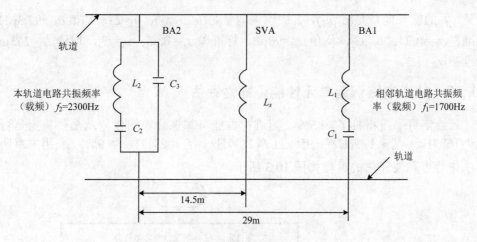

图 10.2　调谐区小轨道电路结构

其中，$L(\mu H)$ 和 $L_s(\mu H)$ 分别是小轨道电路中四段钢轨的等效感值和 SVA 的感值，"//"表示并联算子。当 $L_2C_2C_3L_v$ 组成的电路发生并联谐振时，其谐振电阻为 2Ω（称为极阻抗），这种等效的开路状态可以阻止轨道电路的载频信号传输到相邻轨道电路上。$L_2C_2C_3$ 的参数值可以由共振频率 f_2 的公式确定。

$$f_2 = 10^6 \times \frac{\omega_2}{2\pi} \quad (Hz) \tag{10.44}$$

其中

$$\omega_2 = \left(\frac{(L_vC_3 + L_2C_2 + L_vC_2) + \left((L_vC_3 + L_2C_2 + L_vC_2)^2 - 4L_vL_2C_2C_3\right)^{0.5}}{2L_vL_2C_2C_3} \right)^{0.5} \tag{10.45}$$

在绝缘节的设计中，考虑到电路谐振效果的鲁棒性，在谐振频率 f_1=1700Hz 和 f_2=2300Hz 处，允许出现最大 ± 11Hz 的频率漂移，$L_2 = 97.3 \pm 1\% \mu H$，$C_2 = 90 \pm 2\% \mu F$，$C_3 = 263 \pm 2\% \mu F$，固定值 $L_v = 31\mu H$。L_2、C_2、C_3 是在其容差区域内符合正态分布的随机变量，且相互独立，它们的标准差分别为 σ_{L2}=0.24，σ_{C2}=0.25，σ_{C3}=1.3。

根据 BA2 的结构，可以将其分解为 L_2C_2 串联谐振电路和 $L_2C_2C_3$ 并联谐振电路。两者各自的性能函数即为它们的共振频率。

$$y_1 = f_1(u_1, u_2) = 10^6 \times \frac{1}{2\pi(u_1u_2)^{0.5}} \tag{10.46}$$

$$y_2 = f_2(u_1, u_2, u_3)$$

$$= \frac{10^6}{2\pi} \times \left(\frac{(L_vu_3 + u_1u_2 + L_vu_2) + \left((L_vu_3 + u_1u_2 + L_vu_2)^2 - 4L_vu_1u_2u_3\right)^{0.5}}{2L_vu_1u_2u_3} \right)^{0.5} \tag{10.47}$$

可见，f_1 的输入向量是 (u_1, u_2)，f_2 的输入向量是 (u_1, u_2, u_3)，$u_1 = L_2$，均值 $\mu_{u1} = 97.3\mu H$，标准差 $\sigma_{u1} = 0.24$；$u_2 = C_2$，均值 $\mu_{u2} = 90\mu F$，标准差 $\sigma_{u2} = 0.25$；$u_3 = C_3$，均值 $\mu_{u3} = 263\mu F$，标准差 $\sigma_{u3} = 1.3$。

10.5.2　轨道电路调谐单元性能可靠性评估

若设定可靠度指标 $\varUpsilon = 95\%$，则进行性能可靠性分析的任务就是要决定是否满足 $P(1689\,\mathrm{Hz} \leqslant f_1 \leqslant 1711\,\mathrm{Hz}) \geqslant 95\%$ 且 $P(2289\,\mathrm{Hz} \leqslant f_2 \leqslant 2311\,\mathrm{Hz}) \geqslant 95\%$。利用本章所提方法进行可靠性评估的流程如图 10.3 所示。

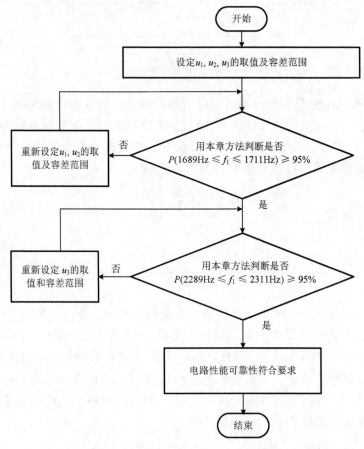

图 10.3　BA2 性能可靠性评估流程图

在设定的 u_1, u_2 下，首先评估是否 $P(1689\,\mathrm{Hz} \leqslant f_1 \leqslant 1711\,\mathrm{Hz}) \geqslant 95\%$，具体步骤如下。

（1）构造输入参数的随机集形式的证据 $(\mathcal{F}, m)$。

输入变量 u_1, u_2 的容差区间分别为 $I_1 = [96.327, 98.273]\mu H$，$I_2 = [88.2, 91.8]\mu F$。这里将

两个区间都划分为 $d_1=d_2=10$ 个子区间 $I_{1,p}=[u_{1,p},u_{1,p+1})$，$p=1,\cdots,d_1$，$I_{2,k}=[u_{2,k},u_{2,k+1})$，$k=1,\cdots,d_2$，则

$$\mathcal{F}=\{I_{1,p}\times I_{2,k}\mid p=1,\cdots,d_1;k=1,\cdots,d_2\}\qquad(10.48)$$

$\mathcal{F}$ 包含 $|\mathcal{F}|=100$ 个焦元。因为 u_1, u_2 是相互独立的，那么由式（10.18）可得

$$m(I_{1,p}\times I_{2,k})=\int_{I_{1,p}\times I_{2,k}}f(u_1,u_2)\mathrm{d}u_1\mathrm{d}u_2=\int_{I_{1,p}\times I_{2,k}}f(u_1)f(u_2)\mathrm{d}u_1\mathrm{d}u_2$$

$$=\left(\int_{I_{1,p}}f(u_1)\mathrm{d}u_1\right)\left(\int_{I_{2,k}}f(u_2)\mathrm{d}u_2\right)=m_1(I_{1,p})m_2(I_{2,k})\qquad(10.49)$$

其中，$m_1(I_{1,p}),m_2(I_{2,k})$ 分别是对 I_1 和 I_2 中子区间的基本概率赋值，这些值在表 10.1 和表 10.2 中给出。

表 10.1　BBA: $m_1(I_{1,p})$　$p=1,\cdots,10$

p	$I_{1,p}/\mu H$	m_1
1	[96.372, 96.5216)	0.00065547
2	[96.5216, 96.7162)	0.0075104
3	[96.7162, 96.9108)	0.04660175
4	[96.9108, 97.1054)	0.15705611
5	[97.1054, 97.3)	0.28814460
6	[97.3, 97.4946)	0.28814460
7	[97.4946, 97.6892)	0.15705611
8	[97.6892, 97.8838)	0.04660175
9	[97.8838, 98.0784)	0.0075104
10	[98.0784, 98.273]	0.00065547

表 10.2　BBA: $m_2(I_{2,k})$　$k=1,\cdots,10$

k	$I_{2,k}/\mu F$	m_2
1	[88.2, 88.56)	0.00065547
2	[88.56, 88.92)	0.0075104
3	[88.92, 89.28)	0.04660175
4	[89.28, 89.64)	0.15705611
5	[89.64, 90)	0.28814460
6	[90, 90.36)	0.28814460
7	[90.36, 90.72)	0.15705611
8	[90.72, 91.08)	0.04660175
9	[91.08, 91.44)	0.0075104
10	[91.44, 91.8]	0.00065547

（2）构造输出共振频率 y_1 随机集形式的证据 $(\mathcal{R},\rho)$。

性能函数 f_1 及其偏导数在区间 $I_1\times I_2$ 都是连续的，并且关于 u_1,u_2 都是单调递减的。对于每个焦元 $I_{1,p}\times I_{2,k}$，f_1 的最大值对应 $u_1=u_{1,p}$, $u_2=u_{1,k}$ 时的函数值，f_1 的最小值对应 $u_1=u_{1,p+1}$, $u_2=u_{1,k+1}$ 时的函数值，由式（10.19）和式（10.20）可得

$$\mathcal{R} = \{R = f_1(I_{1,p} \times I_{2,k}) \mid p = 1, \cdots, d_1; k = 1, \cdots, d_2\} \tag{10.50}$$

$$\rho(R) = \sum \{m(I_{1,p} \times I_{2,k}) \mid R = f_1(I_{1,p} \times I_{2,k})\} \tag{10.51}$$

通过计算可知，性能函数输出的像区间 $R_j = f_1(I_{1,p} \times I_{2,k})$, $j = 1, 2, \cdots, 100$ 都是各不相同的，所以有 $\rho(I_{1,p} \times I_{2,k}) = m(I_{1,p} \times I_{2,k})$。

（3）计算输出变量 y_1 的 Pignistic 累积概率分布 Bet$F$。

Bet$F$ 由式（10.52）给出：

$$\text{Bet}F_{y_1}(a) = \int_L^a \text{Bet}f(y_1)\mathrm{d}y_1 = \sum_{j=1}^{100} \text{Bet}F_{y_1}(a)_j \tag{10.52}$$

需要说明的是，随机集$(\mathcal{F}, m)$和$(\mathcal{R}, \rho)$的中半开半闭的焦元区间都近似为全闭的焦元区间，这样做并不会产生额外的误差。$\text{Bet}F_{y_1}(a)$, $F_{y,\text{low}}(a)$ 和 $F_{y,\text{upp}}(a)$ 的曲线如图 10.4 所示，其中也显示了经 3×10^7 次蒙特卡罗采样得到的分布函数曲线 $F_{y_1}(a)$，将其作为参考的真实分布曲线。$F_{y_1}(a)$ 和 $\text{Bet}F_{y_1}(a)$ 之间的差值曲线（即估计误差）如图 10.5 所示。估计误差的最大绝对值只有 0.018。若我们想增进 Pignistic 近似估计的精确性，可以令 $d_1 = d_2 = 30$，则要进行 $(30+1)^2 - 2 = 959$ 次的电路仿真，可以得到更为精确的 Pignistic 累积概率分布，图 10.6 和图 10.7 显示了所得分布曲线以及估计误差曲线，此时估计误差最大绝对值降为 0.0021。这说明性能函数输入变量的容差区间被划分得越细，性能函数输出变量的分布函数越逼近其真实的分布，该实验结果与定理 10.1 所给出的结论一致。

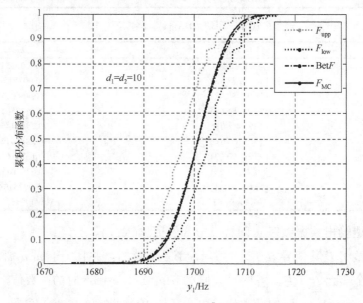

图 10.4　Bet$F$（$d_1 = d_2 = 10$），F_{MC}（3×10^7 次蒙特卡罗采样），$F_{\text{upp}}, F_{\text{low}}$

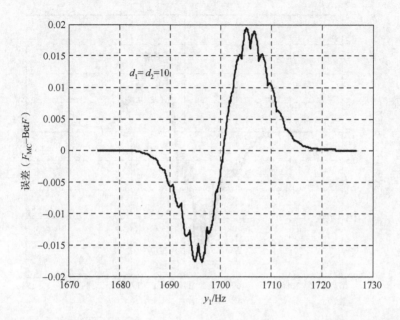

图 10.5　估计误差（F_{MC}－Bet$F$），Bet$F$（$d_1=d_2=10$），F_{MC}（3×10^7 次蒙特卡罗采样）

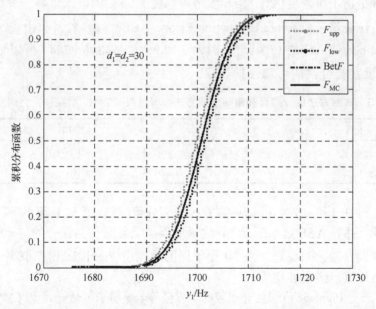

图 10.6　Bet$F$（$d_1=d_2=30$），F_{MC}（3×10^7 次蒙特卡罗采样），F_{upp}，F_{low}

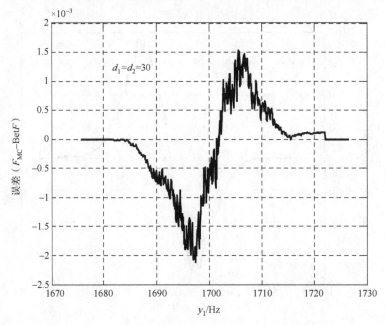

图 10.7　估计误差（F_{MC}–Bet$F$），Bet$F$（$d_1=d_2=30$），F_{MC}（3×10^7 次蒙特卡罗采样）

（4）利用 Bet$F$ 评估参数 u_1, u_2 的配置是否满足可靠性要求。

表 10.3 给出了可靠度估计 $\hat{Y}_{Bet}$ 和参考可靠度 Y_1（经 3×10^7 次蒙特卡罗采样得到），以及绝对估计误差（Absolute Estimation Error，AEE）$|Y_1 - \hat{Y}_{Bet}|$ 和由式（10.41）得到的 Pignistic 近似估计的上界 ε_{Bet}^{upp}。因为 $Y=0.95<0.9648<0.9764$，所以电路元件参数 u_1,u_2 的设置符合性能可靠性的要求。

表 10.3　本书方法估计结果和蒙特卡罗方法参考结果（3×10^7 次采样）之间的比较

u_1,u_2 划分数	$\hat{Y}_{Bet}$	Y_1	AEE	ε_{Bet}^{upp}
$d_{1,2}=10$	0.9684	0.9774	0.009	0.1088
$d_{1,2}=30$	0.9764	0.9774	0.001	0.0238

根据定理 10.1 可知，对 u_1, u_2 的容差区间划分得越细，则 AEE 越小，说明 Pignistic 估计越准确，并有 AEE 远小于 ε_{Bet}^{upp}，这说明误差上界是较为保守的。一般来说，当每个输入变量容差区间被划分为 30 个子区间时，由 Pignistic 累积概率分布计算出的可靠度估计值已经足够精确。

此外，若令 Pignistic 近似估计误差的上界值等于蒙特卡罗估计误差（$\varepsilon_{Bet}^{upp} = \varepsilon_{MC}$），并使得误差信度水平为 99.99%（完全可信），则表 10.4 给出了在此情况下两种方法估计结果的比较。很明显，在同样的估计误差下，Pignistic 近似估计

（Pignistic Approximate Estimate，PAE）需要的电路仿真次数远小于原始蒙特卡罗（PMC）方法的仿真次数（即采样次数）。

表 10.4　估计误差相同时 PAE 方法和 PMC 方法计算量的比较

划分数	$\varepsilon_{MC}=\varepsilon_{Bet}^{upp}$	PAE	PMC	PAE/PMC/%
$d_{1,2}=10$	0.1088	119	18670	0.64
$d_{1,2}=30$	0.0238	959	390160	0.25

若根据输入变量不同的划分情况决定蒙特卡罗仿真的次数，即仿真次数为 $N=(d_1+1)\times(d_2+1)-2$，则表 10.5 给出此情况下 PAE、PMC 和 LHSMC 方法估计误差的比较。这里，两种蒙特卡罗方法的估计误差皆为 200 次估计的绝对均值估计误差（Absolute Mean Estimation Error，AMEE），显然，所提方法比蒙特卡罗方法估计的更精确。

表 10.5　相同仿真次数下三种方法估计误差的比较

三种方法	估计误差	仿真次数=$(d_1+1)\times(d_2+1)-2$		
		119	439	959
		$d_{1,2}=10$	$d_{1,2}=20$	$d_{1,2}=30$
PAE	AEE	0.009	0.0022	0.001
LHSMC	AMEE	0.0091	0.0047	0.0029
PMC	AMEE	0.0111	0.0058	0.0036

进一步，表 10.6 给出了 PAE、PMC 和 LHSMC 三种方法运行 200 次平均时间的比较。三种方法的计算复杂度分别为 $O_{PAE}(d^n)$，$O_{PMC}((d+1)^n)$，$O_{LHSMC}((d+1)^n)$，n 是输入变量的个数，d 是每个变量的划分数，可见，本书给出的方法，计算效率更高。

表 10.6　相同仿真次数下三种方法运行时间比较

三种方法	仿真次数=$(d_1+1)\times(d_2+1)-2$		
	119	439	959
	$d_{1,2}=10$	$d_{1,2}=20$	$d_{1,2}=30$
PAE	0.004	0.0111	0.0223
LHSMC	0.0142	0.051	0.1041
PMC	0.0137	0.0487	0.1016
PAE/LHSMC/%	28	21	21
PAE/PMC/%	29	23	22

由轨道电路调节单元性能可靠性评估的流程图 10.3 可知，当 u_1,u_2 的参数设置满足 f_1 的要求之后，要使用本章给出的方法继续评估 u_1,u_2,u_3 的参数设置是否满足 f_2 的要求 $P(2289\,\text{Hz}\leqslant f_2\leqslant 2311\,\text{Hz})\geqslant 95\%$。输入参数向量变为 $u=(u_1,u_2,u_3)$。u_1,u_2,u_3 的容差区间分别为 $I_1=[96.327,98.273]\mu\text{H}$，$I_2=[88.2,91.8]\mu\text{F}$，$I_3=[257.74,268.26]\mu\text{F}$。若令它们的子区间划分个数都为 $d_1=d_2=d_3=30$，重复以上四步，即可得到关于 f_2 的可靠

度的估计值，图 10.8 和图 10.9 分别给出了相应的累积概率分布曲线和估计误差曲线。

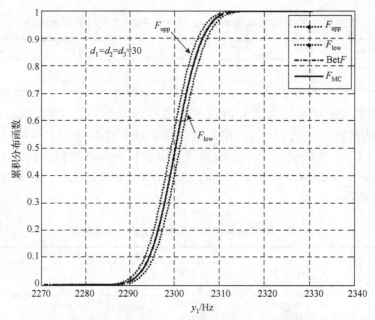

图 10.8　$\mathrm{Bet}F$ ($d_1=d_2=d_3=30$), F_{MC}(3×10^7 次蒙特卡罗采样), F_{upp}, F_{low}

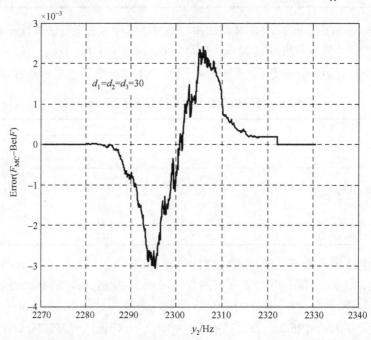

图 10.9　估计误差($F_{\mathrm{MC}}-\mathrm{Bet}F$), $\mathrm{Bet}F$ ($d_1=d_2=d_3=30$), F_{MC} (3×10^7 次蒙特卡罗采样)

表 10.7 给出了相应的估计结果，表 10.8 给出了 PAE 和 PMC 方法计算量的比较，表 10.9 给出了 PAE、PMC 和 LHSMC 三种方法在同样仿真次数下，估计误差的比较，表 10.10 给出三种方法运行 200 次平均时间的比较。从表 10.9 和表 10.10 可以看出，虽然 PAE 的 AEE 略高于 MC 的 AMEE，但是 PAE 只需要实施一次就可以得到近似估计 $\hat{Y}_{Bet}$，并且 MC 要实施 200 次才能得到比 PAE 更为精确的估计结果，而 MC 运行一次的时间也远大于 PAE。当电路维数较低（性能函数输入变量的个数较小）时，本书所提出的方法有更好的估计效果。然而，当电路维数上升时，本书方法的计算量会呈指数上升，此时算法的优势不再明显。但是当电路的性能函数符合高维二次型或高维多项式结构时，可以将该函数拆分为多个低维的函数，采用分层 Pignistic 近似估计的方法获得最终整个电路可靠度的 Pignistic 近似估计，此时该方法的性能仍然优于蒙特卡罗方法。

表 10.7　PAE 方法估计结果和 PMC 方法参考结果（$3×10^7$ 次采样）之间的比较

划分数 u_1,u_2,u_3	$\hat{Y}_{Bet}$	Y_2	AEE	ε_{Bet}^{upp}
$d_{1,2,3}=30$	0.981	0.9821	0.0011	0.0214

表 10.8　估计误差相同时 PAE 和 PMC 方法计算量的比较

划分数	$\varepsilon_{MC}=\varepsilon_{Bet}^{upp}$	PAE	PMC	PAE/ PMC
$d_{1,2,3}=30$	0.0214	29789	384310	7.8%

表 10.9　相同仿真次数下三种方法估计误差的比较

三种方法	估计误差	仿真次数=$(d_1+1)×(d_2+1)×(d_3+1)-2$		
		1329	9259	29789
		$d_{1,2,3}=10$	$d_{1,2,3}=20$	$d_{1,2,3}=30$
PAE	AEE	0.0118	0.0026	0.0011
LHSMC	AMEE	0.0024	0.001	0.0006
PMC	AMEE	0.0031	0.0012	0.0007

表 10.10　相同仿真次数下三种方法运行时间比较

三种方法	仿真次数=$(d_1+1)×(d_2+1)×(d_3+1)-2$		
	1329	9259	29789
	$d_{1,2,3}=10$	$d_{1,2,3}=20$	$d_{1,2,3}=30$
PAE	0.0543	0.4296	1.4516
LHSMC	0.2341	1.6323	5.3069
PMC	0.225	1.585	5.1531
PAE/ LHSMC/%	23	26	27
PAE/ PMC/%	24	27	28

10.6　本　章　小　结

本章利用 Pignistic 转换获得了电路性能可靠度的近似估计。该方法是作为蒙特卡罗方法的一种替代方法，在具有更小的计算复杂度的同时，可以得到更为精确的可靠度估计结果。

该方法的优点体现在以下几个方面。

（1）仅实施一次估计就可以得到信度为 100% 的估计结果。

（2）给定同样的仿真次数，新方法的运行时间远小于蒙特卡罗方法。

（3）给定同样的误差，新方法需要更少的仿真次数。

但是，该方法还存在以下有待改进之处：对电路性能函数的形式有一定的约束和要求，包括函数的单调性、输入变量的相互独立性等，这在一定程度上都限制了该方法的使用范围。

参 考 文 献

[1] 肖刚, 李天柁. 系统可靠性分析中的蒙特卡罗方法. 北京: 科学出版社, 2003.

[2] Dalee H, Michaelr L, Timothy N T. A study of variance reduction techniques for estimating circuit yields. IEEE Transactions on Computer-Aided Design of Integrated Circuits and Systems, 1983, 2(3): 180-192.

[3] Hocevar D E, Lightner M R, Trick T N. Monte Carlo based yield maximization with a quadratic model. Proc IEEE Int Symp Circuits and Systems, New Port Beach, 1983: 550-553.

[4] Keramat M, Kielbasa R. A study of stratified sampling invariance reduction techniques for parametric yield estimation. IEEE Trans Circuits Syst II, 1998, 45(5): 75-83.

[5] Nho H, Yoon S, Wong S S, et al. Numerical estimation of yield in sub-100-nm SRAM design using Monte Carlo simulation. IEEE Trans Circuits Syst II, 2008(55): 907-944.

[6] Jing M, Hao Y, Zhang J, et al. Efficient parametric yield optimization of VLSI circuit by uniform design sampling method. Microelectronics Reliability, 2005, 45(1): 155-162.

[7] Xu X B, Zhou D H, Ji Y D. Approximating probability distribution of circuit performance function for parametric yield estimation using transferable belief model. Science China Information Sciences, 2013, 56(11): 1-19.

[8] 周东华, 徐晓滨, 吉吟东, 等. 一种基于近似概率转换的电路性能可靠性的估计方法: 中国, ZL201010515429.

[9] Smets P. The combination of evidence in the transfer belief model. IEEE Transaction on Pattern and Machine Intelligence, 1990, 12(5): 447-458.

[10] Smets P. Belief function on real numbers. International Journal of Approximate Reasoning, 2005, 40(3): 181-223.

[11] Dong W M, Shah H C. Vertex method for computing functions of fuzzy variables. International Journal of Fuzzy Sets and Systems, 1987(24): 65-78.

[12] Tonon F. On the use of random set theory to bracket the results of Monte Carlo simulations. International Journal of Reliable Computing, 2004, 10(2): 107-137.

[13] 赵自信. ZPW-2000A 无绝缘移频自动闭塞技术培训教材. 北京: 北京全路通信信号研究设计院, 2004: 6-12.

第 11 章　基于置信规则库推理的电路性能可靠度估计方法

11.1　引　　言

在市场竞争愈发激烈的环境下，不断提高电子产品的性价比是电子技术发展的动力。数字集成电路、数模混合集成电路以及分立元件电路，提高它们的参数成品率，从而满足可靠性评估要求，是衡量电子电路性能的一个重要指标。第 10 章中提到电路性能可靠性评估就是要通过分析对应容差范围及其概率的大小，对电路性能做出判断。在研究电路等系统的性能时，由于实际元件的参数值和标称值之间总存在着随机误差，所以电路元件参数可以被看作在一定容差范围内变化的随机变量，它符合一定的分布。若将电路的某个输出量作为电路性能的指标，则它是电路元件参数的多变量函数，其取值也是一个随机变量，它的大小并非评价系统的唯一标准，还要看其保持在特定容差范围内的概率是否高。

在复杂的非线性电路中，有时我们只能知道参数与指标之间的输入输出关系，但无法用显式表达，这时使用解析方法求解系统性能可靠度就会十分困难。对电路的可靠性要求较高时，传统方法是利用概率统计中的蒙特卡罗（MC）方法得到电路性能函数的直方图或者概率分布[1]，在参数空间中确定性能函数的可接受域后，利用多重积分求解其性能的可靠度。传统的基于数值积分的统计性方法主要包括基于重要性、控制变数、分层和 LHSMC 算法[2-5]，它们的主要优点为不受电路参数维数的限制，且与目标函数和约束函数的形态无关，适用于非连通的可接受域。但是也存在一些共同的缺点，即该类方法仍需要大量的随机抽样（电路仿真次数）保证估计的精确性，并且一次随机抽样就需要进行一次电路仿真，过多的电路仿真必然导致设计效率低下。对于估计性能函数，可利用仿真软件如 HSPICE，Simulink 搭建电路[6-8]，然后，针对指定均值与方差，确定采样样本点，结合 MC 统计性方法计算电路性能可靠度。当均值与方差改变时，需要确定采样点，搭建电路结合 MC 统计计算。显然该过程需要耗费大量的电路仿真时间，从而获得不同均值下的性能函数情况。

因此，本章通过构建电路参数均值输入及对应可靠度输出之间的非线性多变量函数的关系模型，利用主观知识与客观数据相结合，建立电路可靠性评估的置信规则库（BRB）推理模型，并通过证据推理（ER）机制，得到不同电路参数均值输入下可靠度输出的估计。利用 BRB 推理模型代替复杂烦琐的电路仿真，在一定的输入条件下，可快速地估计出满足性能函数对应的概率，即获得容差范围内的概率[9,10]。最后本章以高速铁路轨道电路为例，验证了所提方法的有效性，与基于 MC 统计性方法相比，其在计算效率上有很大的提升。

11.2　电路性能可靠度估计的置信规则库模型

如 2.4.3 节所述，BRB 系统是传统 if-then 规则的一种扩展，其中关键的不同在于规则的输出部分加入了证据形式的置信结构。在信度规则中，每一个前项属性均被指定为一个参考值，每个后项结果均与一个置信结构对应。该系统可以很好地实现各种具有不确定性的定量信息和定性知识下的复杂决策问题建模[9,10]。根据10.2.1 节中的性能可靠性评估模型，基于 BRB 的电路性能可靠度估计模型的各参数意义如表 11.1 所示。

表 11.1　基于 BRB 系统的电路性能可靠度估计模型及其参数的物理意义

BRB 系统	输入参数与输出电路性能可靠度映射关系
前项属性	输入参数 $p_0 = (p_{0\_1}, p_{0\_2}, \cdots, p_{0\_n})$
参考值集合 $A_i = \{A_{i,j} \| j = 1, 2, \cdots, J_i\}$	设计参数 p_{0_i} 的参考值
第 k 条规则的前项，$i = 1, 2, \cdots, n; k = 1, 2, \cdots, L$	输入参数向量 p_0 的第 k 个参考值 $p_k = (p_{k,1}, p_{k,2}, \cdots, p_{k,n}), p_{k,i} \in A_i$
第 k 条规则的后项	D_l 是输出电路性能可靠度的参考值
$\{(D_1, \beta_{k,1}), (D_2, \beta_{k,2}), \cdots, (D_N, \beta_{k,N})\}, \sum_{l=1}^{N} \beta_{k,l} \leqslant 1$	当 $p = p_k$ 时，$\beta_{k,l}$ 为 D_l 的信度赋值
规则权重 $\theta_k \in [0, 1]$	第 k 条规则的相对重要性
属性权重 $\delta_i \in [0, 1]$	在规则库中 p_{0_i} 的相对重要性

表 11.1 中第 k 条规则表示为

$$\begin{cases} \text{if } (p_{0\_1} \text{ is } p_{k,1}) \wedge (p_{0\_2} \text{ is } p_{k,2}) \wedge \cdots \wedge (p_{0\_n} \text{ is } p_{k,n}) \\ \text{then } \{(D_1, \beta_{k,1}), (D_2, \beta_{k,2}), \cdots, (D_N, \beta_{k,N})\} \\ \text{并有参数 } \theta_k \text{ 和 } \delta_i, k = 1, 2, \cdots, L; i = 1, 2, \cdots, n \end{cases} \tag{11.1}$$

其中，$\wedge$ 为逻辑连接符，表示"与"的关系。

构造电路性能可靠度估计 BRB 模型。

（1）构造 BRB 模型中前项输入（电路参数变量）的参考值和后项输出（电路性能可靠度）的参考值。

（2）利用 ER 算法推理产生新的后项输出电路性能可靠度的信度值，由该值换算出电路性能可靠度估计值。

（3）选择适当的训练样本优化模型各参数，提升模型的电路性能可靠度估计精度。

11.2.1　BRB 系统输入和输出参考值的构建

初始规则可通过 4 种方式建立：①从专家知识中提取；②通过分析历史数据提取；③利用已有的规则；④没有任何先验知识下随机地制定规则。本书利用方式①和②构造表 11.1 所示的 BRB 系统。

构建规则时，首先需要指出参考值点 p_0 的变化范围 S_p，这里的输入变量 p_0 电路参数的均值组成的向量，用 lb_i 和 ub_i 代表 p_{0_i} 的上下界，则

$$S_p = \left\{ p_0 = (p_{0\_1}, p_{0\_2}, \cdots, p_{0\_n}) \mid lb_i \leqslant p_{0\_i} \leqslant ub_i, i = 1, 2, \cdots, n \right\} \tag{11.2}$$

一般需要让 S_p 足够大，使其包括整个设计区域甚至是可行域。输入参考点均从 S_p 中挑选，利用电路仿真和 MC 方法计算出这些点对应的电路可靠度[11]。

根据性能函数确定可接受域 R_A：

$$R_A = \left\{ p_0 \mid Y_p(p_0) \geqslant \gamma \right\} \tag{11.3}$$

根据式（11.3）得到对应可接受域 R_A 的大致形状，根据该形状边界确定式（11.1）中规则的各种参数。

这里以二维输入参数为例，说明规则的构造方法。输入参数均值向量为 $p_0 = (p_{0\_1}, p_{0\_2})$，且满足 $1 \leqslant p_{0\_1} \leqslant 14$，$1 \leqslant p_{0\_2} \leqslant 9$，我们在各变量的取值范围内以 1 为间隔均匀取点，通过电路仿真及基于蒙特卡罗的可靠度估计方法计算出它们对应的可靠度值，则共计有 126 个输入点需要进行电路仿真得到相应输出。根据式（11.3）中的约束条件，可得到 R_A 的大致形状，这里可将 126 个点分为四类（内部和外部点、内边界和外边界点），如图 11.1 所示。内边界点与外边界点所围成的区块为边界块，外部边界点可在内边界点所在边界块中搜寻到（如图中虚线箭头所示）。从图中可知，R_A 内有 35 个点（内部点和内边界点之和）满足设计要求，外加外边界点 33 个，共计 77 个点对应的规则在求取 R_A 时会被激活用到。所以我们将根据设计区域选择变量的参考值为

$$A_1 = \{3, 4, \cdots, 13\}, A_2 = \{2, 3, \cdots, 8\} \tag{11.4}$$

由此可得到输入参考值为 $p_k = (p_{k,1}, p_{k,2})$，且 $p_k \in A_1 \times A_2$, $k = 1, 2, \cdots, L$, $L = 77$，这里 "×" 代表笛卡儿积，可得到 77 条规则。

规则输出的形式为

$$\left\{ (D_1, \beta_{k,1}), (D_2, \beta_{k,2}), \cdots, (D_N, \beta_{k,N}) \right\} \tag{11.5}$$

其中，$\sum_{l=1}^{N} \beta_{k,l} = 1$，初始 D_l 与 $\beta_{k,l}$ 的取值均由专家根据设计经验确定。

表 11.1 中，规则权重 θ_k 和前项属性权重 δ_i 由设计者根据经验设定。设为 1 时，说明各条规则和各前项同等重要。

注意：在实际电路中，可能获得的设计区域为多个子区域甚至是非凸的。此时，

可利用聚类分析的方法，分别在各个子区域中选择输入参考值，从而确定整个的规则库。

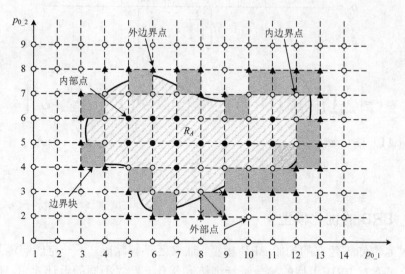

图 11.1　输入参考点的选择方式

11.2.2　基于 ER 算法的 BRB 推理方法

当输入信息后，利用 ER 算法对 BRB 中的置信规则进行组合，得到 BRB 系统的输出[12]。输入的参数向量 p_0 对第 k 条规则的激活权重为

$$w_k = \frac{\theta_k \prod_{i=1}^{n} (\alpha_i^k)^{\overline{\delta_i}}}{\sum_{k=1}^{L} \left[\theta_k \prod_{i=1}^{n} (\alpha_i^k)^{\overline{\delta_i}} \right]} \tag{11.6}$$

其中，$w_k \in [0,1]$；α_i^k 为第 k 条规则中第 i 个输入 p_{0_i} 与相应参考值的匹配度，可由专家根据经验分配；相对属性权重为

$$\overline{\delta_i} = \frac{\delta_i}{\max_{i=1,2,\cdots,n} \{\delta_i\}} \tag{11.7}$$

获得第 k 条规则的激活权重后，利用 ER 算法将所有置信规则的信度进行融合，得到输出：

$$\text{Out}(p_0) = \{(D_l, \hat{\beta}_l), l = 1, \cdots, N\} \tag{11.8}$$

其中，$\hat{\beta}_l$ 为评价结果 D_l 的置信度，其表达式为

$$\hat{\beta}_l = \frac{u\left[\prod_{k=1}^{L}\left(w_k\beta_{k,l}+1-w_k\sum_{l=1}^{N}\beta_{k,l}\right)-\prod_{k=1}^{L}\left(1-w_k\sum_{l=1}^{N}\beta_{k,l}\right)\right]}{1-u\left[\prod_{k=1}^{L}(1-w_k)\right]} \tag{11.9}$$

其中

$$u = \left[\sum_{l=1}^{N}\prod_{k=1}^{L}\left(w_k\beta_{k,l}+1-w_k\sum_{l=1}^{N}\beta_{k,l}\right)-(N-1)\prod_{k=1}^{L}\left(1-w_k\sum_{l=1}^{N}\beta_{k,l}\right)\right]^{-1} \tag{11.10}$$

由式（11.11）估计输出值：

$$\hat{y}(p_0) = \sum_{l=1}^{N}D_l\hat{\beta}_l \tag{11.11}$$

11.2.3　BRB 的优化模型

通过专家知识建立的初始 BRB 模型，通常还不够精确，不一定能够满足设计要求，因此需要对 BRB 模型的参数进行训练和优化。针对不同的设计要求，训练样本的选择对于模型精度会产生很大的影响。对 BRB 模型参数进行优化学习的过程如图 11.2 所示[13-16]。

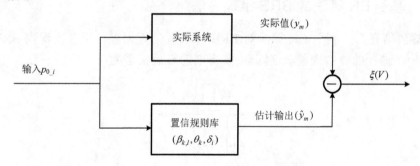

图 11.2　BRB 模型优化训练模型

用 y_m 表示与输入相对应的实际输出；$\hat{y}_m$ 表示 BRB 模型估计的输出；V 表示 BRB 模型构成的参数向量：$V=(\beta_{k,l},\theta_k,\delta_i)$，$k=1, 2, \cdots, L$，$l=1, 2, \cdots, N$，$i=1, 2, \cdots, n$；则目标函数为

$$\xi(V) = \frac{1}{Q}\times\sum_{m=1}^{Q}(y_m-\hat{y}_m)^2 \tag{11.12}$$

其中，Q 为选择的训练样本个数。目标函数的训练学习要通过调整参数向量使目标函数的值达到极小。由此可得模型的最优参数值，该过程可通过 MATLAB 中的非线性优化函数 fmincon 实现。此外，期望用最少的训练样本（电路仿真次数）获取

尽可能精确的模型参数，而增加 R_D 边界所涉及的模型参数的精确性，可大大提高 BRB 系统的估计精度，故本书中训练样本可根据设计区域边界块的情况进行选择。

同样以图 11.3 为例，选择边界块的中心点或在边界块内按照一定的方式选取若干个点，通过电路仿真及基于蒙特卡罗的可靠度估计方法得到它们对应的可靠度值，以此作为训练样本。例如，这里选择各边界块的中心点作为训练样本点，因为该点可以训练其周边激活的四条规则中的参数，此时选择训练样本的个数 $Q=26$。

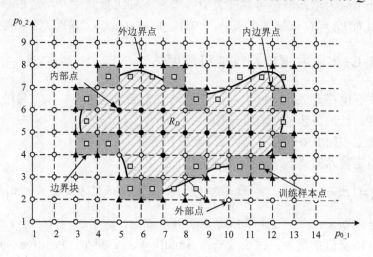

图 11.3　训练样本的选择方式

11.3　高速铁路轨道电路性能可靠度估计实例

11.3.1　轨道电路 L_2C_2 串联共振电路工作原理

铁路轨道电路是列车控制系统和信息传输系统的一个重要组成部分，以高铁 ZPW-2000A 型轨道电路的小轨共振电路为例[17-19]，利用本书所提方法，对该电路的参数电路性能可靠度进行估计。小轨共振电路原理图如图 10.2 所示。

以 BA2 的共振特性为例，验证所提方法的有效性。BA2 中的 L_2C_2 串联共振发生在相邻的 G1 上，其共振频率为 1700Hz，共振频率

$$f_1 = 10^6 / \left(2\pi(L_2C_2)\right)^{0.5} \tag{11.13}$$

$L_2C_2C_3$ 与轨道电感 L_v 在 G2 上发生并联共振，其共振频率为 2300Hz，其表达式为

$$f_2 = 10^6 \times \omega_2 / (2\pi) \tag{11.14}$$

其中

$$\omega_2 = \left(\frac{(L_v C_3 + L_2 C_2 + L_v C_2) + ((L_v C_3 + L_2 C_2 + L_v C_2)^2 - 4 L_v L_2 C_2 C_3)^{0.5}}{2 L_v L_2 C_2 C_3} \right)^{0.5} \quad (11.15)$$

通过以上分析，小轨共振电路需要分别建立关于 $L_2 C_2$ 串联共振电路与 $L_2 C_2 C_3$ 并联共振电路的电路性能可靠度估计模型。定义小轨共振电路参数变量 $p_0 = (p_{0\_1}, p_{0\_2}, p_{0\_3}) = (L_2, C_2, C_3)$，其容差 $t_{L2} = 0.5\mu H$、$t_{C2} = 0.5\mu F$、$t_{C3} = 1\mu F$，轨道电感 $L_v = 31\mu H$。其中，在电路设计中认为电路性能可靠度大于等于 95% 即可批量生产，故取 $\gamma = 0.95$，则设计区域分别为 $R_{D1} = \{(L_2, C_2) | Y_p(L_2, C_2) \geqslant 0.95\}$，$R_{D2} = \{(L_2, C_2, C_3) | Y_p(L_2, C_2 C_3) \geqslant 0.95\}$。

11.3.2 $L_2 C_2$ 串联共振电路性能可靠度估计

串联共振电路是以式（11.13）的性能函数为要求的电路，以下将给出它的电路性能可靠度估计的各步骤及验证结果。

（1）建立相应 BRB 模型的输入与输出参考值。

首先确定输入向量 p_0 的变化范围 S_p 为

$$S_p = \left\{ p_0 = (p_{0\_1}, p_{0\_2}) = (L_2, C_2) | 96.8 \leqslant L_2 \leqslant 97.8, 89.6 \leqslant C_2 \leqslant 90.6 \right\} \quad (11.16)$$

根据专家知识，由 11.2.1 节所提方法确定规则，这里 L_2 和 C_2 均取 6 个参考值，分别用模糊语义值描述为：很小（Very Small，VS）、正小（Positive Small，PS）、正中（Positive Medium，PM）、大（Large，L）、中大（Medium Large，ML）、很大（Very Large，VL），则

$$A_1, A_2 \in \{VS, PS, PM, L, ML, VL\} \quad (11.17)$$

输出可靠度 Y 的模糊语义值分别为：很小（VS）、正小（PS）、正中（PM）、大（L）、很大（VL），即

$$D = (D_1, D_2, D_3, D_4, D_5) = \{VS, PS, PM, L, VL\} \quad (11.18)$$

对式（11.17）和式（11.18）中的语义值进行量化，得到相应的参考值分别如表 11.2～表 11.4 所示。

表 11.2 L_2 的语义值和参考值

语义值	VS($A_{1,1}$)	PS($A_{1,2}$)	PM($A_{1,3}$)	L($A_{1,4}$)	ML($A_{1,5}$)	VL($A_{1,6}$)
L_2 参考值/μH	96.8	97	97.2	97.4	97.6	97.8

表 11.3 C_2 的语义值和参考值

语义值	VS($A_{2,1}$)	PS($A_{2,2}$)	PM($A_{2,3}$)	L($A_{2,4}$)	ML($A_{2,5}$)	VL($A_{2,6}$)
C_2 参考值/μF	89.6	89.8	90	90.2	90.4	90.6

表 11.4　输出量的语义值和参考值

语义值	VS(D_1)	PS(D_2)	PM(D_3)	L(D_4)	VL(D_5)
参考值	0.7	0.8	0.9	0.95	1

电路参数可靠度估计的 BRB 模型的置信规则具有如下的形式：

R_k: if L_2 is A_1 and C_2 is A_2 then Out is $\{(D_1, \beta_{k,1}),(D_2, \beta_{k,2}),(D_3, \beta_{k,3}),(D_4, \beta_{k,4}), (D_5, \beta_{k,5})\}$, $\sum_{l=1}^{N} \beta_{k,l} = 1$，$\theta_k$、$\delta_i$ 均取 1，i=1, 2，$k \in \{1, 2, \cdots, 36\}$

其中，A_1、A_2 分别取表 11.2 和表 11.3 所列参考值中的任意一个，则共计可以生成 36 条规则。

（2）训练样本的选择。

利用 11.2.2 节中的 BRB 推理方法，得到训练样本中输入参数的电路性能可靠度输出。在每个标准值中间平均添加 4 个点，经组合得到共计 625 个训练样本，利用电路仿真及基于 MC 的电路性能可靠度估计方法获得对应输入数据的参数电路性能可靠度估计值[6,11]。由 11.2.3 节给出的 BRB 优化模型，利用 MATLAB 中的 fmincon 指令对模型各参数进行优化，优化后的估计结果如图 11.4 所示。图 11.5 为优化后 BRB 模型的估计值与真实值之间的绝对误差。其中，真实值是指利用电路仿真及基于 MC 的电路性能可靠度估计方法获得 625 个对应输入数据的电路性能可靠度估计值。这里，初始 BRB 模型的各参数值如表 11.5 所示，优化后的各参数值如表 11.6 所示，其中优化后的属性权重 δ_i=1(i=1, 2)。

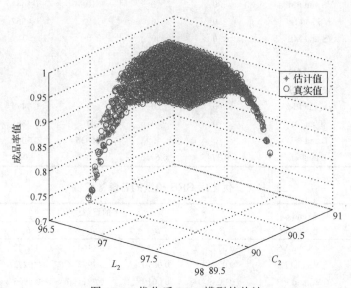

图 11.4　优化后 BRB 模型的估计

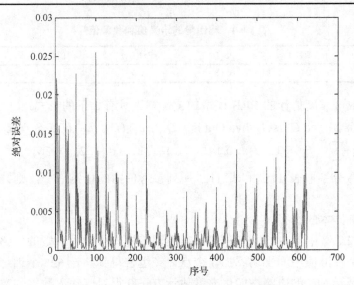

图 11.5　估计值相对真实值的绝对误差

表 11.5　初始 BRB 模型各参数取值

序号	L_2 and C_2 的语义值	Y 的置信结构				
		β_1	β_2	β_3	β_4	β_5
1	VS and VS	0.6667	0.3333	0	0	0
2	VS and PS	0	0	0.9544	0.0456	0
3	VS and PM	0	0	0	0.5642	0.4358
4	VS and L	0	0	0	0.0857	0.9143
5	VS and ML	0	0	0	0	1
⋮	⋮	⋮	⋮	⋮	⋮	⋮
31	VL and VS	0	0	0	0	1
32	VL and PS	0	0	0	0	1
33	VL and PM	0	0	0	0.0473	0.9527
34	VL and L	0	0	0	0.3881	0.6119
35	VL and ML	0	0	0.6935	0.3065	0
36	VL and VL	0.3745	0.6255	0	0	0

表 11.6　优化后 BRB 模型的各参数取值

序号	θ_k	L_2 and C_2 的语义值	Y 的置信结构				
			β_1	β_2	β_3	β_4	β_5
1	1	VS and VS	0.5772	0.2734	0.1103	0.0132	0.0259
2	1	VS and PS	0.0294	0.0070	0.7973	0.0275	0.1389
3	1	VS and PM	0.0039	0.0010	0.0011	0.5005	0.4935
4	1	VS and L	0.0035	0.0015	0.0003	0.0792	0.9155
5	1	VS and ML	0.0012	0.0002	0.0001	0.0002	0.9984

续表

序号	θ_k	L_2 and C_2 的语义值	Y 的置信结构				
			β_1	β_2	β_3	β_4	β_5
6	1	VS and VL	0.0005	0.0001	0	0	0.9994
7	1	PS and VS	0.0396	0	0.8747	0.0172	0.0685
⋮	⋮	⋮	⋮	⋮	⋮	⋮	⋮
30	1	ML and VL	0.0238	0.0108	0.6877	0.0958	0.1820
31	1	VL and VS	0	0	0	0	1
32	1	VL and PS	0.0016	0.0004	0	0.0001	0.9979
33	1	VL and PM	0.0025	0.0010	0	0.0418	0.9546
34	1	VL and L	0.0062	0.0023	0	0.3662	0.6253
35	1	VL and ML	0.0145	0.0071	0.5306	0.2876	0.1603
36	1	VL and VL	0.2538	0.5702	0.0409	0.0581	0.0770

仿真环境相同：Intel(R) Core(TM)2/Duo CPU E8400@LENOVO/3.00GHz/RAM 2.00GB/MATLAB（R2010a）。以基于 MC 的电路性能可靠度估计方法（采样次数 1000 次）为基准，可以得到基于 BRB 推理的方法相对于 MC 方法，计算结果的相对误差仅为 0.95%，基于 BRB 推理方法的单个输入平均仿真时间为 8.36×10^{-4} s，基于 MC 方法的单个输入平均仿真时间为 0.055s，前者仿真时间仅为后者的 1.5%，所以在结果一致的情况下，所提方法大大提升了计算效率。

11.4　本 章 小 结

本书设计了电路性能可靠度估计的 BRB 模型，其描述了输入变量与输出参数电路性能可靠度之间的非线性映射关系。专家可以根据自身的主观经验确定初始化的 BRB 模型，当实际中获得优良的训练样本后，可利用它们对初始 BRB 模型进行优化训练，逐步提高 BRB 模型的估计精度。

基于 BRB 专家系统推理的电路性能可靠度估计方法，可利用专家知识给出建模输入与输出之间的非线性关系的置信规则，利用少量的电路仿真，实现原有经过大量仿真实验才能得到的设计结果，不仅提高了电路设计效率，减少了设备资源的浪费，而且提高了电路可靠性，更加贴近工程应用，便于集成电路的高效生产。基于置信规则库推理的电路性能可靠度估计模型，在集成电路参数优化设计中具有较为广阔的应用前景。

参 考 文 献

[1]　荆明娥, 郝跃, 马佩军. 集成电路参数中心值和容差的耦合设计方法. 电子与信息学报, 2005, 27(1): 139-142.

[2]　Keramat M, Kielbasa R. Study of optimal importance sampling in Monte Carlo estimation of average quality index. IEEE International Symposium on Circuits and System, 1998, 6: 106-109.

[3]　Soinand R S, Rankin P J. Efficient tolerance analysis using control variates. Electronic Circuits

and Systems, IEE Proceedings G, 1985, 132(4): 131-142.

[4] Keramat M, Kielbasa R. A study of stratified sampling in variance reduction techniques for parametric yield estimation. IEEE Transactions on Circuits and Systems Ⅱ: Analog and Digital Signal Processing, 1998, 45(5): 575-583.

[5] Keramat M, Kielbasa R. Worst case efficiency of Latin hypercube sampling Monte Carlo (LHSMC) yield estimator of electrical circuits. Proceeding of 1997 IEEE International Symposium on Circuits and Systems, 1997, 3: 1660-1663.

[6] 荆明娥. 集成电路性能成品率的预测与优化技术研究[博士学位论文]. 西安: 西安电子科技大学, 2004.

[7] 梁涛. 模拟集成电路性能参数建模及其参数成品率估计算法的研究[博士学位论文]. 西安: 西安电子科技大学, 2013.

[8] Tsai J T. An evolutionary approach for worst-case tolerance design. Engineering Applications of Artificial Intelligence, 2012, 25(5): 917-925.

[9] Xu X B, Liu Z, Chen Y W, et al. Circuit tolerance design using belief rule base. Mathematical Problems in Engineering, 2015.

[10] 刘征, 徐晓滨, 文成林. 基于置信规则库推理的电路参数成品率估计与中心值设计方法. 第九届全国技术过程故障诊断与安全性学术会议, 2015.

[11] Jing M E, Hao Y, Zhang J, et al. Efficient parametric yield optimization of VLSI circuit by uniform design sampling method. Microelectronics Reliability, 2005, 45(1): 155-162.

[12] 周志杰, 杨剑波, 胡昌华, 等. 置信规则库专家系统与复杂系统建模. 北京: 科学出版社, 2011.

[13] Yang J B, Liu J, Wang J. Belief rule-base inference methodology using the evidential reasoning approach-RIMER. IEEE Transactions on Systems, Man and Cybernetics: Part A, 2006 , 36 (2): 266-285.

[14] Xu D L, Liu J, Yang J B, et al. Inference and learning methodology of belief-rule-based expert system for pipeline leak detection. Expert Systems with Applications, 2007, 32(1): 103-113.

[15] Yang J B, Liu J, Xu D L. Optimization models for training belief-rule-based systems. IEEE Transactions on Systems, Man and Cybernetics: Part A, 2007, 37(4) : 569-585.

[16] Chen Y W, Yang J B, Xu D L. On the inference and approximation properties of belief rule based systems. Information Sciences, 2013, 234: 121-135.

[17] Mori H, Tsunashima H, Kojima T, et al. Condition monitoring of railway track using in-service vehicle. Journal of Mechanical Systems for Transportation and Logistics, 2010, 3(1): 154-165.

[18] Xu X B, Zhou D H, Ji Y D. Approximating probability distribution of circuit performance function for parametric yield estimation using transferable belief model. Science China Information Sciences, 2013, 56(11): 1-19.

[19] 顾翂. 基于电路模型的轨道电路补偿电容故障诊断方法[硕士学位论文]. 北京: 清华大学, 2013.

第 12 章　基于置信规则库推理的轨道高低不平顺故障检测方法

12.1　引　　言

　　轨道是铁路系统中最为重要的基础设施，由于受道床和路基的密度和弹性的非均匀性、列车载荷的反复作用，以及恶劣环境及气候条件的腐蚀作用等因素的影响，其工作条件十分复杂，轨道结构的几何形状常会发生不同程度的变化[1,2]。几何形变无疑是影响行车安全的重要因素，其中的轨道高低不平顺是度量其几何形变的一种重要指标。高低不平顺是垂直于轨道方向的不平顺，它描述了钢轨顶面沿延长方向在垂向的凹凸不平。超限的高低不平顺幅值，轻则引起机车振动增强，恶化乘客乘坐时的平稳舒适度；重则造成轮轨间产生强烈的冲击，引起较大的相互作用力和簧下加速度，导致轨道和机车部件损坏，也会使轮载发生急剧的增减变化，易导致机车脱轨，严重影响行车安全[3]。

　　现有的轨道高低不平顺检测是依靠轨道检测车或综合检测车来完成的[4,5]。例如，现在我国重要干线服役的 GJ-4 和 GJ-5 型轨检车，其利用安装在转向架上的垂直振动加速度计和位移计进行惯性基准测量，通过振动加速度信号的二次积分获得转向架的惯性位移，该惯性位移与位移计获取的转向架与轴箱之间的相对位移求和，即可得到高低不平顺的测量值；然后采用倾斜仪和陀螺仪进行列车倾角计算，利用该倾角对测量值修正，便可得到轨道高低不平顺的精确值[5]。该检测方法虽然被普遍采用，但还存在以下值得注意的问题：采集测量信息所使用的传感器较多，特别是其中的位移计、倾斜仪和陀螺仪价格昂贵，安装时对车体结构具有特殊要求；积分运算会引入累积误差，需要对测量值进行修正，且修正算法参数需要根据列车运行工况进行调整，难以保证检测的精度[4]。

　　除了以上位移检测的方法外，近年来有学者基于振动信号分析开展了高低不平顺检测方法的研究。文献[6]利用安装在普通列车车轴上的振动加速度计，获取车厢的垂向振动信号，并对其进行小波分析，从分解后的信号中可以识别出轨道高低不平顺、轨道焊缝和轨道波浪形磨损等故障。文献[7]采用 Simpack 软件建模列车动态模型，模拟轨道不平顺下列车的运行；利用安装在车厢和转向架上的虚拟振动加速度传感计，获取这两个测点的垂向振动信号，然后分别将这两种信号及模拟的高低不平顺信号转换到频域中，通过 Welch 法进行频域信号的相关性分析后发现，高低不平顺更易于引起转向架的振动。可见，这些基于振动信号分析的方法，只需要少量价格低廉的振动传感器，易于安装在普通列车（客/货车）上，实现全天候、全网络的实时检测，从而能够有效弥补轨检车检测频率低（如京广线全线每月检测约两三次）、占用线路运行时间及覆盖线路有限等方面的不足[6,7]。

但是，振动传感器多数安装于车厢外，易受环境噪声或人为因素干扰，加之在不同路况下测量精度的差异，所以测量信号往往具有不确定性，这导致振动信号与高低不平顺等级之间存在复杂的非线性关系，此时需要维护人员结合自身主观经验知识判断不平顺是否发生。因此，以上两种方法，只能从振动信号的异常变化定性地粗略判断不平顺等故障是否发生，但较难定量地确定不平顺发生的等级，从而无法为实际中工程维修人员的轨道不平顺作业验收和维修提供确切依据。要想解决这一问题，就要求利用有效的方法进行不确定性信息和主观信息的综合分析与处理。近几年发展的基于证据推理的置信规则库推理方法（RIMER）[8]，以其在模糊、不完整等主/客观信息的不确定性描述，非线性输入输出因果关系建模方面的优势，在复杂系统状态检测与安全分析等领域得到了较好的应用[9-11]。

本章针对机车振动特征与轨道高低不平顺状态之间存在的复杂非线性关系，提出利用置信规则库推理方法检测轨道的高低不平顺故障[11]。建立置信规则库（BRB），通过车厢与车轴的垂向振动特征这两个前项属性来确定不平顺状态。选取车厢与车轴测点的振动幅值作为输入，不平顺的安全等级作为输出。对于被输入激活的规则，通过证据推理（ER）算法将被激活规则后项中的置信结构融合，从融合结果中换算出不平顺发生的安全等级。为了解决专家给定的初始 BRB 参数不精确问题，可以利用少量的训练样本，通过优化学习模型训练得到最优的参数取值。训练后 BRB 输出的安全等级表征了高低不平顺的严重程度，可以作为轨道维护与维修的可靠依据。书中通过某既有线某区段轨道上所获取的实测振动数据对所提方法进行了验证，说明其有效性和可实施性。

12.2　轨道高低不平顺故障及其影响分析

12.2.1　轨道几何不平顺的分类

机车产生振动主要受到轨道的不平顺影响，它直接关系到机车运行时的舒适度和安全性。轨道不平顺分为静态轨道线路不平顺和动态轨道线路不平顺两类。静态轨道线路不平顺是在轨道上无机车行驶时，轨道线路的不平顺；动态轨道线路不平顺是在轨道上有机车行驶时，轨道线路的不平顺。轨道的不平顺按方向划分，可以分为轨道线路的垂直不平顺、横向不平顺和复合不平顺三种[12-14]。

1）垂向不平顺

垂直方向的不平顺分为四种，即高低不平顺、水平不平顺、扭曲不平顺和轨面短波不平顺。轨道线路高低不平顺是指沿着轨道垂直方向的不平顺。轨道线路水平不平顺是左右两个轨道接触点的高度差。轨道扭曲不平顺是左右两个钢轨相对于轨道平面的扭曲。

2）横向不平顺

横向不平顺可分为轨道方向不平顺和轨距不平顺两种。轨道方向不平顺是指在轨道上有机车负载时，在轨道延长方向上钢轨内侧面的不平顺；轨距不平顺是指钢轨左右两个轨道之间的距离与标准轨距偏差。

3）复合不平顺

复合不平顺是指垂直方向和横向不平顺两种情况同时发生。它有很多种的组合方式，如水平不平顺和轨距不平顺、高低不平顺和轨道方向不平顺、方向和水平不平顺的复合等。

12.2.2　轨道高低不平顺及其对机车的影响

轨道高低不平顺是引起机车车辆振动，使机车车轮与轨道轨面产生垂直惯性力的最根本原因，其故障表征如图 12.1 所示。由于重载机车对轨道的高负荷、高频次碾压，以及路基沉降等因素的影响，在以上介绍的多种不平顺故障中，高低不平顺故障出现频率最高，危害也最大。波长长的轨道高低不平顺，对机车车体振动的影响较大；轨道高低不平顺的峰值较大，其峰值相应的平均变化率较大的不平顺，会引起车体强烈振动；谐振波形的高低不平顺的幅值即使不大也会引起机车车辆共振，使机车垂直方向的振动加速度显著增加，引起车体的振动增强[15-17]。以上三个因素不仅恶化机车的平稳性、舒适度指标，还使轮载发生很大的增减变化，当减载轮上作用有较大的水平力时，便会导致脱轨，严重影响行车安全。另外，主动轮减载还会降低黏着机车的牵引力。"谐振波形"是波长处于"谐振波长范围"内的周期性连续轨道高低不平顺波形[18-20]。根据我国使用的主型机车车体垂直振动的自振频率和行车速度推算，波长在 1～28m 范围内的轨道高低不平顺所引起的强迫振动频率与机车车辆的自振频率相近，易导致机车车体产生共振，所以 1～28m 波长范围即为我国轨道高低不平顺的"谐振波长范围"。

波长较短和变化率较大的轨道高低不平顺会使机车车轮与轨道之间产生激烈的冲击，引起极大的车辆与轨道的作用力和很大的簧下加速度，从而导致轨道和机车车辆的部件损坏，道床的残余变形加速积累，使轨道更加不平顺。随着机车车速的提高和行车密度的增加，留给铁路职工对轨道的检测和维护的时间日益减少，对轨道的高低不平顺故障的检测和管理成为铁路部门的一项长期存在的艰巨任务。

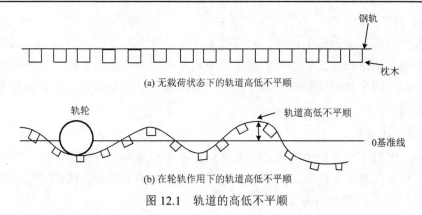

(a) 无载荷状态下的轨道高低不平顺

(b) 在轮轨作用下的轨道高低不平顺

图 12.1　轨道的高低不平顺

12.3　基于置信规则库推理的轨道高低不平顺故障检测

基于轨道的高低不平顺幅值与机车振动剧烈强度相关这一思路，本章研究用轨检车上垂直方向上的振动加速度的数据来估计轨道高低不平顺等级，利用高低不平顺等级对轨道进行定性评价[11,21]。本章利用在 2.4.3 节引入的置信规则库（BRB），建立机车上多个测点的振动频域信号与高低不平顺安全等级之间的非线性映射关系。通过 BRB 中置信规则前项属性的参考值、后项输出元素的置信结构，描述输入和输出变量的不确定性。对于被输入激活的置信规则，通过证据推理算法将被激活规则后项中的置信结构进行融合，从而推理出关于输出变量的置信结构。然后，从该置信结构中换算出不平顺发生的安全等级。在 BRB 系统可调参数经专家初步给定后，可以利用有限的训练样本，通过最小二乘方法进行优化，得到最优的参数取值。最后，根据 BRB 输出的安全等级，确定高低不平顺的严重程度，以此作为安全员对轨道进行维护、维修的依据。

12.3.1　BRB 系统的输入与输出量分析

根据文献[6]、[7]中基于振动信号分析的不平顺检测原理，结合对国内多条线既有线多个区段上 GJ-5 大量实测数据的分析，我们发现在车厢及车轴处采集的振动信号和高低不平顺幅值之间有较为明显的对应关系。图 12.2 显示出 GJ-5 车轴和车厢垂向振动频率幅值（绝对值）的均值 $f_1(t)$ 和 $f_2(t)$，以及 t 时刻计算出的高低不平顺幅值的绝对值 Ir(t)（数据截取于国内某既有干线下行区段 1584.5103～1586.86735km 处，速度等级 160～200km/h）。GJ-5 以 100km/h 的时速，每隔 0.25m 采样一次振动信号，所以 $t=1,2,\cdots,T$, $T=(1586.86735-1584.5103)\div(0.25\times10^{-3})=9429$。将 t 至 $t+1$ 时段的时域振动信号进行短时傅里叶变换（窗口长度 5.25m），然后将所得各振动频率幅值绝对值取平均后得到 $f_1(t)$ 和 $f_2(t)$。从图 12.2 可以看出，$f_1(t)$、$f_2(t)$ 与 Ir(t)的变化趋势基本一致，它们之间有较为明显的对应关系，即当 Ir(t) 增大时，$f_1(t)$ 和 $f_2(t)$ 也增大，反之减小。虽然 $f_1(t)$ 和 $f_2(t)$ 已经是原始振动信号经变换滤波后所得，但由于振动传感器受环境噪声干扰，不同路况下测量精度变化，以及振动量相对不平顺幅度有一定延迟等因素影响，这种对应关系复杂，且存在显著的非线性和不确定性。此外，《铁路线路维修规则》（铁路[2006]146 号文件），给出轨道不平顺的管理标准如表 12.1 所示[22,23]。

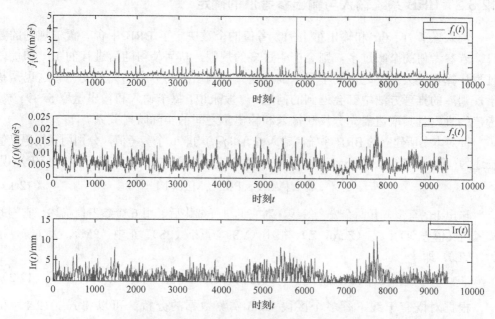

图 12.2　$f_1(t)$、$f_2(t)$ 和 Ir(t) 的取值及对应关系

表 12.1　160～200km/h 动态轨道高低不平顺几何尺寸容许偏差管理值

	保养标准	舒适度标准	临时补修标准	限速标准
安全等级	1	2	3	4
Ir/mm	5	8	12	15

表 12.1 中给出 4 个指导维修的安全等级（1～4），等级越高，安全性越差，其中每个等级都对应给出高低不平顺幅值的一个参考管理值 Ir。例如，当轨道顶面上某点的不平顺（凸凹）幅值超过 15mm 时，对通过该点的车辆降速和限速。从乘车舒适度及行车安全的角度讲，当动态管理值高于 8mm 时，则说明乘客乘坐的舒适度明显降低，此时应对轨道不平顺状况引起注意，因为随着不平顺逐步恶化（大于12mm），则需要及时派出安全员对相应故障区段轨道进行临时修补，尽量避免限速的发生。所以从视情维修的角度出发，当 Ir 达到 8mm 时，就要及时到达现场进行维修，所以可以将以上安全等级简化为两级，当 Ir≤8mm 时，为 Ⅰ 级（轨道的定期

维护和保养）；当 Ir>8mm 时，为Ⅱ级（视情维修和限速）。此外，由于受到轨道路基、道床、轨枕和弹性垫层等实地作业情况的不同，该表中提供的安全等级的动态管理值只是参考值，需要根据实际轨道情况做出相应调整。

根据以上分析，本书所建立的 BRB 中，输入确定为 $X(t)=[f_1(t),f_2(t)]$，输出为不平顺幅度 Ir(t)简化后的安全（维护）等级Ⅰ(1)和Ⅱ(2)。

12.3.2 BRB 系统输入与输出参考值的确定

输入量 $f_1(t)$、$f_2(t)$和输出量 Ir(t)参考值的个数决定了 BRB 中含有置信规则的数目。若参考值的个数过多，则会产生过多的规则，从而使得随后进行的 ER 和优化过程计算量过大；反之，则不足以描述输入和输出之间应有的关系变化。这也是基于规则库的推理方法中都会遇到的问题。一般来说，每个输入和输出量取 5～9 个参考值为宜，且其取值需充分反映输入和输出量之间的实际映射关系。

针对本书所建立的 BRB 系统，输入 $f_1(t)$和 $f_2(t)$均取 6 个参考值，分别用模糊语义值描述为：很小（VS）、正小（PS）、正中（PM）、大（L）、中大（ML）、很大（VL），则

$$A_1^k, A_2^k \in \{VS, PS, PM, L, ML, VL\} \tag{12.1}$$

输出 Ir(t)有Ⅰ、Ⅱ两个安全等级，对它们进行细化后，用 6 个参考值描述，它们的模糊语义值分别为：零（Zero，Z）、很小（VS）、正小（PS）、正中（PM）、大（L）、很大（VL），即

$$D = (D_1, D_2, D_3, D_4, D_5, D_6) = \{Z, VS, PS, PM, L, VL\} \tag{12.2}$$

根据对既有干线下行多个区段 GJ-5 实测数据的分析，可以将式（12.1）和式（12.2）中的语义值进行量化，得到相应的参考值分别如表 12.2～表 12.4 所示。

表 12.2 $f_1(t)$的语义值和参考值

语义值	VS($A_{1,1}^k$)	PS($A_{1,2}^k$)	PM($A_{1,3}^k$)	L($A_{1,4}^k$)	ML($A_{1,5}^k$)	VL($A_{1,6}^k$)
$f_1(t)$参考值	0.2	0.5	1	1.5	2	3

表 12.3 $f_2(t)$的语义值和参考值

语义值	VS($A_{2,1}^k$)	PS($A_{2,2}^k$)	PM($A_{2,3}^k$)	L($A_{2,4}^k$)	ML($A_{2,5}^k$)	VL($A_{2,6}^k$)
$f_2(t)$参考值	0.003	0.005	0.0075	0.01	0.015	0.02

表 12.4 Ir(t)的语义值和参考值

语义值	Z(D_1)	VS(D_2)	PS(D_3)	PM(D_4)	L(D_5)	VL(D_6)
参考值	0	0.5	1(I)	1.5	2(II)	2.5

12.3.3　初始 BRB 系统的建立

轨道高低不平顺检测 BRB 系统的置信规则如下：

R_k:　if f_1 is A_1^k and f_2 is A_2^k then Ir is {(Z,$\beta_{1,k}$),(VS,$\beta_{2,k}$),(PS,$\beta_{3,k}$),(PM,$\beta_{4,k}$),

$\qquad$ (L,$\beta_{5,k}$),(VL,$\beta_{6,k}$)}, $\sum_{i=1}^{N}\beta_{i,k}=1, k\in\{1,2,\cdots,36\}$　　　　　（12.3）

其中，A_1^k 和 A_2^k 分别取表 12.2 和表 12.3 所列参考值中的任意一个，则共计可以生成 36 条规则。

初始置信规则库的确立有如下 4 种方法：①根据专家知识建立规则；②通过对可信历史数据的分析建立规则；③使用以前相似检测条件下建立的不平顺检测规则库；④无先验知识下随机选取可调参数建立规则库。

我们根据专家经验知识，并结合既有干线下行多个区段 GJ-5 振动和不平顺数据的相关性分析，建立初始的 BRB，这里使用的数据都是在 GJ-5 运行状况良好，且无其他故障下获得的可信实测数据。表 12.5 给出初始 BRB 的 36 条置信规则。例如，在表 12.5 中规则 7 被定义如下：

$\qquad$ R_7: if　f_1 is PS and f_2 is VS then Ir is {(Z,0.5),(VS,0.5)}

由于初始 BRB 是通过专家经验和历史数据建立的，它们分别存在主观和客观不确定性，所以初始的 BRB 是不精确的，需要对初始的 BRB 进行优化训练。

表 12.5　初始的 BRB 构造

序号	f_1 and f_2	Ir 的置信结构
1	VS and VS	{(D_1,1),(D_2,0),(D_3,0),(D_4,0),(D_5,0),(D_6,0)}
2	VS and PS	{(D_1,1),(D_2,0),(D_3,0),(D_4,0),(D_5,0),(D_6,0)}
3	VS and PM	{(D_1,0.75),(D_2,0.25),(D_3,0),(D_4,0),(D_5,0),(D_6,0)}
4	VS and L	{(D_1,0.6),(D_2,0.4),(D_3,0),(D_4,0),(D_5,0),(D_6,0)}
5	VS and ML	{(D_1,0.5),(D_2,0.5),(D_3,0),(D_4,0),(D_5,0),(D_6,0)}
6	VS and VL	{(D_1,0.4),(D_2,0.6),(D_3,0),(D_4,0),(D_5,0),(D_6,0)}
7	PS and VS	{(D_1,0.5),(D_2,0.5),(D_3,0),(D_4,0),(D_5,0),(D_6,0)}
8	PS and PS	{(D_1,0.35),(D_2,0.65),(D_3,0),(D_4,0),(D_5,0),(D_6,0)}
9	PS and PM	{(D_1,0),(D_2,0.9),(D_3,0.1),(D_4,0),(D_5,0),(D_6,0)}
10	PS and L	{(D_1,0),(D_2,0.8),(D_3,0.2),(D_4,0),(D_5,0),(D_6,0)}
11	PS and ML	{(D_1,0),(D_2,0.7),(D_3,0.3),(D_4,0),(D_5,0),(D_6,0)}
12	PS and VL	{(D_1,0),(D_2,0.6),(D_3,0.4),(D_4,0),(D_5,0),(D_6,0)}
13	PM and VS	{(D_1,0),(D_2,1),(D_3,0),(D_4,0),(D_5,0),(D_6,0)}
14	PM and PS	{(D_1,0),(D_2,0.6),(D_3,0.4),(D_4,0),(D_5,0),(D_6,0)}
15	PM and PM	{(D_1,0),(D_2,0.1),(D_3,0.9),(D_4,0),(D_5,0),(D_6,0)}
16	PM and L	{(D_1,0),(D_2,0),(D_3,1),(D_4,0),(D_5,0),(D_6,0)}
17	PM and ML	{(D_1,0),(D_2,0.2),(D_3,0.8),(D_4,0),(D_5,0),(D_6,0)}
18	PM and VL	{(D_1,0),(D_2,0),(D_3,0.9),(D_4,0.1),(D_5,0),(D_6,0)}
19	L and VS	{(D_1,0),(D_2,0.4),(D_3,0.6),(D_4,0),(D_5,0),(D_6,0)}
20	L and PS	{(D_1,0),(D_2,0.1),(D_3,0.9),(D_4,0),(D_5,0),(D_6,0)}

续表

序号	f_1 and f_2	Ir 的置信结构
21	L and PM	$\{(D_1,0),(D_2,0),(D_3,0.8),(D_4,0.2),(D_5,0),(D_6,0)\}$
22	L and L	$\{(D_1,0),(D_2,0),(D_3,0.6),(D_4,0.4),(D_5,0),(D_6,0)\}$
23	L and ML	$\{(D_1,0),(D_2,0),(D_3,0.5),(D_4,0.5),(D_5,0),(D_6,0)\}$
24	L and VL	$\{(D_1,0),(D_2,0),(D_3,0.4),(D_4,0.6),(D_5,0),(D_6,0)\}$
25	ML and VS	$\{(D_1,0),(D_2,0),(D_3,0.3),(D_4,0.7),(D_5,0),(D_6,0)\}$
26	ML and PS	$\{(D_1,0),(D_2,0),(D_3,0.2),(D_4,0.8),(D_5,0),(D_6,0)\}$
27	ML and PM	$\{(D_1,0),(D_2,0),(D_3,0.1),(D_4,0.9),(D_5,0),(D_6,0)\}$
28	ML and L	$\{(D_1,0),(D_2,0),(D_3,0.05),(D_4,0.95),(D_5,0),(D_6,0)\}$
29	ML and ML	$\{(D_1,0),(D_2,0),(D_3,0),(D_4,0.6),(D_5,0.4),(D_6,0)\}$
30	ML and VL	$\{(D_1,0),(D_2,0),(D_3,0),(D_4,0.5),(D_5,0.5),(D_6,0)\}$
31	VL and VS	$\{(D_1,0),(D_2,0),(D_3,0),(D_4,0),(D_5,0.5),(D_6,0.5)\}$
32	VL and PS	$\{(D_1,0),(D_2,0),(D_3,0),(D_4,0),(D_5,0),(D_6,1)\}$
33	VL and PM	$\{(D_1,0),(D_2,0),(D_3,0.5),(D_4,0.5),(D_5,0),(D_6,0)\}$
34	VL and L	$\{(D_1,0),(D_2,0),(D_3,0.6),(D_4,0.4),(D_5,0),(D_6,0)\}$
35	VL and ML	$\{(D_1,0),(D_2,0.5),(D_3,0.5),(D_4,0),(D_5,0),(D_6,0)\}$
36	VL and VL	$\{(D_1,0),(D_2,0.6),(D_3,0.4),(D_4,0),(D_5,0),(D_6,0)\}$

12.3.4　初始 BRB 系统的优化

对初始 BRB 的优化是基于一定数量的样本数据进行的，这里选择图 12.2 中 1586.26005～1586.4228km 区段采集到的共 651(t=7000～7650)组数据作为训练样本，这些数据全面覆盖了输入和输出量的各个参考值。具体优化过程如下。

（1）初始化 BRB 的可调参数值。

确定规则库中的可调参数集 $P = \{\beta_{j,k}, q_k, d_i \mid j=1,2,\cdots,6; i=1,2; k=1,2,\cdots,36\}$，表 12.5 中已经列出了 P 中的 $\{\beta_{j,k} \mid j=1,2,\cdots,6; k=1,2,\cdots,36\}$，剩下的规则权重 θ_k 和属性权重 δ_i 取值均为 1，表示 36 条规则具有同样的可信度，且输入量在决定输出量时具有同等的重要性。

（2）计算输入量对于参考值的匹配度。

对于 651 个训练样本中的每一个，其输入值 $f_1(t)$ 和 $f_2(t)$(t=7000～7650)都要利用 2.4.3 节中的式（2.48）和式（2.49）计算出它们对于各自参考值（语义值）的匹配度。例如，当 t=7000 时，输入量为 $f_1(t)$=0.2928，$f_2(t)$=0.005，则 $f_1(t)$ 对于 VS 和 PS 的匹配度分别为 0.6907 和 0.3093，$f_2(t)$ 对于 PS 和 PM 的匹配度分别为 0.88 和 0.12，对其余参考值的匹配度均为 0。由于 VS 出现在规则 $R_1 \sim R_6$ 中，则 $\alpha_1^k = 0.6907$(k=1,2,$\cdots$,6)，同理对于 PS，有 $\alpha_1^k = 0.3093$(k=7,8,$\cdots$,12)。

（3）计算规则的激活权重。

获得输入量对于每个规则中参考值的匹配度 α_i^k 后，即可利用式（2.46）计算每条规则的激活权重 w_k。例如，对于 $f_1(t)$=0.2928，$f_2(t)$=0.0053，可以得到其对 $R_2 \sim R_3$

和 $R_8 \sim R_9$ 的激活权重分别为 $w_2=0.6078$，$w_3=0.0829$，$w_8=0.2722$，$w_9=0.0371$，而其他规则的激活权重均为 0，即激活了 4 条规则。

（4）融合激活的规则。

利用 ER 算法融合被激活规则后项的置信结构，得到关于 Ir 的输出置信结构为

$$O(X(t)) = \{(D_j, \beta_j), j = 1, 2, \cdots, 6\}$$

其中，D_j 和 β_j 分别由式（12.2）和式（2.51）给出。例如，将步骤（3）中关于 $f_1(t)=0.2928$、$f_2(t)=0.0053$ 的 w_k 及初始 BRB 后项置信度 $\beta_{j,k}$ 代入式（2.50）中，可得 $O(X(t))=\{(D_1, 0.4061), (D_2, 5878), (D_3, 0.0061), (D_4, 0), (D_5, 0), (D_6, 0)\}$。

（5）输出高低不平顺安全等级的估计值。

将步骤（4）中 $O(X(t))$ 中的参考值进行加权求和后，得到 BRB 的输出为

$$\text{Ir}(t) = D_1\beta_1 + D_2\beta_2 + D_3\beta_3 + D_4\beta_4 + D_5\beta_5 + D_6\beta_6 \tag{12.4}$$

由于 Ir(t) 是 0～2.5 的连续量，将其经离散化后，才能得到不平顺安全等级的估计值为

$$\text{Estimated\_Ir}(t) = \begin{cases} 1, & 0 \leqslant \text{Ir}(t) \leqslant 1.5 \\ 2, & 1.5 < \text{Ir}(t) \leqslant 2.5 \end{cases} \tag{12.5}$$

根据以上步骤，将 651 个训练样本输入初始 BRB 中，产生的估计值如图 12.3 所示，通过将输出估计值与样本实际输出进行比较，可得出初始 BRB 高低不平顺检测的准确率如表 12.6 所示。可见，由于专家知识的主观不确定性，初始 BRB 并不完善，它对安全等级 Ⅱ 的检测准确率为 0，这导致整体的检测准确率不高。这说明利用专家知识和历史数据建立的 BRB 并不能精确地建模输入和输出量之间的关系，而对于等级 Ⅱ 的正确检测，在不平顺的维护中是至关重要的。所以，需要进一步利用训练样本，依据 2.4.3 节的图 2.2 中所示的 BRB 优化训练模型对其进行优化，提高检测准确率。

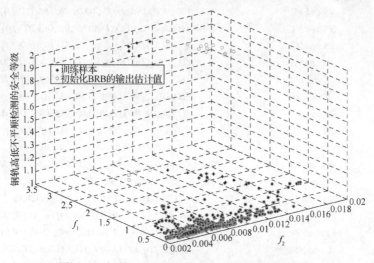

图 12.3　初始 BRB 估计值与训练样本输出的比较

表 12.6　初始 BRB 对训练样本的检测准确率

安全等级	Ⅰ(1 级)	Ⅱ(2 级)
准确率/%	98.14	0

（6）计算实际样本输出 True_Ir(t)与初始 BRB 输出 Estimated_Ir(t)之差平方和的均值。

$$\xi(P) = \frac{1}{651} \times \sum_{t=1}^{651} (\text{Ture\_Ir}(t) - \text{Estimated\_Ir}(t))^2 \qquad (12.6)$$

（7）寻找一个新的参数集合 P，使得式（12.6）中的均值最小。

在给定形如式（12.6）的目标函数之后，即可利用 2.4.3 节提供的优化学习模型，找到使 $\xi(P)$ 取最小值时的最优参数集合 P，即 $\min_{P}\{\xi(P)\}$，约束条件包括：$0 \leq \theta_k \leq 1$，$0 \leq \delta_k \leq 1$，$0 \leq \beta_{j,k} \leq 1$ 和 $\sum_{j=1}^{6} \beta_{j,k} = 1 (k=1,2,\cdots,36)$。

本书直接利用 MATLAB 优化工具箱中的 fmincon 来实现以上过程，则可以获得 $\xi(P) < 0.0016$ 时的 P 作为优化结果，最终构成优化后的 BRB，如表 12.7 所示。图 12.4 显示优化后的 BRB 对训练样本输出的估计准确率可达 100%。

表 12.7　优化后的 BRB

序号	θ_k	f_1 and f_2	Ir 的置信结构
1	0.80	VS and VS	$\{(D_1,1),(D_2,0),(D_3,0),(D_4,0),(D_5,0),(D_6,0)\}$
2	0.80	VS and PS	$\{(D_1,1),(D_2,0),(D_3,0),(D_4,0),(D_5,0),(D_6,0)\}$
3	0.70	VS and PM	$\{(D_1,0.75),(D_2,0.25),(D_3,0),(D_4,0),(D_5,0),(D_6,0)\}$
4	0.91	VS and L	$\{(D_1,0.6),(D_2,0.4),(D_3,0),(D_4,0),(D_5,0),(D_6,0)\}$
5	0.55	VS and ML	$\{(D_1,0.5),(D_2,0.5),(D_3,0),(D_4,0),(D_5,0),(D_6,0)\}$
6	0.60	VS and VL	$\{(D_1,0.4),(D_2,0.6),(D_3,0),(D_4,0),(D_5,0),(D_6,0)\}$
7	1	PS and VS	$\{(D_1,0.5),(D_2,0.5),(D_3,0),(D_4,0),(D_5,0),(D_6,0)\}$
8	1	PS and PS	$\{(D_1,0.35),(D_2,0.65),(D_3,0),(D_4,0),(D_5,0),(D_6,0)\}$
9	1	PS and PM	$\{(D_1,0),(D_2,0.9),(D_3,0.1),(D_4,0),(D_5,0),(D_6,0)\}$
10	0.90	PS and L	$\{(D_1,0),(D_2,0.8),(D_3,0.2),(D_4,0),(D_5,0),(D_6,0)\}$
11	0.80	PS and ML	$\{(D_1,0),(D_2,0.7),(D_3,0.3),(D_4,0),(D_5,0),(D_6,0)\}$
12	0.90	PS and VL	$\{(D_1,0),(D_2,0.6),(D_3,0.4),(D_4,0),(D_5,0),(D_6,0)\}$
13	1	PM and VS	$\{(D_1,0),(D_2,1),(D_3,0),(D_4,0),(D_5,0),(D_6,0)\}$
14	1	PM and PS	$\{(D_1,0),(D_2,0.6),(D_3,0.4),(D_4,0),(D_5,0),(D_6,0)\}$
15	1	PM and PM	$\{(D_1,0),(D_2,0),(D_3,0),(D_4,1),(D_5,0),(D_6,0)\}$
16	1	PM and L	$\{(D_1,0),(D_2,0),(D_3,0),(D_4,1),(D_5,0),(D_6,0)\}$
17	1	PM and ML	$\{(D_1,0),(D_2,0),(D_3,0.01),(D_4,0.99),(D_5,0),(D_6,0)\}$
18	1	PM and VL	$\{(D_1,0),(D_2,0),(D_3,0.01),(D_4,0.99),(D_5,0),(D_6,0)\}$
19	1	L and VS	$\{(D_1,0),(D_2,0.4),(D_3,0.6),(D_4,0),(D_5,0),(D_6,0)\}$
20	1	L and PS	$\{(D_1,0),(D_2,0.3),(D_3,0.7),(D_4,0),(D_5,0),(D_6,0)\}$

续表

序号	θ_k	f_1 and f_2	Ir 的置信结构
21	1	L and PM	$\{(D_1,0),(D_2,0),(D_3,0),(D_4,1),(D_5,0),(D_6,0)\}$
22	1	L and L	$\{(D_1,0),(D_2,0),(D_3,0),(D_4,0.9),(D_5,0.1),(D_6,0)\}$
23	1	L and ML	$\{(D_1,0),(D_2,0),(D_3,0),(D_4,0.9),(D_5,0.1),(D_6,0)\}$
24	1	L and VL	$\{(D_1,0),(D_2,0),(D_3,0),(D_4,0.6),(D_5,0.4),(D_6,0)\}$
25	1	ML and VS	$\{(D_1,0),(D_2,0),(D_3,0.5),(D_4,0.5),(D_5,0),(D_6,0)\}$
26	1	ML and PS	$\{(D_1,0),(D_2,0),(D_3,0),(D_4,1),(D_5,0),(D_6,0)\}$
27	1	ML and PM	$\{(D_1,0),(D_2,1),(D_3,0),(D_4,0),(D_5,0),(D_6,0)\}$
28	1	ML and L	$\{(D_1,0),(D_2,1),(D_3,0),(D_4,0),(D_5,0),(D_6,0)\}$
29	1	ML and ML	$\{(D_1,0),(D_2,1),(D_3,0),(D_4,0),(D_5,0),(D_6,0)\}$
30	1	ML and VL	$\{(D_1,0),(D_2,0.2),(D_3,0.8),(D_4,0),(D_5,0),(D_6,0)\}$
31	1	VL and VS	$\{(D_1,0),(D_2,0),(D_3,0),(D_4,0),(D_5,0.2),(D_6,0.8)\}$
32	1	VL and PS	$\{(D_1,0),(D_2,0),(D_3,0),(D_4,0),(D_5,1),(D_6,0)\}$
33	1	VL and PM	$\{(D_1,0),(D_2,1),(D_3,0),(D_4,0),(D_5,0),(D_6,0)\}$
34	1	VL and L	$\{(D_1,0),(D_2,1),(D_3,0),(D_4,0),(D_5,0),(D_6,0)\}$
35	0.80	VL and ML	$\{(D_1,0),(D_2,1),(D_3,0),(D_4,0),(D_5,0),(D_6,0)\}$
36	0.90	VL and VL	$\{(D_1,0),(D_2,1),(D_3,0),(D_4,0),(D_5,0),(D_6,0)\}$

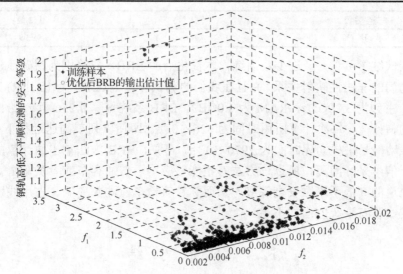

图 12.4　优化后 BRB 估计值与训练样本输出的比较

12.3.5　优化后 BRB 系统高低不平顺安全等级检测结果测试

将图 12.2 中的 9429 组输入输出数据作为测试样本,对优化后 BRB 的检测能力进行测试,图 12.5 中给出了测试样本输出与 BRB 输出的比较图,表 12.8 中给出了具体的检测准确率。

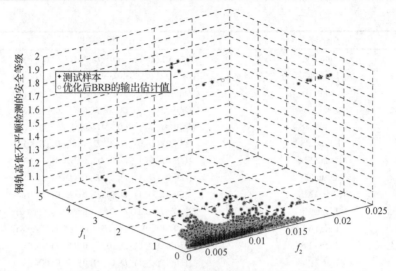

图 12.5 优化后 BRB 估计值与测试样本输出的比较

表 12.8 优化后 BRB 对测试样本的检测准确率

安全等级	I (1 级)	II (2 级)
准确率/%	100	99.99

从测试结果可见，经过少数训练样本优化后的 BRB，能够更为精确地建模输入和输出之间的非线性映射关系，并且在我们的测试环境下（CPU 为 Intel(R)Core(TM) i5-3470，主频为 3.20GHz，RAM 为 4.0GB），BRB 系统每隔 0.25m 可以给出一个安全等级的估计值，每次计算所用时间为 626×10^{-6}s。即使以列车高速运行下 300km/h 计算，振动信号采样间隔时间为 2970×10^{-6}s。可见，BRB 方法输出估计值的时间间隔远小于信号采样间隔，所以该方法有望能够应用于普通客车或者货车上，实现在线检测轨道的高低不平顺安全等级，从而弥补轨检车检测频率低、占用线路运行时间及覆盖线路有限等方面的不足。

12.4 本 章 小 结

本书设计了适用于轨道高低不平顺检测的 BRB 系统。其描述机车上多个测点的振动频域信号与高低不平顺安全等级之间的非线性映射关系。对于所建立的置信规则，其输入为振动加速度信号向量，输出为不平顺发生的相应安全等级。专家可以根据自身的主观经验确定初始化的 BRB 系统，当实际中获得优良的训练样本后，可利用它们对初始 BRB 进行优化训练，逐步提高 BRB 的检测精度。

可见，与神经网络等非线性建模方法相比，BRB 系统不仅使用了客观样本数据，还使用了专家提供的主观信息，且可调参数的物理意义明确，所以其更加贴近工程应用，更易于一线工程人员接受并全程参与 BRB 的建模过程[9-11]。与原有的轨检车使用的不平顺检测方法相比，BRB 的输入量都来自于相对廉价且易于安装的振动传感器（位于车轴和车厢），基于其设计的便携式检测系统，可以方便地安装于普通列车上，有望满足全天候、全线路检测的实际需求。此外，随着线路运行时间的增加，传感器在使用中测量精度的变化，会致使振动信号与不平顺安全等级之间的映射关系随时间发生变化。针对该情况，所提供的优化模型，可以实现对 BRB 系统定期或酌情的优化，使其一直保持良好的检测精度。

此外，由于本章 BRB 系统输入参考值是从输入量变化范围中均匀选出的，并未对这些参考值之间的关系以及输入采样值的聚集分类进行深入的分析。虽然对 BRB 后向置信度等参数进行优化，但是所建立的 BRB 系统只能判别轨道高低不平顺的等级，而不能更为精确地估计出具体的不平顺幅值。为了解决该问题，以提升故障识别的精度，在第 13 章中，进一步给出了基于可分性测度的输入参考值优选方法[21]，并基于此建立能够更为精确估计不平顺幅值的 BRB 推理系统，它能为工程人员提供更为详细的不平顺故障信息。

参 考 文 献

[1] 罗林，张格明，吴旺青，等. 轮轨系统轨道平顺状态的控制. 北京：中国铁道出版社，2006: 56-62.

[2] 铁道部. 铁路线路维修规则. 北京：中国铁道出版社，2001.

[3] 童大埙，毛经权. 铁路轨道基本知识. 北京：中国铁道出版社，1996.

[4] 张末. GJ-4 型轨道检测车的原理和应用. 北京：中国铁道出版社，2001.

[5] 徐其瑞，许建明，黎国清. 轨道检查车技术的发展与应用. 中国铁路，2005，9: 37-39.

[6] Mori H, Tsunashima H, Kojima T, et al. Condition monitoring of railway track using in-service vehicle. Journal of Mechanical Systems for Transportation and Logistics, 2010, 3(1): 154-165.

[7] Wang Y, Qin Y, Wei X. Track irregularities estimation based on acceleration measurements. Measurement, Information and Control (MIC), 2012 International Conference on IEEE (A), 2012, 1: 83-87.

[8] Yang J B, Liu J, Wang J, et al. Belief rule-base inference methodology using the evidential reasoning approach-RIMER. Systems, Man and Cybernetics, Part A: Systems and Humans, IEEE Transactions on, 2006, 36(2): 266-285.

[9] Xu D L, Liu J, Yang J B, et al. Inference and learning methodology of belief-rule-based expert system for pipeline leak detection. Expert Systems with Applications, 2007, 32(1): 103-113.

[10] Xu X B, Liu Z, Chen Y W, et al. Circuit tolerance design using belief rule base. Mathematical

Problems in Engineering, 2015.

[11] 徐晓滨, 汪艳辉, 孙新亚, 等. 基于置信规则库推理的轨道不平顺检测方法. 铁道学报, 2015, 36(12): 70-78.

[12] 罗林. 轨道随机干扰函数. 中国铁道科学, 1982, 3(1): 74-111.

[13] 罗林. 高速铁路轨道必须具有高平顺性. 中国铁路, 2000, 39(10): 8-11.

[14] 长沙铁道学院随机振动研究室. 关于机车车辆轨道系统随机激励函数的研究. 长沙铁道学院学报, 1985, 7(2): 1-36.

[15] 高建敏, 翟婉明, 王开云. 高速行车条件下轨道几何不平顺敏感波长研究. 铁道学报, 2012, 34(7): 83-88.

[16] 张旭久. 高速铁路轨道不平顺限制及曲线通过关键动力参数取值研究[博士学位论文]. 长沙: 中南大学, 2009.

[17] 练松良, 黄俊飞. 客货共运线路轨道不平顺不利波长的分析研究. 铁道学报, 2004, 26(2): 111-115.

[18] Shi J, Fang W, Wang Y, et al. Measurements and analysis of track irregularities on high speed maglev lines. Journal of Zhejiang University SCIENCE A, 2014, 15(6): 385-394.

[19] Lee J S, Choi S, Kim S S, et al. Waveband analysis of track irregularities in high-speed railway from on-board acceleration measurement. Journal of Solid Mechanics and Materials Engineering, 2012, 6(6): 750-759.

[20] Gao J M, Zhai W M, Wang K Y. Study on sensitive wavelengths of track irregularities in high-speed operation. Journal of the China Railway Society, 2012, 34(7): 83-88.

[21] 汪艳辉. 基于置信规则库推理的轨道高低不平顺检测方法[硕士学位论文]. 杭州: 杭州电子科技大学, 2015.

[22] 中华人民共和国铁道部. 《铁路线路维修规则》(铁运[2006]146 号文件). 2006.

[23] 任志强. GJ-5 型高速轨检车在轨道不平实验中的应用[硕士学位论文]. 成都: 西南交通大学, 2011.

第 13 章　基于可分性测度的置信规则库构建

及轨道高低不平顺幅值估计方法

13.1　引　　言

　　轨道高低不平顺幅值的变化受到的影响因素有很多,如轮轨间的冲击力、钢轨间的缝隙、道床下沉等,这使得建立不同测点的振动频域特征数据与高低不平顺幅值之间的精确模型成为一个难题[1,2]。由于机车减震系统、自然环境及加速度本身精度的影响,振动加速度传感器数据存在着不确定性、模糊性及非精确性,且振动加速度传感器数据与高低不平顺幅值存在着复杂的非线性关系,从而很难用精确的数学模型来表达描述[3,4]。第 12 章基于 BRB 推理的轨道高低不平顺等级检测方法输出为不平顺的等级,估计等级值只是对轨道的高低不平顺故障情况进行定性评价,当检测出不平顺等级为高的轨道里程点时,则要进行相应的维修甚至是停车检查。在轨道日常维护中,除了要知道高低不平顺幅值大(>8mm)的里程点,还需要对一段轨道的整体情况进行了解,就需要估计出具体的轨道高低不平顺幅值及变化趋势,并用更多的高低不平顺等级对估计值进行评价。

　　在此需求下,本书在获得轨道高低不平顺幅值趋势变化特征数据的基础上,给出了基于可分性测度的 BRB 构造方法,并用其对高低不平顺幅值进行估计[5]。选取不同区间轨道高低不平顺的特征样本数据,利用可分性测度的方法划分参考值,然后建立初始的 BRB 系统并对其进行优化。在建模 BRB 系统时,某些 BRB 系统的后项置信度在某些输入参考值上是相同的,而在其他输入参考值上是不同的,不同的输入参考值组合对应 BRB 不同的后项置信度。若 BRB 系统输入参考值的划分不够合理,则会影响 BRB 描述输入和输出之间非线性关系建模的精度。因此,本章给出基于可分性测度的隶属函数方法来划分参考值[6]。基于可分性测度的 BRB 的输入和输出分别为振动加速度数据的频域特征和高低不平顺的幅值,在振动特征的参考值划分过程中,要确保具有相同或相近高低不平顺幅值划分在同一组合中。

　　在基于可分性测度的 BRB 构建中,系统的输入特征有着不同的离散度,对 BRB 专家系统的估计结果的贡献也不同。而通过专家知识的划分方法难以得到较为准确的划分模糊集,从而使划分的模糊集不是过多就是过少。基于可分性测度的隶属函数方法,利用任何两类之间在每个特征属性上可分性的差异,合理确定每个特征数据模糊集的划分，从而得到每一个特征属性上最佳的模糊集，然后得到 BRB 在每个特征属性上划分最合理的参考值，建立初始的 BRB，通过训练样本对 BRB 的优化，可以使优化后的 BRB 更能精确地表达输入和输出之间的非线性关系。

13.2　基于可分性测度的 BRB 系统输入参考值区间划分

建立基于可分性测度 BRB 系统，它的输入为 $X=\{f_1(t), f_2(t)\}$，输出为 Ir(t)，即高低不平顺的幅值，而不是第 12 章中的高低不平顺的等级。从图 12.2 中共 9429 组数据中选出 12 组数据，如表 13.1 所示，作为可分性测度的隶属函数确定方法的样本特征数据 XS=$\{x_1, x_2, \cdots, x_{12}\}$，这些被选出的 12 组数据具有一定代表性，其覆盖了高低不平顺幅值所聚集的不同区域。

表 13.1　样本数据

高低不平顺/mm	特征属性 $f_2(t)$	特征属性 $f_1(t)$
0.4742(Ir_1)	0.0080	0.3011
1.4704(Ir_2)	0.0030	0.3011
2.5241(Ir_3)	0.01587	0.3012
3.3724(Ir_4)	0.010	1.0346
4.4943(Ir_5)	0.01358	2.0012
5.4361(Ir_6)	0.0072	1.0259
6.5956(Ir_7)	0.0060	0.2066
7.4981(Ir_8)	0.0100	0.5012
8.6450(Ir_9)	0.0070	2.0687
9.4600(Ir_10)	0.0050	0.2315
10.6162(Ir_11)	0.0070	0.5564
11.1250(Ir_12)	0.0204	0.3390

13.2.1　带权邻接矩阵的计算

从表 13.1 中可知，XS 为 12 组高低不平顺幅值在不同区间的样本数据，在 12 组样本数据中 $x_i=(x_{i1}, x_{i2})(i=1, 2, \cdots, 12)$，$x_i$ 表示车轴及车厢上振动加速度数据频域特征的样本数据，特征属性集为 $F=\{f_1, f_2\}$。

不同输出之间在 BRB 的每一个输入特征属性分量上具有可分性，因此对于 BRB 的每一个特征属性 $f_k(k=1, 2)$，样本数据 XS 中可以通过图的方式把各个不同的高低不平顺的取值及其关系展示出来，每个高低不平顺幅值在输入特征属性分量上的取值可以看作图中的一个节点，不同高低不平顺幅值在该输入特征属性上的可分性测度作为图的一条边，对于属性 f_k，带权矩阵见定义 13.1[6]。

定义 13.1　带权邻接矩阵

令 G_k 是属性 f_k 的带权图，则其邻接矩阵 A_k 定义为

$$A_k(i,j) = \begin{cases} d_{ij}^{f_k}, & x_{ik} \leq x_{jk} \\ -d_{ij}^{f_k}, & x_{ik} > x_{jk} \end{cases} \tag{13.1}$$

其中，A_k 中第 i 行，第 j 列的元素为 $A_k(i,j)$，它是在属性分量 f_k 上类 x_i 与类 x_j 之间的距离。当 $x_{ik} \leq x_{jk}$ 时，$A_k(i,j) > 0$，当 $x_{ik} > x_{jk}$ 时，$A_k(i,j) < 0$。$A_k(i,j)$ 的定义方式既考虑两个类之间在属性分量 f_k 上的距离关系，又考虑了两类之间在属性分量 f_k 的位置关系。根据 $A_k(i,j)$ 的定义可得，$A_k(i,j) = -A_k(j,i)$。因此在计算带权图 G_k 时，可以只求得上三角或下三角。不同类之间在属性分量 f_k 上的可分性测度具有不同的含义。

（1）如果 $A_k(i,j)=0$，则两类之间（x_i 与 x_j）在属性分量上是重合的，即不可分的。

（2）如果 $A_k(i,j)$ 在 $0 \sim 1$ 取值，则两类之间（x_i 与 x_j）在属性分量上是可分的。

（3）如果 $A_k(i,j)=1$，则两类之间（x_i 与 x_j）在属性分量上是严格可分的。

定义 13.2　可分测度

对于输入特征向量 X 中任意两类（x_i 与 x_j），在其属性分量 f_k 上的可分测度即距离为[6]

$$d_{ij}^{f_k} = \begin{cases} \dfrac{|x_{ik} - x_{jk}|}{x_{ik} + x_{jk}}, & x_{ik} \neq x_{jk} \\ 0, & x_{ik} = x_{jk} \end{cases} \tag{13.2}$$

其中，$d_{ij}^{f_k}$ 也可称为兰氏距离，$x_{ik}(i=1, 2, \cdots, 12; \ k=1, 2)$ 必须大于零，在输入特征属性集合中，两类之间的差别越大，$d_{ij}^{f_k}$ 就越大。两类之间的距离的这种定义方式也可以不用考虑不同特征属性之间的量纲。

13.2.2　输入参考值区间的划分

在建立 BRB 初始系统时，参考值区间的划分很重要，其决定着 BRB 规则的数目及其计算量。要求参考值划分的数目既少，又能准确地映射输入特征到输出之间的关系。

为了能使样本数据 XS 中的任意两类之间尽可能区分，必须满足以下条件：$\forall i,j(1 \leq i < j \leq n)$，$\exists f_k \in F$ 使得 $A_k(i,j)$ 不等于零。为了使划分出的参考值数目尽可能的少，需要满足条件 $\forall i,j(1 \leq i < j \leq n)$，且只有一个 $f_k \in F$ 使得 $A_k(i,j)$ 不等于零。

本算法的基本思想：对于任意两个输入样本，两者之间在属性集合 f_k 上的距离为 $d_{ij}^{f_1}$，$d_{ij}^{f_2}$，如果 $d_{ij}^{f_1} \geq d_{ij}^{f_2}$，则 x_i 与 x_j 只在属性分量 f_1 上可分，在属性分量上 f_1 将输入样本 x_i 与 x_j 划分为不同的模糊集；如果 $d_{ij}^{f_1} < d_{ij}^{f_2}$，则 x_i 与 x_j 只在属性分量 f_2 上可分，在属性分量上 f_2 将输入样本 x_i 与 x_j 划分为不同的模糊集；$\forall x_i$，如果在特征

属性 f_k 上，$\exists x_{j1}, x_{j2}$ 与 x_i 可区分，同时 x_{j1} 与 x_{j2} 在 x_i 相同的一侧，则可以把 x_{j1}、x_{j2} 距离 x_i 比较近的样本数据在特征属性 f_k 上划分为不同的参考值模糊集[6]。

基于上面的算法思想，算法的基本过程如下。

（1）对 BRB 的输入特征属性集 F 中的 f_1 和 f_2，计算其相对应的带权图的邻接矩阵 A_k。

（2）对于步骤（1）求得的邻接矩阵 A_k，进行简单初步的约简。对任意两个样本数据，只保留在属性分量 f_1 和 f_2 上两者距离的最大值，其余都为零。在各个属性之间选择对分辨输出贡献程度大的属性。其过程如下：假设样本输入 x_1 与 x_2 在特征属性 f_1 和 f_2 的邻接矩阵为 $A_1(1, 2)$ 和 $A_2(1, 2)$，如果 $|A_1(1, 2)|$ 大于 $|A_2(1, 2)|$，则令 $d_{12}=|A_1(1, 2)|$，$A_2(1, 2)=0$。通过步骤（2）的初步约简，任意两个样本数据之间只在其中一个属性上可分，即 $\forall x_i, x_j$ 存在一个属性 f_k 使得 $|A_k(i, j)|$ 不等于 0，而在其他特征属性上，$|A_k(i, j)|=0$。

（3）对进行初步约简的 A_k，做进一步约简，在邻接矩阵 A_k 中，对于任意的 $i(0<i<n)$，遍历邻接矩阵 A_k 三角中的 $j(0<j\leqslant n)$，对于任意的 $j(i<j\leqslant n)$，如果存在 $j=j_0$ 使得 $A_k(i, j), A_k(i, j_0)>0$，同时 $|A_k(i, j)| > |A_k(i, j_0)|$，令 $|A_k(i, j)|=1$，且 $A_k(i, j)$ 的正负号不变。

（4）求取步骤（3）得到邻接矩阵中剩余的关键边和关键节点。在步骤（3）中得到邻接矩阵 A_k，如果 $A_k(i, j)$ 的绝对值为 0～1，该边为 G_k 的关键边，则该边的两端节点称为带权图 G_k 的关键节点。

（5）对模糊集进行再约简。通过上述得到邻接矩阵的方式得到的模糊集的数目不是最少的，需要对关键边的特殊情况进行合并关键节点。大体分为三种情况，如图 13.1 所示，在同一特征属性分量上，两个关键边分别为 $<x_{i_1,k}, x_{i_2,k}>$ 和 $<x_{j_1,k}, x_{j_2,k}>$。

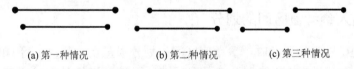

(a) 第一种情况   (b) 第二种情况   (c) 第三种情况

图 13.1　可约简关键节点示意图

第一种情况：在图 13.2 中，在同一 BRB 输入特征属性上，两个关键边上下分别为 $<x_{i_1,k}, x_{i_2,k}>$ 和 $<x_{j_1,k}, x_{j_2,k}>$，从图 13.2 得知，上边的关键边完全包含下边的关键边，则约简后的关键边为 $<x_{j_1,k}, x_{j_2,k}>$，并保留关键边及其相对应的关键节点。

第二种情况：在图 13.3 中，上面的关键边与下面的关键边的左右两个关键节点比较接近，可以计算其贴近度，即

$$a = \max\left\{ \frac{d_{i_1 j_1}^{f_k}}{d_{i_1 i_2}^{f_k}}, \frac{d_{i_1 j_1}^{f_k}}{d_{j_1 j_2}^{f_k}} \right\} \tag{13.3}$$

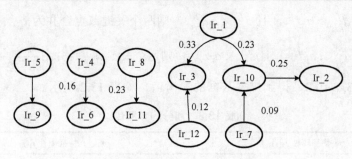

图 13.2　剪枝后的属性 $f_2(t)$ 图

设置阈值 a_0，当 a 小于阈值时，则保留贴近度中分母所对应的关键边。

① 如果 $a = \dfrac{d_{i_1 j_1}^{f_k}}{d_{j_1 j_2}^{f_k}} < a_0$，则保留 $< x_{j_1, k}, x_{j_2, k} >$。

② 如果 $a = \dfrac{d_{i_1 j_1}^{f_k}}{d_{i_1 i_2}^{f_k}} < a_0$，则保留 $< x_{i_1, k}, x_{i_2, k} >$。

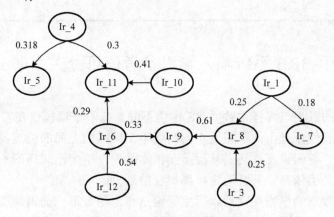

图 13.3　剪枝后的属性 $f_1(t)$ 图

第三种情况：上边的关键边的左关键节点与下边的关键边的右关键节点比较接近，对于这种情况，可以保留一个关键节点。

相邻两个关键节点的贴近度为

$$a = \min\left\{ \frac{d_{i_1 j_2}^{f_k}}{a_1 d_{i_1 i_2}^{f_k}}, \frac{d_{i_1 j_2}^{f_k}}{d_{j_1 j_2}^{f_k}} \right\} \tag{13.4}$$

如果贴近度比较小，则可以将两个关键节点合并为一个关键节点，设置阈值 a_1，阈值应该取值尽可能少。

① 如果 $d_{i_1 j_2}^{f_k} < a_1 d_{i_1 i_2}^{f_k}$，且 $d_{i_1 j_2}^{f_k} \geqslant a_1 d_{j_1 j_2}^{f_k}$，则两个关键节点合并为 $x_{j_2, k}$。

② 如果 $d_{i_1 j_2}^{f_k} \geqslant a_1 d_{i_1 j_2}^{f_k}$，且 $d_{i_1 j_2}^{f_k} < a_1 d_{j_1 j_2}^{f_k}$，则两个关键节点合并为 $x_{i_1, k}$。

③ 如果 $d_{i_1 j_2}^{f_k} < a_1 d_{i_1 j_2}^{f_k}$，且 $d_{i_1 j_2}^{f_k} < a_1 d_{j_1 j_2}^{f_k}$，则两个关键节点合并为 $\dfrac{x_{i_1, k} + x_{j_2, k}}{2}$。

取 $a_0 = 0.3, a_1 = 0.2$，得到样本数据的参考值，如表 13.2 所示。

表 13.2　划分的参考值

特征属性 $f_2(t)$	特征属性 $f_1(t)$
0.003	0.2066
0.005	0.3012
0.006	0.5012
0.0072	1.0346
0.008	2.0012
0.01	
0.01587	
0.0204	

13.3　基于 BRB 系统输入输出参考值可分关系的 BRB 构建

通过图论的思想，将样本数据 XS 中的不同高低不平顺幅值在特征属性集 F 上的每一个特征属性分量上的取值及不同高低不平顺幅值之间的位置关系转化为带权图，对得到的带权图进行约简，从而得到样本数据 XS 中不同高低不平顺幅值之间的可分关系及分类依据，并且确定模糊集合的划分。

得到样本数据的模糊集合后，指定等腰三角形函数形式的隶属度函数；再利用置信规则来描述车厢及车轴振动数据的频域特征与轨道高低不平顺幅值之间的关系，然后利用较多的样本数据 BRB 进行优化。

从得到的模糊集中心点可知，输入 $f_1(t)$ 和 $f_2(t)$ 分别划分 5、8 个参考值，$f_1(t)$ 的模糊语义值描述为：很小（VS）、正小（PS）、正中（PM）、正大（Positive Large，PL）、很大（VL）；$f_2(t)$ 的模糊语义值描述为：极小（Exceeding Small，ES）、很小（VS）、正小（PS）、正中（PM）、大（L）、中大（ML）、很大（VL），极大（Exceeding Large，EL）。

$$A_1^k \in \{\text{VS,PS,PM,PL,VL}\} \tag{13.5}$$

$$A_2^k \in \{\text{ES,VS,PS,PM,L,ML,VL,EL}\} \tag{13.6}$$

输出 Ir(t)按照其幅值的绝对值划分，对它们进行细化后，用 12 个参考值描述，它们的模糊语义值分别为：极小（ES）、非常小（Infinitesimal Small，IS）、很小（VS）、正小（PS）、小（S）、左中（Negative Medium，NM），右中（Positive Medium，PM）、大（L）、正大（PL）、很大（VL）、非常大（Infinitesimal Large，IL）、极大（EL）。

$$D = (D_1, D_2, D_3, D_4, D_5, D_6, D_7, D_8, D_9, D_{10}, D_{11}, D_{12})$$
$$= \{ES, IS, VS, PS, S, NM, PM, L, PL, VL, IL, EL\} \tag{13.7}$$

通过可分测度的隶属函数方法得到样本数据的划分模糊集合，可以将 $f_1(t)$ 和 $f_2(t)$ 通过式（13.1）、式（13.2）和式（13.3）中的语义值进行量化，得到相应的参考值分别如表 13.3、表 13.4 和表 13.5 所示。

表 13.3　$f_2(t)$ 的语义值和参考值

语义值	ES($A_{2,1}^k$)	VS($A_{2,2}^k$)	PS($A_{2,3}^k$)	PM($A_{2,4}^k$)	L($A_{2,5}^k$)	ML($A_{2,6}^k$)	VL($A_{2,7}^k$)	EL($A_{2,8}^k$)
$f_1(t)$参考值	0.003	0.005	0.006	0.0072	0.0080	0.0100	0.0159	0.0200

表 13.4　$f_1(t)$ 的语义值和参考值

语义值	VS($A_{1,1}^k$)	PS($A_{1,2}^k$)	PM($A_{1,3}^k$)	PL($A_{1,4}^k$)	VL($A_{1,5}^k$)
$f_2(t)$参考值	0.2066	0.3012	0.5012	1.0303	2.0012

表 13.5　Ir(t) 的语义值和参考值

语义值	ES(D_1)	IS(D_2)	VS(D_3)	PS(D_4)	S(D_5)	NM(D_6)	PM(D_7)	L(D_8)	PL(D_9)	VL(D_{10})	IL(D_{11})	EL(D_{12})
参考值	0.4742	1.4704	2.5241	3.3724	4.4943	5.4361	6.5956	7.4981	8.6450	9.4600	10.6162	11.1250

根据式（2.45），轨道高低不平顺检测 BRB 系统的置信规则具有如下的形式：

R_k: if f_1 is A_1^k and f_2 is A_2^k then Ir is $\{(ES, \beta_{1,k}), (IS, \beta_{2,k}), (VS, \beta_{3,k}), (PS, \beta_{4,k}),$
$(S, \beta_{5,k}), (NM, \beta_{6,k}), (PM, \beta_{7,k}), (L, \beta_{8,k}), (PL, \beta_{9,k}), (VL, \beta_{10,k}), (IL, \beta_{11,k}),$
$(EL, \beta_{12,k})\}, \sum_{i=1}^{N} \beta_{i,k} = 1, k \in \{1, 2, \cdots, 40\}$ （13.8）

其中，A_1^k 和 A_2^k 分别为 BRB 输入的参考值，如表 13.4、表 13.3 所示，该 BRB 专家系统可以生成 40 条规则，建立的初始置信规则库如表 13.6 所示。

表 13.6　基于可分测度的初始置信规则库

序号	f_1 and f_2	Ir 的置信结构
1	VS and ES	$\{(D_1, 0.97), (D_2, 0.03), (D_3, 0), (D_4, 0), (D_5, 0), (D_6, 0), (D_7, 0), (D_8, 0), (D_9, 0), (D_{10}, 0), (D_{11}, 0), (D_{12}, 0)\}$
2	VS and VS	$\{(D_1, 0.67), (D_2, 0.33), (D_3, 0), (D_4, 0), (D_5, 0), (D_6, 0), (D_7, 0), (D_8, 0), (D_9, 0), (D_{10}, 0), (D_{11}, 0), (D_{12}, 0)\}$
3	VS and PS	$\{(D_1, 0.27), (D_2, 0.73), (D_3, 0), (D_4, 0), (D_5, 0), (D_6, 0), (D_7, 0), (D_8, 0), (D_9, 0), (D_{10}, 0), (D_{11}, 0), (D_{12}, 0)\}$
4	VS and PM	$\{(D_1, 0), (D_2, 0.97), (D_3, 0.03), (D_4, 0), (D_5, 0), (D_6, 0), (D_7, 0), (D_8, 0), (D_9, 0), (D_{10}, 0), (D_{11}, 0), (D_{12}, 0)\}$
5	VS and L	$\{(D_1, 0), (D_2, 0), (D_3, 0), (D_4, 0.44), (D_5, 0.56), (D_6, 0), (D_7, 0), (D_8, 0), (D_9, 0), (D_{10}, 0), (D_{11}, 0), (D_{12}, 0)\}$

续表

序号	f_1 and f_2	Ir 的置信结构
6	VS and ML	$\{(D_1,0),(D_2,0),(D_3,0),(D_4,0.26),(D_5,0.74),(D_6,0),(D_7,0),(D_8,0),(D_9,0),(D_{10},0),(D_{11},0),(D_{12},0)\}$
7	VS and VL	$\{(D_1,0),(D_2,0),(D_3,0),(D_4,0),(D_5,0.46),(D_6,0.54),(D_7,0),(D_8,0),(D_9,0),(D_{10},0),(D_{11},0),(D_{12},0)\}$
8	VS and EL	$\{(D_1,0.67),(D_2,0.33),(D_3,0),(D_4,0),(D_5,0),(D_6,0),(D_7,0),(D_8,0),(D_9,0),(D_{10},0),(D_{11},0),(D_{12},0)\}$
9	PS and ES	$\{(D_1,0.47),(D_2,0.53),(D_3,0),(D_4,0),(D_5,0),(D_6,0),(D_7,0),(D_8,0),(D_9,0),(D_{10},0),(D_{11},0),(D_{12},0)\}$
10	PS and VS	$\{(D_1,0),(D_2,0.5),(D_3,0.5),(D_4,0),(D_5,0),(D_6,0),(D_7,0),(D_8,0),(D_9,0),(D_{10},0),(D_{11},0),(D_{12},0)\}$
11	PS and PS	$\{(D_1,0),(D_2,0.12),(D_3,0.88),(D_4,0),(D_5,0),(D_6,0),(D_7,0),(D_8,0),(D_9,0),(D_{10},0),(D_{11},0),(D_{12},0)\}$
12	PS and PM	$\{(D_1,0),(D_2,0),(D_3,0.44),(D_4,0.56),(D_5,0),(D_6,0),(D_7,0),(D_8,0),(D_9,0),(D_{10},0),(D_{11},0),(D_{12},0)\}$
13	PS and L	$\{(D_1,0),(D_2,0),(D_3,0),(D_4,0.26),(D_5,0.74),(D_6,0),(D_7,0),(D_8,0),(D_9,0),(D_{10},0),(D_{11},0),(D_{12},0)\}$
14	PS and ML	$\{(D_1,0),(D_2,0),(D_3,0),(D_4,0),(D_5,0),(D_6,0),(D_7,0),(D_8,1),(D_9,0),(D_{10},0),(D_{11},0),(D_{12},0)\}$
15	PS and VL	$\{(D_1,0),(D_2,0),(D_3,0),(D_4,0),(D_5,0),(D_6,0),(D_7,0),(D_8,0),(D_9,0.32),(D_{10},0.68),(D_{11},0),(D_{12},0)\}$
16	PS and EL	$\{(D_1,0),(D_2,0),(D_3,0),(D_4,0),(D_5,0),(D_6,0),(D_7,0),(D_8,0),(D_9,0),(D_{10},0),(D_{11},0),(D_{12},1)\}$
17	PM and ES	$\{(D_1,0.67),(D_2,0.33),(D_3,0),(D_4,0),(D_5,0),(D_6,0),(D_7,0),(D_8,0),(D_9,0),(D_{10},0),(D_{11},0),(D_{12},0)\}$
18	PM and VS	$\{(D_1,0.07),(D_2,0.93),(D_3,0),(D_4,0),(D_5,0),(D_6,0),(D_7,0),(D_8,0),(D_9,0),(D_{10},0),(D_{11},0),(D_{12},0)\}$
19	PM and PS	$\{(D_1,0),(D_2,0.49),(D_3,0.51),(D_4,0),(D_5,0),(D_6,0),(D_7,0),(D_8,0),(D_9,0),(D_{10},0),(D_{11},0),(D_{12},0)\}$
20	PM and PM	$\{(D_1,0),(D_2,0.4),(D_3,0.6),(D_4,0),(D_5,0),(D_6,0),(D_7,0),(D_8,0),(D_9,0),(D_{10},0),(D_{11},0),(D_{12},0)\}$
21	PM and L	$\{(D_1,0),(D_2,0),(D_3,0.44),(D_4,0.56),(D_5,0),(D_6,0),(D_7,0),(D_8,0),(D_9,0),(D_{10},0),(D_{11},0),(D_{12},0)\}$
22	PM and ML	$\{(D_1,0),(D_2,0),(D_3,0),(D_4,0),(D_5,0.46),(D_6,0.54),(D_7,0),(D_8,0),(D_9,0),(D_{10},0),(D_{11},0),(D_{12},0)\}$
23	PM and VL	$\{(D_1,0),(D_2,0),(D_3,0),(D_4,0),(D_5,0),(D_6,0.86),(D_7,0.14),(D_8,0),(D_9,0),(D_{10},0),(D_{11},0),(D_{12},0)\}$
24	PM and EL	$\{(D_1,0),(D_2,0),(D_3,0),(D_4,0),(D_5,0),(D_6,0),(D_7,0),(D_8,0.56),(D_9,0.44),(D_{10},0),(D_{11},0),(D_{12},0)\}$
25	PL and ES	$\{(D_1,0.27),(D_2,0.73),(D_3,0),(D_4,0),(D_5,0),(D_6,0),(D_7,0),(D_8,0),(D_9,0),(D_{10},0),(D_{11},0),(D_{12},0)\}$
26	PL and VS	$\{(D_1,0.07),(D_2,0.93),(D_3,0),(D_4,0),(D_5,0),(D_6,0),(D_7,0),(D_8,0),(D_9,0),(D_{10},0),(D_{11},0),(D_{12},0)\}$
27	PL and PS	$\{(D_1,0),(D_2,0.69),(D_3,0.31),(D_4,0),(D_5,0),(D_6,0),(D_7,0),(D_8,0),(D_9,0),(D_{10},0),(D_{11},0),(D_{12},0)\}$
28	PL and PM	$\{(D_1,0),(D_2,0.31),(D_3,0.69),(D_4,0),(D_5,0),(D_6,0),(D_7,0),(D_8,0),(D_9,0),(D_{10},0),(D_{11},0),(D_{12},0)\}$
29	PL and L	$\{(D_1,0),(D_2,0),(D_3,0),(D_4,0),(D_5,0.46),(D_6,0.54),(D_7,0),(D_8,0),(D_9,0),(D_{10},0),(D_{11},0),(D_{12},0)\}$
30	PL and ML	$\{(D_1,0),(D_2,0),(D_3,0),(D_4,0),(D_5,0.46),(D_6,0.54),(D_7,0),(D_8,0),(D_9,0),(D_{10},0),(D_{11},0),(D_{12},0)\}$
31	PL and VL	$\{(D_1,0),(D_2,0),(D_3,0.2),(D_4,0.8),(D_5,0),(D_6,0),(D_7,0),(D_8,0),(D_9,0),(D_{10},0),(D_{11},0),(D_{12},0)\}$
32	PL and EL	$\{(D_1,0),(D_2,0),(D_3,0),(D_4,0),(D_5,0.46),(D_6,0.54),(D_7,0),(D_8,0),(D_9,0),(D_{10},0),(D_{11},0),(D_{12},0)\}$
33	VL and ES	$\{(D_1,0.67),(D_2,0.33),(D_3,0),(D_4,0),(D_5,0),(D_6,0),(D_7,0),(D_8,0),(D_9,0),(D_{10},0),(D_{11},0),(D_{12},0)\}$
34	VL and VS	$\{(D_1,0.47),(D_2,0.53),(D_3,0),(D_4,0),(D_5,0),(D_6,0),(D_7,0),(D_8,0),(D_9,0),(D_{10},0),(D_{11},0),(D_{12},0)\}$
35	VL and PS	$\{(D_1,0),(D_2,0.5),(D_3,0.5),(D_4,0),(D_5,0),(D_6,0),(D_7,0),(D_8,0),(D_9,0),(D_{10},0),(D_{11},0),(D_{12},0)\}$
36	VL and PM	$\{(D_1,0),(D_2,0),(D_3,0.44),(D_4,0.56),(D_5,0),(D_6,0),(D_7,0),(D_8,0),(D_9,0),(D_{10},0),(D_{11},0),(D_{12},0)\}$
37	VL and L	$\{(D_1,0),(D_2,0),(D_3,0),(D_4,0),(D_5,0),(D_6,0),(D_7,0),(D_8,0),(D_9,0.32),(D_{10},0.68),(D_{11},0),(D_{12},0)\}$
38	VL and ML	$\{(D_1,0),(D_2,0),(D_3,0),(D_4,0),(D_5,0),(D_6,0),(D_7,0),(D_8,0),(D_9,0),(D_{10},0.71),(D_{11},0.29),(D_{12},0)\}$
39	VL and VL	$\{(D_1,0),(D_2,0),(D_3,0),(D_4,0),(D_5,0),(D_6,0),(D_7,0),(D_8,0),(D_9,0.56),(D_{10},0.44),(D_{11},0),(D_{12},0)\}$
40	VL and EL	$\{(D_1,0),(D_2,0),(D_3,0),(D_4,0),(D_5,0),(D_6,0),(D_7,0),(D_8,0),(D_9,0),(D_{10},0.97),(D_{11},0.03),(D_{12},0)\}$

利用生成的基于可分性测度的初始 BRB 来估计轨道高低不平顺的幅值。在轨道高低不平顺的幅值管理中，幅值较大的高低不平顺比较重要，重点检测等级为 3 和 4 的高低不平顺，它对机车的运行速度、舒适度和安全起着至关重要的作用。

13.4 初始 BRB 系统的优化

由于基于可分性测度的初始 BRB 的规则权重、属性权重及后项的置信度的设置的不合理，需要从数据中选择有限的训练样本数据对基于可分性测度的初始 BRB 进行训练和优化，样本数据的选择要尽可能覆盖 $f_1(t)$ 和 $f_2(t)$ 的参考值区间，使 BRB 中置信规则得到训练和优化，从图 12.2 中，选择 7000～8000 这段数据为例说明优化效果，因为该段数据中的初始估计值与真实值误差很大。优化步骤如下。

（1）初始化 BRB 的可调参数值。确定规则库中的可调参数集 $P = \{\beta_j, k, \theta_k, \delta_i \mid j = 1, 2, \cdots, 12; i = 1, 2; k = 1, 2, \cdots, 40\}$，表 13.6 中已经列出了 P 中的 $\{\beta_{j,k} \mid j = 1, 2, \cdots, 12; k = 1, 2, \cdots, 40\}$，剩下的规则权重 θ_k 和属性权重 δ_i 取值均为 1，表示 40 条规则具有同样的可信度，且输入量在决定输出量时具有同等的重要性。

初始 BRB 估计值与训练样本输出的比较，如图 13.4 所示。

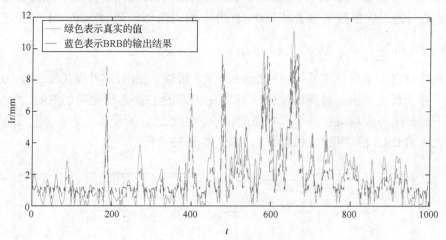

图 13.4 初始 BRB 估计值与训练样本输出的比较（见彩图）

样本数据的检测率如表 13.7 所示。

表 13.7 样本数据的检测率

安全等级	作业验收	1	2	3	4
样本检测准确率/%	100	55.1	0	0	0

（2）计算输入量对于参考值的匹配度。对于 1001 个训练样本中的每一个，其输入值 $f_1(t)$ 和 $f_2(t)$ ($t=7000～8000$) 都要利用式（2.48）和式（2.49）计算出它们对于各自参考值（语义值）的匹配度。

（3）计算规则的激活权重。获得输入量对于每个规则中参考值的匹配度 α_i^k 后，即可利用式（2.46）计算每条规则的激活权重 w_k。

（4）融合激活的规则。利用 ER 算法融合被激活规则后项的置信结构，得到关于 Ir 的输出置信结构 $O(X(t)) = \{(D_j, \beta_j), j = 1, 2, \cdots, 7\}$，将步骤（3）中 $O(X(t))$ 的参考值进行加权求和后，得到 BRB 的输出为

$$\text{Estimated\_Ir}(t) = D_1\beta_1 + D_2\beta_2 + D_3\beta_3 + D_4\beta_4 + D_5\beta_5 + D_6\beta_6 + D_7\beta_7 \quad (13.9)$$

（5）计算实际样本输出 True_Ir(t) 与初始 BRB 输出 Estimated_Ir(t) 之差平方和的均值。

$$\xi(P) = \frac{\sum_{t=1}^{1001}(\text{Ture\_Ir}(t) - \text{Estimated\_Ir}(t))^2}{1001} \quad (13.10)$$

（6）寻找一个新的参数集合 P，使得式（13.10）中的均值最小。在给定形如式（13.10）的目标函数之后，即可利用 2.4.3 节提供的优化学习模型，找到使 $\xi(P)$ 取最小值时的最优参数集合 P，即 $\min_P\{\xi(P)\}$，约束条件包括：$0 \leqslant \theta_k \leqslant 1$，$0 \leqslant \delta_k \leqslant 1$，$0 \leqslant \beta_{j,k} \leqslant 1$ 和 $\sum_{j=1}^{12}\beta_{j,k} = 1(k = 1, 2, \cdots, 40)$。

利用 MATLAB 优化工具箱中的 fmincon 来实现以上过程，则可以获得 $\xi(P) < 0.1998$ 时的 P 作为优化结果，最终构成优化后的 BRB，图 13.5 为优化后的 BRB 的估计高低不平顺幅值和实测高低不平顺幅值的比较，两者之间的误差比较小（优于图 13.4 所示优化前 BRB 的效果）。优化后的 BRB 如表 13.8 所示。

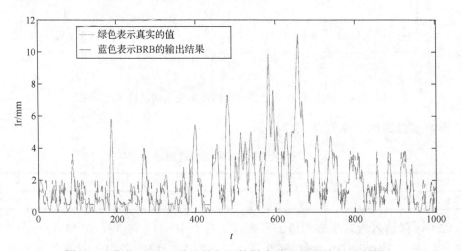

图 13.5　优化后 BRB 估计值与训练样本输出的比较（见彩图）

表 13.8　优化后的 BRB

序号	f_1 and f_2	Ir 的置信结构
1	VS and ES	$\{(D_1,1),(D_2,0),(D_3,0),(D_4,0),(D_5,0),(D_6,0),(D_7,0),(D_8,0),(D_9,0),(D_{10},0),(D_{11},0),(D_{12},0)\}$
2	VS and VS	$\{(D_1,0),(D_2,0.65),(D_3,0.35),(D_4,0),(D_5,0),(D_6,0),(D_7,0),(D_8,0),(D_9,0),(D_{10},0),(D_{11},0),(D_{12},0)\}$
3	VS and PS	$\{(D_1,0),(D_2,0),(D_3,0.23),(D_4,0.77),(D_5,0),(D_6,0),(D_7,0),(D_8,0),(D_9,0),(D_{10},0),(D_{11},0),(D_{12},0)\}$
4	VS and PM	$\{(D_1,0),(D_2,0),(D_3,0.09),(D_4,0.91),(D_5,0),(D_6,0),(D_7,0),(D_8,0),(D_9,0),(D_{10},0),(D_{11},0),(D_{12},0)\}$
5	VS and L	$\{(D_1,0),(D_2,0),(D_3,0),(D_4,0),(D_5,0.),(D_6,0),(D_7,0),(D_8,0),(D_9,0),(D_{10},0),(D_{11},0.55),(D_{12},0.45)\}$
6	VS and ML	$\{(D_1,0),(D_2,0),(D_3,0),(D_4,0),(D_5,0),(D_6,0),(D_7,0),(D_8,0),(D_9,0),(D_{10},0),(D_{11},0.39),(D_{12},0.61)\}$
7	VS and VL	$\{(D_1,0),(D_2,0),(D_3,0),(D_4,0),(D_5,0.46),(D_6,0.54),(D_7,0),(D_8,0),(D_9,0),(D_{10},0),(D_{11},0),(D_{12},0)\}$
8	VS and EL	$\{(D_1,0.67),(D_2,0.33),(D_3,0),(D_4,0),(D_5,0),(D_6,0),(D_7,0),(D_8,0),(D_9,0),(D_{10},0),(D_{11},0),(D_{12},0)\}$
9	PS and ES	$\{(D_1,1),(D_2,0),(D_3,0),(D_4,0),(D_5,0),(D_6,0),(D_7,0),(D_8,0),(D_9,0),(D_{10},0),(D_{11},0),(D_{12},0)\}$
10	PS and VS	$\{(D_1,0),(D_2,0.5),(D_3,0.5),(D_4,0),(D_5,0),(D_6,0),(D_7,0),(D_8,0),(D_9,0),(D_{10},0),(D_{11},0),(D_{12},0)\}$
11	PS and PS	$\{(D_1,0),(D_2,0),(D_3,0.4),(D_4,0.6),(D_5,0),(D_6,0),(D_7,0),(D_8,0),(D_9,0),(D_{10},0),(D_{11},0),(D_{12},0)\}$
12	PS and PM	$\{(D_1,0),(D_2,0),(D_3,0),(D_4,0.89),(D_5,0.11),(D_6,0),(D_7,0),(D_8,0),(D_9,0),(D_{10},0),(D_{11},0),(D_{12},0)\}$
13	PS and L	$\{(D_1,0),(D_2,0),(D_3,0),(D_4,0),(D_5,0),(D_6,0),(D_7,0),(D_8,0.39),(D_9,0.61),(D_{10},0),(D_{11},0),(D_{12},0)\}$
14	PS and ML	$\{(D_1,0),(D_2,0),(D_3,0),(D_4,0),(D_5,0),(D_6,0),(D_7,0),(D_8,0),(D_9,0.55),(D_{10},0.45),(D_{11},0),(D_{12},0)\}$
15	PS and VL	$\{(D_1,0),(D_2,0),(D_3,0),(D_4,0),(D_5,0),(D_6,0),(D_7,0),(D_8,0),(D_9,0),(D_{10},0.5),(D_{11},0.5),(D_{12},0)\}$
16	PS and EL	$\{(D_1,0),(D_2,0),(D_3,0),(D_4,0),(D_5,0),(D_6,0),(D_7,0),(D_8,0),(D_9,0),(D_{10},0),(D_{11},0.21),(D_{12},0.89)\}$
17	PM and ES	$\{(D_1,1),(D_2,0),(D_3,0),(D_4,0),(D_5,0),(D_6,0),(D_7,0),(D_8,0),(D_9,0),(D_{10},0),(D_{11},0),(D_{12},0)\}$
18	PM and VS	$\{(D_1,0.07),(D_2,0.93),(D_3,0),(D_4,0),(D_5,0),(D_6,0),(D_7,0),(D_8,0),(D_9,0),(D_{10},0),(D_{11},0),(D_{12},0)\}$
19	PM and PS	$\{(D_1,0),(D_2,0),(D_3,0.32),(D_4,0.68),(D_5,0),(D_6,0),(D_7,0),(D_8,0),(D_9,0),(D_{10},0),(D_{11},0),(D_{12},0)\}$
20	PM and PM	$\{(D_1,0),(D_2,0),(D_3,0),(D_4,0.57),(D_5,0.43),(D_6,0),(D_7,0),(D_8,0),(D_9,0),(D_{10},0),(D_{11},0),(D_{12},0)\}$
21	PM and L	$\{(D_1,0),(D_2,0),(D_3,0),(D_4,0.23),(D_5,0.77),(D_6,0),(D_7,0),(D_8,0),(D_9,0),(D_{10},0),(D_{11},0),(D_{12},0)\}$
22	PM and ML	$\{(D_1,0),(D_2,0),(D_3,0),(D_4,0),(D_5,0),(D_6,0),(D_7,0),(D_8,0),(D_9,0.3),(D_{10},0.7),(D_{11},0),(D_{12},0)\}$
23	PM and VL	$\{(D_1,0),(D_2,0),(D_3,0),(D_4,0),(D_5,0),(D_6,0),(D_7,0),(D_8,0),(D_9,0),(D_{10},0.55),(D_{11},0.45),(D_{12},0)\}$
24	PM and EL	$\{(D_1,0),(D_2,0),(D_3,0),(D_4,0),(D_5,0),(D_6,0),(D_7,0),(D_8,0),(D_9,0),(D_{10},0),(D_{11},0.05),(D_{12},0.95)\}$
25	PL and ES	$\{(D_1,0.85),(D_2,0.15),(D_3,0),(D_4,0),(D_5,0),(D_6,0),(D_7,0),(D_8,0),(D_9,0),(D_{10},0),(D_{11},0),(D_{12},0)\}$
26	PL and VS	$\{(D_1,0),(D_2,0.52),(D_3,0.48),(D_4,0),(D_5,0),(D_6,0),(D_7,0),(D_8,0),(D_9,0),(D_{10},0),(D_{11},0),(D_{12},0)\}$
27	PL and PS	$\{(D_1,0),(D_2,0),(D_3,0),(D_4,0.62),(D_5,0.38),(D_6,0),(D_7,0),(D_8,0),(D_9,0),(D_{10},0),(D_{11},0),(D_{12},0)\}$
28	PL and PM	$\{(D_1,0),(D_2,0),(D_3,0),(D_4,0.42),(D_5,0.53),(D_6,0),(D_7,0),(D_8,0),(D_9,0),(D_{10},0),(D_{11},0),(D_{12},0)\}$
29	PL and L	$\{(D_1,0),(D_2,0),(D_3,0),(D_4,0),(D_5,0.44),(D_6,0.56),(D_7,0),(D_8,0),(D_9,0),(D_{10},0),(D_{11},0),(D_{12},0)\}$
30	PL and ML	$\{(D_1,0),(D_2,0),(D_3,0),(D_4,0),(D_5,0),(D_6,0.6),(D_7,0.4),(D_8,0),(D_9,0),(D_{10},0),(D_{11},0),(D_{12},0)\}$
31	PL and VL	$\{(D_1,0),(D_2,0),(D_3,0),(D_4,0),(D_5,0),(D_6,0),(D_7,0.2),(D_8,0.8),(D_9,0),(D_{10},0),(D_{11},0),(D_{12},0)\}$
32	PL and EL	$\{(D_1,0),(D_2,0),(D_3,0),(D_4,0),(D_5,0),(D_6,0),(D_7,0),(D_8,0.93),(D_9,0.07),(D_{10},0),(D_{11},0),(D_{12},0)\}$
33	VL and ES	$\{(D_1,0),(D_2,0.52),(D_3,0.48),(D_4,0),(D_5,0),(D_6,0),(D_7,0),(D_8,0),(D_9,0),(D_{10},0),(D_{11},0),(D_{12},0)\}$
34	VL and VS	$\{(D_1,0.47),(D_2,0.53),(D_3,0),(D_4,0),(D_5,0),(D_6,0),(D_7,0),(D_8,0),(D_9,0),(D_{10},0),(D_{11},0),(D_{12},0)\}$
35	VL and PS	$\{(D_1,0),(D_2,0.5),(D_3,0.5),(D_4,0),(D_5,0),(D_6,0),(D_7,0),(D_8,0),(D_9,0),(D_{10},0),(D_{11},0),(D_{12},0)\}$
36	VL and PM	$\{(D_1,0),(D_2,0),(D_3,0.44),(D_4,0.56),(D_5,0),(D_6,0),(D_7,0),(D_8,0),(D_9,0),(D_{10},0),(D_{11},0),(D_{12},0)\}$
37	VL and L	$\{(D_1,0),(D_2,0),(D_3,0),(D_4,0),(D_5,0.36),(D_6,0.64),(D_7,0),(D_8,0),(D_9,0),(D_{10},0),(D_{11},0),(D_{12},0)\}$
38	VL and ML	$\{(D_1,0),(D_2,0),(D_3,0),(D_4,0),(D_5,0),(D_6,0.5),(D_7,0.5),(D_8,0),(D_9,0),(D_{10},0),(D_{11},0),(D_{12},0)\}$
39	VL and VL	$\{(D_1,0),(D_2,0),(D_3,0),(D_4,0),(D_5,0),(D_6,0),(D_7,0.55),(D_8,0.45),(D_9,0),(D_{10},0),(D_{11},0),(D_{12},0)\}$
40	VL and EL	$\{(D_1,0),(D_2,0),(D_3,0),(D_4,0),(D_5,0),(D_6,0),(D_7,0),(D_8,0.58),(D_9,0.42),(D_{10},0),(D_{11},0),(D_{12},0)\}$

优化后的 BRB 样本数据的检测率，如表 13.9 所示。

表 13.9　优化后的 BRB 样本数据的检测率

安全等级	作业验收	1	2	3	4
样本检测准确率/%	99.47	100	100	75	100

13.5　优化后 BRB 系统高低不平顺幅值估计结果的测试与比较

基于可分性测度的方法对表 13.1 中的特征数目进行简化，该方法根据每个特征对输出的贡献程度及其输入特征变量的离散程度划分参考值区间，根据表 13.1 中的特征样本数据建立参考值区间划分合理、规则数目适中的 BRB，通过与直接利用 12 组数据建立 12×12 条的 BRB 进行比较，得到简化参考值建立的 BRB 能反映输入特征到输出之间的关系。表 13.1 中共有 12 组特征样本数据，因此把 12 组输入特征当作 BRB 的 12 个输入参考值，如表 13.10 和表 13.11 所示，BRB 的输出后项如表 13.12 所示，根据这些参考值可以建立初始的 BRB，利用 t=7000～8000 这段训练样本对初始 BRB 进行优化，使用整段数据对优化后的 BRB 进行测试，如图 13.6 所示。

$$A_1^k \in \{ES,IS,VS,PS,S,NM,PM,L,PL,VL,IL,EL\} \qquad (13.11)$$

$$A_2^k \in \{ES,IS,VS,PS,S,NM,PM,L,PL,VL,IL,EL\} \qquad (13.12)$$

表 13.10　$f_1(t)$ 的语义值和参考值

语义值	$ES(A_{1,1}^k)$	$IS(A_{1,2}^k)$	$VS(A_{1,3}^k)$	$PS(A_{1,4}^k)$	$S(A_{1,5}^k)$	$BM(A_{1,6}^k)$	$PM(A_{1,7}^k)$	$L(A_{1,8}^k)$	$PL(A_{1,9}^k)$	$VL(A_{1,10}^k)$	$IL(A_{1,11}^k)$	$EL(A_{1,12}^k)$
参考值	0.2066	0.2315	0.3011	0.3011	0.3012	0.3390	0.5012	0.5564	1.0259	1.0346	2.0012	2.0687

表 13.11　$f_2(t)$ 的语义值和参考值

语义值	$ES(A_{2,1}^k)$	$IS(A_{2,2}^k)$	$VS(A_{2,3}^k)$	$PS(A_{2,4}^k)$	$S(A_{2,5}^k)$	$NM(A_{2,6}^k)$	$PM(A_{2,7}^k)$	$L(A_{2,8}^k)$	$PL(A_{2,9}^k)$	$VL(A_{2,10}^k)$	$IL(A_{2,11}^k)$	$EL(A_{2,12}^k)$
参考值	0.003	0.005	0.006	0.007	0.007	0.0072	0.008	0.01	0.01	0.01358	0.01587	0.0204

表 13.12　优化后幅值估计的 12×12 的 BRB 样本数据的检测准确率

安全等级	作业验收	1	2	3	4
样本检测准确率/%	99.66	91	90	50	100

将图 12.2 中的 9429 组输入输出数据作为测试样本，对优化后基于可分性测度 BRB 进行测试，图 13.7 中给出了测试样本的实测高低不平顺幅值与 BRB 估计的高低不平顺幅值的比较图。

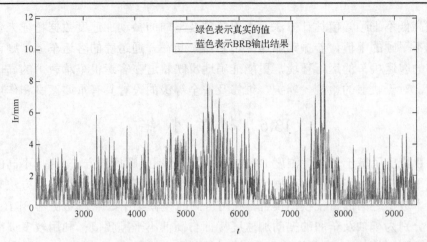

图 13.6　优化后的 12×12 的 BRB 高低不平顺等级估计值与测试样本输出的比较（见彩图）

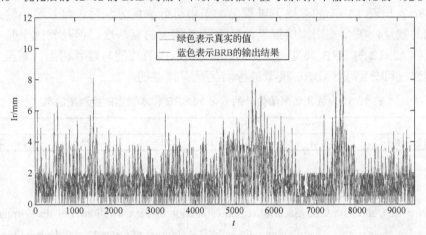

图 13.7　优化后 5×8 的 BRB 幅值估计值与测试样本输出的比较（见彩图）

从图 13.7 得知，优化后的基于可分性测度 BRB 的高低不平顺幅值估计方法较准确地估计测试样本数据各个安全等级内的幅值，并给出各个等级检测准确率，尤其是轨道高低不平顺幅值在 3（8～10）等级和 4 等级（大于 11）的准确率为 100%。相对于第 12 章基于 BRB 高低不平顺等级估计方法得出的结果，基于可分性测度 BRB 的高低不平顺幅值估计方法提高了高低不平顺等级检测的准确率，还给出了轨道高低不平顺幅值及其变化趋势，可以对轨道进行定量的评价。根据轨道的峰值管理方式，对较大的峰值进行记录，并记录各个等级内的高低不平顺幅值的个数，且高低不平顺幅值在等级 3 和 4 还应该记录相对应的轨道里程，这些记录的报告作为对轨道线路质量评价的一个参考，若等级 3 和 4 的个数比例占的较多，则需要对这段钢轨进行更换。例如，在 $t=7656$ 位置，估计值为 11.1mm，大于 10mm，需要对经过这段轨道线路机车进行限速，防止机车发生安全事故。基于可分性测度 BRB

的轨道高低不平顺幅值估计方法，利用车轴及车厢的振动加速度数据特征来估计轨道高低不平顺的幅值，若振动加速度传感器安装在普通运营的客运车上，则可以模拟真实的客运机车的运行环境，更能准确地反映轨道在客运机车承载下的高低不平顺幅值，对于轨道的检测、养护、维修及安全等级的设置具有重要意义和作用。

13.6　本章小结

本章给出了基于可分性测度 BRB 的轨道高低不平顺检测方法，选择不同的轨道高低不平顺幅值的特征样本数据；通过可分性测度的模糊隶属函数确定方法来划分不同样本数据之间的特征模糊集合；利用得到的模糊集中心点建立初始 BRB，输入和输出分别为车轴及车厢的振动加速度特征与高低不平顺幅值；利用较多训练样本数据对得到初始 BRB 进行训练优化，通过调整其参数使 BRB 的估计结果达到最优。从表 13.12 和表 13.13 的对比可以看出，采用可分测度方法后，可以缩小输入变量参考点的数量，减少规则库的规模，从而降低建模的复杂度，但是相比于具有参考点冗余的 12×12 的 BRB 来说，精简后 5×8 的 BRB 的性能与前者相当，甚至更优，这说明通过可分测度对 BRB 模型进行简化是有裨益的。

表 13.13　优化后幅值估计的 5×8 的 BRB 样本数据的检测准确率

安全等级	作业验收	1	2	3	4
样本检测准确率/%	99.84	100	100	75	100

参　考　文　献

[1] Zhang Y, Qin Y, Jia L M. Security region estimation of peak amplitudes of track irregularities based on danger points distribution ratio and SVM. Journal of Central South University (Science and Technology), 2012, 43(11): 4533-4541.

[2] Sezer S, Atalay A E. Dynamic modeling and fuzzy logic control of vibrations of a railway vehicle for different track irregularities. Simulation Modelling Practice and Theory, 2011, 19(9): 1873-1894.

[3] 徐磊, 陈宪麦, 徐伟昌, 等. 基于小波和 Wigner-Ville 分布的轨道不平顺特征识别. 中南大学学报(自然科学版), 2013, 44(8): 3344-3350.

[4] Lee J S, Choi S, Kim S S, et al. A mixed filtering approach for track condition monitoring using accelerometers on the axle box and bogie. IEEE Transactions on Instrumentation and Measurement, 2012, 61(3): 749-758.

[5] 汪艳辉. 基于置信规则库推理的轨道高低不平顺检测方法[硕士学位论文]. 杭州: 杭州电子科技大学, 2015.

[6] 董炜, 陈卫征, 徐晓滨, 等. 基于可分性测度的模糊隶属函数确定方法. 控制与决策, 2014, 29(11): 2089-2093.

第 14 章　基于证据推理规则的信息融合故障诊断方法

14.1　引　言

在线故障监测与诊断是提高设备运行安全性和可靠性的有效途径，其依赖各种传感器采集的故障特征（征兆）信号监测设备的运行状况。通常，同一故障可由多种不同的故障特征表征，反之，同一故障特征的变化可由不同故障所引起[1]。所以，单一传感器一般不能提供充足的故障信息用于诊断，往往需要将多传感器提供的故障特征信息进行融合来实现精确诊断。此外，由于传感器误差、环境噪声干扰以及设备运行状况的变化等内因和外因的影响，从传感器获取的故障特征往往是不确定、非精确甚至是不完整的。面对此类多源不确定性信息融合问题，基于 Dempster-Shafer 证据理论的信息融合方法，通过信度分布（诊断证据）来描述故障特征对各种故障模式（命题）的支持程度，利用 Dempster 组合规则融合多源诊断证据，从而可获得更为精确的融合结果，并用其进行故障决策[2-4]。证据理论中还给出了证据折扣方法，通过设置证据折扣因子来描述传感器或其提供证据的可靠性或重要性[5,6]。但是证据的可靠性和重要性具有不同的物理意义，而已有的折扣方法并未将两个概念加以区分[7]。此外，折扣证据所得到的剩余信度被赋给"完全未知"，即整个辨识框架（所讨论命题的全集），这人为增加了单个证据的非精确性，并从本质上改变了原有证据的概率特征，即特异性（specificity），从而导致经 Dempster 规则融合得到的证据的非精确性不仅人为地放大并且失真了，而且上述折扣因子方法使得 Dempster 规则失去其"严格概率推理过程"的本质特性，因此不能作为贝叶斯规则在所讨论命题的幂集空间的严格扩展[7]。

在 2.4.3 节中介绍的证据推理（ER）规则，明确地区分了证据可靠性和重要性的概念，此外，基于正交和定理给出的 ER 规则，是一个严格的概率推理过程，在每个证据都完全可靠的情况下，Dempster 规则成为它的一种特殊情况[7]。文献[8]中进一步给出了基于数据统计和似然函数归一化的证据生成方法，不同于基于模糊匹配、神经网络等人工智能的证据提取方法[1-4]，其显著的特点在于，它不需要对故障特征变化规律以及特征与故障模式之间的映射关系做出任何假设，是基于样本统计的数据驱动证据生成方法[9]。

本章针对多源不确定性故障特征信息融合决策问题，给出基于 ER 规则的故障诊断方法[10]。基于故障特征样本似然函数归一化的方法求取各传感器（信息源）的诊断证据；从传感器误差以及故障特征对各故障类型辨别能力的差异出发，给出获取诊断证据可靠性因子的方法；给出双目标优化模型训练得到诊断证据的重要性权重，利用 ER 融合规则融合经可靠性因子和重要性权重修正后的诊断证据，利用融合结果进行故障决策。该方法继承了 Dempster-Shafer 证据理论处理不确定性信息融合问题的优点，同时克服了它在实际应用中无法区分证据可靠性和重要性的不足；该方法中诊断证据的融合是一种概率推理过程，从而使得诊断过程不仅严格而且客观、可信。最后，通过在电机柔性转子实验台上的故障诊断实验，验证了所提方法的有效性。

14.2　基于故障样本似然函数归一化的诊断证据获取方法

设故障集合 $\Theta = \{F_1, \cdots, F_i, \cdots, F_N\}$，$F_i$ 代表故障集合 Θ 中的第 i 个故障，$i = 1, 2, \cdots, N$，N 为故障模式的个数。设 x 是能够反映故障集合 Θ 中每个故障 F_i 的故障特征变量，该特征变量的取值由某信息源（传感器）提供。当每个故障 F_i 发生时，获取 x 的 δ 个测量样本，它们构成的集合为 $V_i^x = \{v_{i,1}^x, v_{i,2}^x, \cdots, v_{i,\delta}^x\}$，分别取其中的最小值和最大值作为 x_i^L 和 x_i^R，则可得到变量 x 对于 F_i 的取值变化区间 $[x_i^L, x_i^R]$，共计可以得到 N 个区间 $[x_1^L, x_1^R], [x_2^L, x_2^R], \cdots, [x_N^L, x_N^R]$。将这 N 个区间的 $2N$ 个左右端点按照从小到大的顺序排序，组成含有 $2N$ 个点的序列 $S = \{s_1, s_2, \cdots, s_{2N}\}$，其中 $s_j \in \{x_1^L, x_1^R, x_2^L, x_2^R, \cdots, x_N^L, x_N^R\}$，$j = 1, 2, \cdots, 2N$，按照 s_j 的排序，生成 x 关于故障集合 Θ 的 $2N-1$ 个样本变化区间 $I_1^x = [s_1, s_2), I_2^x = [s_2, s_3), \cdots, I_{2N-1}^x = [s_{2N-1}, s_{2N})$。在 N 种故障分别发生时，可获得 N 种故障的测量样本集合为 $V_1^x = \{v_{1,1}^x, v_{1,2}^x, \cdots, v_{1,\delta}^x\}, V_2^x = \{v_{2,1}^x, v_{2,2}^x, \cdots, v_{2,\delta}^x\}, \cdots, V_N^x = \{v_{N,1}^x, v_{N,2}^x, \cdots, v_{N,\delta}^x\}$。此外，若还有 δ' 个测量样本对应的故障模式未知，则可将它们构成的集合记为 $V_\Theta^x = \{v_{\Theta,1}^x, v_{\Theta,2}^x, \cdots, v_{\Theta,\delta'}^x\}$（表示实际中虽然获得 x 的一些样本，但是未能判断出其反映的故障模式，该故障模式应属于 Θ），共计可获 $N\delta + \delta'$ 个样本，并构成 x 的总样本集为

$$V^x = \{V_1^x, V_2^x, \cdots, V_N^x, V_\Theta^x\} \tag{14.1}$$

统计它们在各区间中的投点个数，可构造出特征变量 x 和故障 F_1, F_2, $\cdots$, F_N 以及全集 Θ 之间的投点矩阵，如表 14.1 所示，其中 $l = 1, 2, \cdots, 2N-1$ 为样本变化区间的个数，a_{il} 表示故障 F_i 的特征变量 x 的样本在 $[s_l, s_{l+1})$ 中的投点个数，并有 $\delta = \sum_{l=1}^{2N-1} a_{il}$，$\delta' = \sum_{l=1}^{2N-1} a_{\Theta l}$，$\eta_l$ 为 $[s_l, s_{l+1})$ 中的样本投点个数的总和，并有 $\eta_l = \sum_{i=1}^{N} a_{il} + a_{\Theta l}$。

表 14.1　故障特征变量 x 的投点矩阵表

故障类型 \ 故障特征 x 的样本变化区间	I_1^x $[s_1,s_2)$	$\cdots$	I_l^x $[s_l,s_{l+1})$	$\cdots$	I_{2N-1}^x $[s_{2N-1},s_{2N})$	总计
F_1	a_{11}	$\cdots$	a_{1l}	$\cdots$	$a_{1(2N-1)}$	δ
$\vdots$	$\vdots$	$\ddots$	$\vdots$	$\ddots$	$\vdots$	$\vdots$
F_i	a_{i1}	$\cdots$	a_{il}	$\cdots$	$a_{i(2N-1)}$	δ
$\vdots$	$\vdots$	$\ddots$	$\vdots$	$\ddots$	$\vdots$	$\vdots$
F_N	a_{N1}	$\cdots$	a_{Nl}	$\cdots$	$a_{N(2N-1)}$	δ
Θ	$a_{\Theta1}$	$\cdots$	$a_{\Theta l}$	$\cdots$	$a_{\Theta(2N-1)}$	δ'
总计	η_1	$\cdots$	η_l	$\cdots$	$\eta_{(2N-1)}$	$N\delta+\delta'$

根据表 14.1，可获得当故障 F_i 发生或无法判断何种故障（Θ）发生时，x 的取值落入区间 $[s_l,s_{l+1})$ 的似然函数为

$$c(I_l^x \mid F_i)=\frac{a_{il}}{\delta}, \quad c(I_l^x \mid \Theta)=\frac{a_{\Theta l}}{\delta'} \tag{14.2}$$

将式（14.2）中的似然函数进行归一化，获得当 x 的取值落入区间 I_l^x 时，故障 F_i 或 Θ 发生的信度为[8]

$$p_{i,l}^x=\frac{c(I_l^x \mid F_i)}{\sum_{i=1}^N c(I_l^x \mid F_i)+c(I_l^x \mid \Theta)}, \quad p_{\Theta,l}^x=\frac{c(I_l^x \mid \Theta)}{\sum_{i=1}^N c(I_l^x \mid F_i)+c(I_l^x \mid \Theta)} \tag{14.3}$$

并有 $\sum_{i=1}^N p_{i,l}^x+p_{\Theta,l}^x=1$，则此时获取的诊断证据为

$$e_l^x=[p_{1,l}^x,p_{2,l}^x,\cdots,p_{N,l}^x,p_{\Theta,l}^x] \tag{14.4}$$

给定一个特征变量 x 的取值，其必然落入 $I_1^x,I_2^x,\cdots,I_{2N-1}^x$ 中的某一个，此时该区间所对应的诊断证据 $e_1^x,e_2^x,\cdots,e_{2N-1}^x$ 中的某一个被激活，则可以被激活的证据的个数为 $2N-1$，表 14.2 给出了相应的证据矩阵。

表 14.2　故障特征参数 x 与故障类型证据矩阵

故障类型 \ 故障特征 x 的诊断证据	e_1^x I_1^x	$\cdots$	e_l^x I_l^x	$\cdots$	e_{2N-1}^x I_{2N-1}^x
F_1	$p_{1,1}^x$	$\cdots$	$p_{1,l}^x$	$\cdots$	$p_{1,2N-1}^x$
$\vdots$	$\vdots$	$\ddots$	$\vdots$	$\ddots$	$\vdots$
F_i	$p_{i,1}^x$	$\cdots$	$p_{i,l}^x$	$\cdots$	$p_{i,2N-1}^x$
$\vdots$	$\vdots$	$\ddots$	$\vdots$	$\ddots$	$\vdots$
F_N	$p_{N,1}^x$	$\cdots$	$p_{N,l}^x$	$\cdots$	$p_{N,2N-1}^x$
Θ	$p_{\Theta,1}^x$	$\cdots$	$p_{\Theta,l}^x$	$\cdots$	$p_{\Theta,2N-1}^x$

14.3　诊断证据可靠性因子的获取方法

在本书中，我们考虑了影响证据生成的两方面因素，第一个因素是所划分的证据区间对于各个故障模式及全集 Θ 的辨识能力，e_l^x 对某一故障模式的辨识能力越强，意味着它对于该故障模式的信度赋值就越大，对其他故障模式的信度越小。如果 e_l^x 对各个故障模式及 Θ 的赋值均等（$1/(N+1)$），那么说明 e_l^x 对诊断不能提供任何有用的信息。所以定义"无信息信度向量"为 $\gamma = [1/(N+1), 1/(N+1), \cdots, 1/(N+1)]$，则可以求取 e_l^x 与 γ 之间的欧氏距离 $d_E(e_l^x, \gamma)$ 用于度量 e_l^x 的辨识能力，即

$$\mathrm{Rf}_l^x = d_E(e_l^x, \gamma) \in [0,1] \tag{14.5}$$

显然，Rf_l^x 越小说明其越趋近于 γ，则其含有的信息量越小，辨识故障的能力越弱，反之则越强。

第二个因素涉及用于采集特征变量 x 的传感器（信息源）本身的可靠性。传感器的可靠性，可以由其观测误差所决定。证据集合 $E^x = \{e_l^x \mid l = 1, 2, \cdots, 2N-1\}$ 是基于样本变化区间 I_l^x 生成的。在实际获取测量样本的过程中，数据的读取往往伴随着 $\pm\Delta\%$ 的观测误差，因此，我们在从传感器获取样本时，对每个样本添加 $\Delta\%$ 或 $-\Delta\%$ 的扰动，计算这些含有扰动的样本不再落入 I_l^x 的个数，记为 σ_l，并有 $\sigma_l \leqslant \eta_l$。$\sigma_l$ 越大，说明投点过程可靠性低，那么相应生成的证据 e_l^x 也越不可靠。可以定义由传感器误差和样本区间投点误差引起的 e_l^x 可靠性因子为

$$\mathrm{Rn}_l^x = \frac{\eta_l - \sigma_l}{\eta_l} \in [0,1] \tag{14.6}$$

最后，证据 e_l^x 的综合可靠性因子 r_l^x 可由式（14.5）和式（14.6）合成得到，即

$$r_l^x = \mathrm{Rf}_l^x \times \mathrm{Rn}_l^x \in [0,1] \tag{14.7}$$

显然，r_l^x 越大，则生成的证据 e_l^x 越可靠。

14.4　基于双目标优化模型的证据重要性权重训练方法

我们假设可利用传感器获得三种故障特征变量 x_1, x_2, x_3 的样本，辨识集合 $\Theta = \{F_1, \cdots, F_i, \cdots, F_N\}$ 中的故障。在此假设下，说明如何构建优化模型获取证据的重要性权重。由 14.2 节提供的方法可生成三组证据集合 $E^k = \{e_l^k \mid l = 1, 2, \cdots, 2N-1\}$，$k = 1, 2, 3$，表示故障特征的个数，那么需要训练的证据重要性权重为

$$W = \{w_l^k \mid l = 1, 2, \cdots, 2N-1; k = 1, 2, 3\} \tag{14.8}$$

将由式（14.1）获取的测量样本集合整合为关于 x_1，x_2，x_3 的训练样本向量

$$V = \{[v_j^1, v_j^2, v_j^3] \mid v_j^k \in V^{x_k}, j = 1, 2, \cdots, N\delta + \delta'; k = 1, 2, 3\}$$

对于训练样本集合中的某一个样本向量，它必定激活某一诊断证据组合，如 " $e_3^{x_1}, e_4^{x_2}, e_2^{x_3}$ "。因此，所有可能被激活的证据组合的总数为 $Q=(2N-1)^3$。

利用 ER 规则（2.4.3 节的式（2.44））可以得到第 q 组证据组合的融合结果，记为

$$e_{q,e(3)} = [p_{1,e(3)}^q \quad p_{2,e(3)}^q \quad \cdots \quad p_{N,e(3)}^q \quad p_{\Theta,e(3)}^q], \quad q = 1, 2, \cdots, Q$$

则可以定义 $e_{q,e(3)}$ 与实际发生的故障模式之间的距离为

$$D_o(W) = \sum_{q=1}^{Q} (n_{1,q} D_{1,q} + n_{2,q} D_{2,q} + \cdots + n_{N,q} D_{N,q} + n_{\Theta,q} D_{\Theta,q}) \tag{14.9}$$

其中，$n_{i,q}$ 表示第 q 种组证据组合中，当 F_i 发生时，对应的训练样本向量的个数，并有 $\delta = \sum_{q=1}^{Q} n_{i,q}$，$\delta' = \sum_{q=1}^{Q} n_{\Theta,q}$，所以表 14.1 中的 $N\delta + \delta'$ 个训练样本都参与了 $D_o(W)$ 的运算。

$$D_{i,q} = d_E(P_{q,e(3)}, \alpha_i), D_{\Theta,q} = d_E(e_{q,e(3)}, \alpha_\Theta) \tag{14.10}$$

其中，α_i 是第 i 个元素为 1，其他元素为 0 的 $N+1$ 维向量，α_Θ 是第 $N+1$ 个元素为 1，其他元素为 0 的向量。α_i 和 α_Θ 是参考向量，表示故障 F_i 或 Θ 真实发生，对其的信度赋值为 1。d_E 表示融合结果与参考向量之间的欧氏距离，它度量了 $e_{q,e(3)}$ 和真实发生的故障 F_i 或 Θ 之间的距离。$D_o(W)$ 综合度量了 Q 种组合所得融合结果支持真实发生故障的程度。$D_o(W)$ 越小，则故障确诊率越高，反之则越低。

仅通过最小化 $D_o(W)$ 得到最优参数集 W 是不全面的，因为即使对应于 w_l^k 的 e_l^k 有较高的可靠性，片面地最小化 $D_o(W)$ 可能会引起 $w_l^k \in W$ 接近最小值 0，相反地，当 e_l^k 的可靠性较低时，仍会引起 $w_l^k \in W$ 接近最大值 1，从而出现有悖常理的 w_l^k 取值。为了避免这种情况，我们引入另一距离，权重 w_l^k 和其参考值 $\bar{w}_l^k$ 之间的距离，即

$$D_r(W) = \sum_{k=1}^{K} d_E(W^k, \bar{W}^k) \tag{14.11}$$

其中，$W^k = [w_1^k, w_2^k, \cdots, w_{2N+1}^k]$，$\bar{W}^k = [\bar{w}_1^k, \bar{w}_2^k, \cdots, \bar{w}_{2N+1}^k]$，后者是前者的参考值。这里设定参考值 $\bar{w}_l^k = r_l^k$，因为从可靠性因子 r_l^k 的实际意义可以看出，当某一证据的可靠性高于其他证据时，在融合过程中，它应该具有较高的重要性权重。

那么，就可以将式（14.10）和式（14.11）两种度量标准相结合，构成一个形如式（14.12）的双目标优化模型：

$$\min_W (a \times \mathrm{RC}_o + (1-a) \times \mathrm{RC}_r) \tag{14.12}$$

通过最小化式（14.12）的取值找到最优的重要性权重集合 W，其中，$0 \leqslant w_l^k \leqslant 1$，

$$\mathrm{RC}_o = \frac{D_o - D_o^-}{D_o^+ - D_o^-}, \quad \mathrm{RC}_r = \frac{D_r - D_r^-}{D_r^+ - D_r^-}, \quad \mathrm{RC}_o \text{ 和 } \mathrm{RC}_r \text{ 分别是 } D_o(W) \text{ 和 } D_r(W) \text{ 的相对变化值。}$$

偏好权重 $a \in [0,1]$ 和 $(1-a)$ 可以用来调整在不同应用背景下 RC_o 和 RC_r 两个评价指标在综合指标中的比重。通过将 $w_l^k = r_l^k$ 代入式（14.9）可获得 D_o 的最大值 D_o^+，此时 $D_r^- = 0$。D_o 的最小值 D_o^- 是在 $0 \leqslant w_l^k \leqslant 1$ 的约束下，通过最小化 $D_o(W)$ 获得，然后将 D_o^- 对应的 W 代入式（14.11）即可求得相应的 D_r^+。最优的 W 可通过基于梯度的搜索方法或者非线性优化软件包（如 MATLAB 软件优化工具中的 fmincon 函数）求得。在获得最优的 W 之后，即可利用 ER 融合规则计算出融合结果 $P_{q,e(3)} = [p_{1,e(3)}^q \quad p_{2,e(3)}^q \quad \cdots \quad p_{N,e(3)}^q \quad p_{\Theta,e(3)}^q]$，然后，基于以下决策准则来给出诊断结果。

准则 1　如果 $\max(p_{1,e(3)}^q \quad p_{2,e(3)}^q \quad \cdots \quad p_{N,e(3)}^q \quad p_{\Theta,e(3)}^q) = p_{i,e(3)}^q$，那么故障特征向量对应的融合结果指向故障类型 F_i。

准则 2　如果 $\max(p_{1,e(3)}^q \quad p_{2,e(3)}^q \quad \cdots \quad p_{N,e(3)}^q \quad p_{\Theta,e(3)}^q) = p_{\Theta,e(3)}^q$，那么故障特征向量对应的融合结果指向"故障可能是 Θ 中的任何一个"，即无法做出决策。

利用以上准则获得的决策结果，可以构造出如表 14.3 所示的故障决策混淆矩阵。

表 14.3　融合诊断故障决策的混淆矩阵

故障类型 ＼ 融合故障诊断结果	F_1	$\cdots$	F_i	$\cdots$	F_N	Θ	总计
F_1	$n_{1,1}$	$\cdots$	$n_{1,i}$	$\cdots$	$n_{1,N}$	$n_{1,\Theta}$	δ
$\vdots$	$\vdots$	$\ddots$	$\vdots$	$\ddots$	$\vdots$	$\vdots$	$\vdots$
F_i	$n_{i,1}$	$\cdots$	$n_{i,i}$	$\cdots$	$n_{i,N}$	$n_{i,\Theta}$	δ
$\vdots$	$\vdots$	$\ddots$	$\vdots$	$\ddots$	$\vdots$	$\vdots$	$\vdots$
F_N	$n_{N,1}$	$\cdots$	$n_{N,i}$	$\cdots$	$n_{N,N}$	$n_{N,\Theta}$	δ
Θ	$n_{\Theta,1}$	$\cdots$	$n_{\Theta,i}$	$\cdots$	$n_{\Theta,N}$	$n_{\Theta,\Theta}$	δ'

表 14.3 中，$n_{s,t}(s, t = 1, 2, \cdots, N, \Theta)$ 表示真实故障类型为 F_s 或者未知 Θ，而训练样本对应的融合结果支持各故障模式或 Θ 的个数。

当使用式（14.12）的双目标优化模型获得最优的 W 时，需要给定偏好权重值 a。a 的选择应遵循"正确诊断的训练样本个数 $R_c = n_{1,1} + n_{2,2} + \cdots + n_{N,N} + n_{\Theta,\Theta}$（混淆矩阵对角线元素之和）最大化"的准则。基于此可以通过以下步骤来获取最优偏好权值 a。

（1）令权重 w_l^k 的取值范围为 $[0,1]$，且初值为 1，再利用式（14.9）和式（14.11）求得 D_o^+，D_o^-，D_r^+，D_r^-。

（2）以 0.2 的步长在 0～1 之间遍历 a 的取值，进行双目标优化可获得 $a=0.2, 0.4, 0.6, 0.8$ 时的混淆矩阵，依照前述的规则，选择其中最佳的 a。

（3）以步骤（2）中选取的 a 为中心构造更精确的新搜寻区间，并以 $0.2/2^n$ 为步长重复步骤（2），n 为步骤（2）的重复次数，直到当前区间中所有偏好权重 a 对应的混淆矩阵都相同，则可选取该区间的中点或任意一点作为最优偏好权重 a 的取值。

14.5 故障诊断实例

14.5.1 实验设置

本诊断实验仍是在第 3 章引入的 ZHS-2 型电机转子系统实验平台（图 3.3）上进行的。实验设备为 ZHS-2 型多功能柔性转子实验台，将振动位移传感器和加速度传感器分别安置在转子支撑座的水平和垂直方向采集转子振动信号，经 HG-8902 采集箱将信号传输至计算机，然后利用 LabVIEW 环境下的 HG-8902 数据分析软件得到转子振动加速度频谱以及时域振动位移平均幅值作为故障特征信号[1,4]。

分别在实验台上设置以下 4 种典型故障模式：正常运行 F_1、转子不平衡 F_2、转子不对中 F_3、基座松动 F_4。通过对大量实验数据的分析可知，引发异常振动的故障源都会产生一定频率成分的振动幅值增加或减少[1]。因此，这里选取 1X～3X 倍频以及时域振动位移平均幅值作为故障特征变量。设定转子转速为 1500r/min，则基频 1X 为 25Hz，n 倍频 nX，n=1,2,3,…，为 n×25Hz。将频域的 1X～3X 的振动幅值以及时域振动位移 4 种特征信息进行综合做出决策。实验中，所选取的振动传感器的观测误差为 Δ=±1%。

14.5.2 求取诊断证据及其可靠性因子

利用 14.2 节的方法，首先可确定本实验中的故障辨识框架为 $\Theta=\{F_1,F_2,F_3,F_4\}$。对于 1X、2X、3X 的幅值和时域振动位移平均幅值这 4 个特征变量，分别在 4 种故障模式下，以时间间隔 Δt=16s 连续采集 δ=500 次测量值，即可获取 2000 个测量（训练）样本，用于建立故障特征变量关于 4 种故障的 2N–1=7 个样本变化区间，那么可以得到 4 种特征变量对应 4 种故障，共 4 组 28 个样本变化区间，相应的投点矩阵如表 14.4～表 14.7 所示。需要注意的是，因为这些故障数据都是在故障实验中获取的，不存在样本对应故障模式未知的情况，所以全集 Θ 在各个区间中没有投点样本。

表 14.4 关于故障特征变量 1X 的投点矩阵

故障类型 \ 故障特征 1X 的样本变化区间	I_1^{1X}	I_2^{1X}	I_3^{1X}	I_4^{1X}	I_5^{1X}	I_6^{1X}	I_7^{1X}	总计
F_1	494	4	1	1	0	0	0	500
F_2	0	53	107	318	21	1	0	500
F_3	0	0	10	66	417	6	1	500
F_4	0	0	0	0	332	102	66	500
Θ	0	0	0	0	0	0	0	0
总计	494	57	118	385	770	109	67	2000

其中，$I_1^{1X} = [0.0681, 0.1517)$，$I_2^{1X} = [0.1517, 0.1567)$，$I_3^{1X} = [0.1567, 0.1602)$，$I_4^{1X} = [0.1602, 0.1706)$，$I_5^{1X} = [0.1706, 0.2006)$，$I_6^{1X} = [0.2006, 0.2050)$，$I_7^{1X} = [0.2050, 0.2176)$。

表 14.5　关于故障特征变量 2X 的投点矩阵

故障类型 ＼ 故障特征 2X 的样本变化区间	I_1^{2X}	I_2^{2X}	I_3^{2X}	I_4^{2X}	I_5^{2X}	I_6^{2X}	I_7^{2X}	总计
F_1	498	0	1	0	1	0	0	500
F_2	0	3	6	35	455	1	0	500
F_3	0	0	0	6	359	134	1	500
F_4	0	0	7	1	69	297	126	500
Θ	0	0	0	0	0	0	0	0
总计	498	3	14	42	884	432	127	2000

其中，$I_1^{2X} = [0.0403, 0.1422)$，$I_2^{2X} = [0.1422, 0.1478)$，$I_3^{2X} = [0.1478, 0.1571)$，$I_4^{2X} = [0.1571, 0.1621)$，$I_5^{2X} = [0.1621, 0.1865)$，$I_6^{2X} = [0.1865, 0.2010)$，$I_7^{2X} = [0.2010, 0.2147)$。

表 14.6　关于故障特征变量 3X 的投点矩阵

故障类型 ＼ 故障特征 3X 的样本变化区间	I_1^{3X}	I_2^{3X}	I_3^{3X}	I_4^{3X}	I_5^{3X}	I_6^{3X}	I_7^{3X}	总计
F_1	480	19	1	0	0	0	0	500
F_2	0	0	0	0	0	499	1	500
F_3	0	0	0	159	24	177	140	500
F_4	0	214	104	181	1	0	0	500
Θ	0	0	0	0	0	0	0	0
总计	480	233	105	340	25	676	141	2000

其中，$I_1^{3X} = [0.0446, 0.1179)$，$I_2^{3X} = [0.1179, 0.1327)$，$I_3^{3X} = [0.1327, 0.1365)$，$I_4^{3X} = [0.1365, 0.1707)$，$I_5^{3X} = [0.1707, 0.1754)$，$I_6^{3X} = [0.1754, 0.2096)$，$I_7^{3X} = [0.2096, 0.2718)$。

表 14.7　关于时域振动位移平均幅值的投点矩阵

故障类型 ＼ 故障特征"位移"的样本变化区间	$I_1^{位移}$	$I_2^{位移}$	$I_3^{位移}$	$I_4^{位移}$	$I_5^{位移}$	$I_6^{位移}$	$I_7^{位移}$	总计
F_1	386	113	1	0	0	0	0	500
F_2	0	0	0	2	497	1	0	500
F_3	0	9	88	73	290	37	3	500
F_4	0	0	0	0	319	180	1	500
Θ	0	0	0	0	0	0	0	0
总计	386	122	89	75	1106	218	4	2000

其中，$I_1^{位移} = [3.6010, 3.9090)$，$I_2^{位移} = [3.9090, 4.0004)$，$I_3^{位移} = [4.0004, 4.2900)$，$I_4^{位移} = [4.2900, 4.3850)$，$I_5^{位移} = [4.3850, 4.8510)$，$I_6^{位移} = [4.8510, 5.0673)$，$I_7^{位移} = [5.0673, 5.2160)$。

根据训练样本的投点矩阵，我们可以通过式（14.2）得到相应的似然函数，并用式（14.3）对似然函数归一化得到证据 $e_l^x = [p_{1,l}^x, p_{2,l}^x, p_{3,l}^x, p_{4,l}^x, p_{\Theta,l}^x]$，这里故障特征 $x \in \{1X, 2X, 3X, 位移\}$，$l = 1, 2, \cdots, 7$，如表 14.8～表 14.11 所示。

表 14.8 关于故障特征 1X 的证据矩阵

证据 e_l^{1X} ＼ 故障特征 1X 的诊断证据	e_1^{1X}	e_2^{1X}	e_3^{1X}	e_4^{1X}	e_5^{1X}	e_6^{1X}	e_7^{1X}
F_1	1	0.0702	0.0085	0.0026	0	0	0
F_2	0	0.9298	0.9068	0.8260	0.0273	0.0092	0
F_3	0	0.0847	0.1714	0.5416	0.055	0.0149
F_4	0	0	0	0	0.4312	0.9358	0.9851
Θ	0	0	0	0	0	0	0

表 14.9 关于故障特征 2X 的证据矩阵

证据 e_l^{2X} ＼ 故障特征 2X 的诊断证据	e_1^{2X}	e_2^{2X}	e_3^{2X}	e_4^{2X}	e_5^{2X}	e_6^{2X}	e_7^{2X}
F_1	1		0.0714	0	0.0011	0	0
F_2	0	1	0.4286	0.8333	0.5147	0.0023	0
F_3	0	0	0	0.1429	0.4061	0.3102	0.0079
F_4	0	0	0.5	0.0238	0.0781	0.6875	0.9921
Θ	0	0	0	0	0	0	0

表 14.10 关于故障特征 3X 的证据矩阵

证据 e_l^{3X} ＼ 故障特征 3X 的诊断证据	e_1^{3X}	e_2^{3X}	e_3^{3X}	e_4^{3X}	e_5^{3X}	e_6^{3X}	e_7^{3X}
F_1	1	0.0815	0.0095	0	0	0	0
F_2	0	0	0	0	0	0.7382	0.0071
F_3	0	0	0	0.4676	0.96	0.2618	0.9929
F_4	0	0.9185	0.9905	0.5324	0.04	0	0
Θ	0	0	0	0	0	0	0

表 14.11 故障特征"位移"的证据矩阵

证据 $e_l^{位移}$ ＼ 故障特征"位移"的诊断证据	$I_1^{位移}$	$I_2^{位移}$	$I_3^{位移}$	$I_4^{位移}$	$I_5^{位移}$	$I_6^{位移}$	$I_7^{位移}$
F_1	1	0.9262	0.0112	0	0	0	0
F_2	0	0	0	0.0267	0.4494	0.0046	0
F_3	0	0.0738	0.9888	0.9733	0.2622	0.1697	0.75
F_4	0	0	0	0	0.2884	0.8257	0.25
Θ	0	0	0	0	0	0	0

在获得证据矩阵的基础上，分别用式（14.5）和式（14.6）计算可靠性因子 Rf_l^k 和 Rn_l^k，然后由式（14.7）获得各信息源的综合可靠性因子 r_l^k，求取结果分别如表 14.12～表 14.15 所示。

表 14.12　关于故障特征 1X 的可靠性因子

	I_1^{1X}	I_2^{1X}	I_3^{1X}	I_4^{1X}	I_5^{1X}	I_6^{1X}	I_7^{1X}
Rf_l^{1X}	0.8944	0.8182	0.7934	0.7153	0.5291	0.8239	0.8778
Rn_l^{1X}	0.9939	0.4737	0.0847	0.6260	0.8610	0.0459	0.7313
r_l^{1X}	0.8890	0.3876	0.0672	0.4477	0.4556	0.0378	0.6420

表 14.13　关于故障特征 2X 的可靠性因子

	I_1^{2X}	I_2^{2X}	I_3^{2X}	I_4^{2X}	I_5^{2X}	I_6^{2X}	I_7^{2X}
Rf_l^{2X}	0.8944	0.8944	0.4886	0.7179	0.4857	0.6074	0.8857
Rn_l^{2X}	0.9980	0.3333	0.7857	0.2619	0.8948	0.7685	0.6850
r_l^{2X}	0.8926	0.2981	0.3839	0.1880	0.4346	0.4668	0.6067

表 14.14　关于故障特征 3X 的可靠性因子

	I_1^{3X}	I_2^{3X}	I_3^{3X}	I_4^{3X}	I_5^{3X}	I_6^{3X}	I_7^{3X}
Rf_l^{3X}	0.8944	0.8064	0.8838	0.5496	0.8504	0.6430	0.8865
Rn_l^{3X}	0.9938	0.7897	0.2476	0.8765	0.3200	0.9615	0.9007
r_l^{3X}	0.8888	0.6368	0.2189	0.4817	0.2721	0.6183	0.7985

表 14.15　关于故障特征"位移"的可靠性因子

	$I_1^{位移}$	$I_2^{位移}$	$I_3^{位移}$	$I_4^{位移}$	$I_5^{位移}$	$I_6^{位移}$	$I_7^{位移}$
$\mathrm{Rf}_l^{位移}$	0.8944	0.8145	0.8819	0.8649	0.3923	0.7146	0.6519
$\mathrm{Rn}_l^{位移}$	0.7047	0.1803	0.6067	0.1067	0.8373	0.4220	0.2500
$r_l^{位移}$	0.6303	0.1469	0.5351	0.0923	0.3284	0.3016	0.1630

14.5.3　求取诊断证据的权重

为了利用式（14.12）的双目标优化模型求取最优证据权重 $W = \{w_l^x \mid l = 1, 2, \cdots, 7\}$，首先需要获得合适的偏好权重 a，因此，我们结合 14.4 节中给出的方法来选择最优偏好权重值 a，过程如下。

（1）令 w_l^x 的取值范围为[0,1]，初始值为 1，并且对上述获得的训练样本数据，利用式（14.9）和式（14.11），求出 $D_o^+ = 604.2229$，$D_o^- = 344.3431$，$D_r^+ = 4.7363$，$D_r^- = 0$。

（2）在 0～1 之间以 0.2 为步长遍历所有在 a 的取值，根据式（14.12）的双目标优化模型，即可得到 $a = 0.2, 0.4, 0.6, 0.8$ 时的混淆矩阵，分别如表 14.16 和表 14.17 所示。

表 14.16　a=0.2,0.4 时的混淆矩阵

故障类型	融合诊断结果（a=0.2）					融合诊断结果（a=0.4）				
	F_1	F_2	F_3	F_4	Θ	F_1	F_2	F_3	F_4	Θ
F_1	500	0	0	0	0	500	0	0	0	0
F_2	0	485	12	3	0	0	486	10	4	0
F_3	0	3	475	22	0	0	4	474	22	0
F_4	0	0	20	480	0	0	0	19	481	0
Θ	0	0	0	0	0	0	0	0	0	0

表 14.17　a=0.6,0.8 时的混淆矩阵

故障类型	融合诊断结果（a=0.6）					融合诊断结果（a=0.8）				
	F_1	F_2	F_3	F_4	Θ	F_1	F_2	F_3	F_4	Θ
F_1	500	0	0	0	0	500	0	0	0	0
F_2	0	499	1	0	0	0	499	1	0	0
F_3	0	93	345	62	0	0	120	325	55	0
F_4	0	2	16	482	0	0	2	27	471	0
Θ	0	0	0	0	0	0	0	0	0	0

显然，a=0.4 时的混淆矩阵确诊的故障样本数量最多，即有最大的对角线元素和 R_c，因此，a=0.4 是它们中最佳的偏好权重值。

（3）以 a=0.4 为中心构建新的搜寻区间[0.2,0.6]，并在此区间内以 0.2/2 的步长重复步骤（2），计算得到的最佳偏好权重值 a 仍为 0.4。

（4）重复步骤（3）得到更精确的搜寻区间，同时逐步缩小步长，在相应区间内搜寻最优的偏好权重值 a，直到当步长缩短到 $2/2^4$ 时的搜寻区间中所有 a 值对应产生的混淆矩阵都是相同的，此时取该区间的中点 a=0.4 作为我们最终的最优偏好权重值。

给定 a=0.4 时，表 14.18 列出了被激活的证据组合，以及基于初始权重和训练权重的融合诊断结果，表 14.19 列出了基于初始权重和训练权重的融合诊断证据。初始权重和训练权重下获得的混淆矩阵如表 14.20 所示，各故障特征对应证据的训练权重 w_i^x 取值如表 14.21 所示。

表 14.18　被激活的证据组合及融合诊断结果

编号 (q^{th})	证据组合				投点数				融合诊断结果 F_i	
	e_l^{1X}	e_l^{2X}	e_l^{3X}	$e_l^{位移}$	F_1	F_2	F_3	F_4	训练 W	初始 W
1	1	1	1	1	368	0	0	0	1	1
2	1	1	1	2	103	0	0	0	1	1
3	1	1	1	3	1	0	0	0	1	1
8	1	1	2	1	14	0	0	0	1	1
9	1	1	2	2	5	0	0	0	1	1

续表

编号	证据组合				投点数				融合诊断结果 F_i	
(q^{th})	e_i^{1X}	e_i^{2X}	e_i^{3X}	$e_i^{位移}$	F_1	F_2	F_3	F_4	训练 W	初始 W
16	1	1	3	2	1	0	0	0	1	1
100	1	3	1	2	1	0	0	0	1	1
197	1	5	1	1	1	0	0	0	1	1
344	2	1	1	1	3	0	0	0	1	1
345	2	1	1	2	1	0	0	0	1	1
579	2	5	6	5	0	52	0	0	2	2
580	2	5	6	6	0	1	0	0	2	2
688	3	1	1	2	1	0	0	0	1	1
873	3	4	6	5	0	24	0	0	2	2
880	3	4	7	5	0	0	1	0	3	3
922	3	5	6	5	0	83	0	0	2	2
929	3	5	7	5	0	0	9	0	3	3
1031	4	1	1	2	1	0	0	0	1	1
1167	4	3	6	5	0	2	0	0	2	2
1214	4	4	6	3	0	0	1	0	3	2
1216	4	4	6	5	0	5	0	0	2	2
1221	4	4	7	3	0	0	3	0	3	3
1264	4	5	6	4	0	1	1	0	2	2
1265	4	5	6	5	0	309	1	0	2	2
1266	4	5	6	6	0	0	2	0	2	2
1270	4	5	7	3	0	0	14	0	3	3
1271	4	5	7	4	0	0	4	0	3	3
1272	4	5	7	5	0	0	30	0	3	3
1273	4	5	7	6	0	0	9	0	3	3
1274	4	5	7	7	0	0	1	0	3	3
1314	4	6	6	5	0	1	0	0	2	2
1461	5	2	6	5	0	2	0	0	2	2
1496	5	3	4	5	0	0	0	6	4	4
1504	5	3	5	6	0	0	0	1	4	4
1509	5	3	6	4	0	1	0	0	4	3
1510	5	3	6	5	0	3	0	0	4	2
1538	5	4	3	5	0	0	0	1	4	4
1558	5	4	6	4	0	0	1	0	3	3
1559	5	4	6	5	0	6	0	0	2	2
1580	5	5	2	5	0	0	0	9	4	4
1581	5	5	2	6	0	0	0	12	4	4
1587	5	5	3	5	0	0	0	5	4	4
1588	5	5	3	6	0	0	0	7	4	4
1592	5	5	4	3	0	0	8	0	3	3

续表

编号	证据组合				投点数				融合诊断结果 F_l	
(q^{th})	e_l^{1X}	e_l^{2X}	e_l^{3X}	$e_l^{位移}$	F_1	F_2	F_3	F_4	训练 W	初始 W
1593	5	5	4	4	0	0	5	0	3	3
1594	5	5	4	5	0	0	61	11	3	3
1595	5	5	4	6	0	0	7	11	4	4
1599	5	5	5	3	0	0	2	0	3	3
1600	5	5	5	4	0	0	3	0	3	3
1601	5	5	5	5	0	0	10	0	3	3
1606	5	5	6	3	0	0	15	0	3	3
1607	5	5	6	4	0	0	26	0	3	3
1608	5	5	6	5	0	9	86	0	3	2
1609	5	5	6	6	0	0	1	0	4	4
1610	5	5	6	7	0	0	1	0	3	3
1613	5	5	7	3	0	0	6	0	3	3
1614	5	5	7	4	0	0	22	0	3	3
1615	5	5	7	5	0	0	31	0	3	3
1616	5	5	7	6	0	0	3	0	3	3
1617	5	5	7	7	0	0	1	0	3	3
1629	5	6	2	5	0	0	0	91	4	4
1630	5	6	2	6	0	0	0	37	4	4
1636	5	6	3	5	0	0	0	33	4	4
1637	5	6	3	6	0	0	0	14	4	4
1640	5	6	4	2	0	0	8	0	3	4
1641	5	6	4	3	0	0	19	0	3	3
1642	5	6	4	4	0	0	7	0	3	3
1643	5	6	4	5	0	0	24	8	3	4
1644	5	6	4	6	0	0	12	10	4	4
1648	5	6	5	3	0	0	5	0	3	3
1649	5	6	5	4	0	0	1	0	3	3
1650	5	6	5	5	0	0	1	0	3	3
1651	5	6	5	6	0	0	2	0	3	4
1654	5	6	6	2	0	0	1	0	3	3
1655	5	6	6	3	0	0	8	0	3	3
1656	5	6	6	4	0	0	3	0	3	3
1657	5	6	6	5	0	0	30	0	3	3
1664	5	6	7	5	0	0	6	0	3	3
1678	5	7	2	5	0	0	0	26	4	4
1679	5	7	2	6	0	0	0	10	4	4
1685	5	7	3	5	0	0	0	8	4	4
1686	5	7	3	6	0	0	0	10	4	4
1692	5	7	4	5	0	0	0	16	4	4

续表

编号	证据组合				投点数				融合诊断结果 F_i	
(q^{th})	e_l^{1X}	e_l^{2X}	e_l^{3X}	$e_l^{位移}$	F_1	F_2	F_3	F_4	训练 W	初始 W
1693	5	7	4	6	0	0	1	6	4	4
1811	6	2	7	5	0	1	0	0	3	3
1923	6	5	2	5	0	0	0	5	4	4
1930	6	5	3	5	0	0	0	2	4	4
1938	6	5	4	6	0	0	0	1	4	4
1972	6	6	2	5	0	0	0	18	4	4
1973	6	6	2	6	0	0	0	2	4	4
1979	6	6	3	5	0	0	0	18	4	4
1984	6	6	4	3	0	0	6	0	3	3
1986	6	6	4	5	0	0	0	9	4	4
1987	6	6	4	6	0	0	0	7	4	4
2021	6	7	2	5	0	0	0	3	4	4
2028	6	7	3	5	0	0	0	2	4	4
2029	6	7	3	6	0	0	0	2	4	4
2035	6	7	4	5	0	0	0	11	4	4
2036	6	7	4	6	0	0	0	21	4	4
2037	6	7	4	7	0	0	0	1	4	4
2273	7	5	3	5	0	0	0	1	4	4
2280	7	5	4	5	0	0	0	5	4	4
2315	7	6	2	5	0	0	0	1	4	4
2322	7	6	3	5	0	0	0	1	4	4
2327	7	6	4	3	0	0	1	0	4	4
2329	7	6	4	5	0	0	0	27	4	4
2330	7	6	4	6	0	0	0	21	4	4
2378	7	7	4	5	0	0	0	2	4	4
2379	7	7	4	6	0	0	0	8	4	4

表 14.19　经 ER 融合后所得诊断证据

编号	融合诊断证据（训练 W）					融合诊断证据（初始 W）				
(q^{th})	$p_{1,e(4)}^q$	$p_{2,e(4)}^q$	$p_{3,e(4)}^q$	$p_{4,e(4)}^q$	$p_{\Theta,e(4)}^q$	$p_{1,e(4)}^q$	$p_{2,e(4)}^q$	$p_{3,e(4)}^q$	$p_{4,e(4)}^q$	$p_{\Theta,e(4)}^q$
1	1	0	0	0	0	1	0	0	0	0
2	1	0	0	0	0	1	0	0	0	0
3	1	0	0	0	0	1	0	0	0	0
8	1	0	0	0	0	0.99	0	0	0.01	0
9	0.98	0	0	0.02	0	0.99	0	0	0.01	0
16	0.99	0	0	0.01	0	0.99	0	0	0.01	0
100	1	0	0	0	0	0.99	0	0	0	0
197	1	0	0	0	0	1	0	0	0	0
344	1	0	0	0	0	1	0	0	0	0

续表

编号 (q^{th})	融合诊断证据（训练 W）					融合诊断证据（初始 W）				
	$p^q_{1,e(4)}$	$p^q_{2,e(4)}$	$p^q_{3,e(4)}$	$p^q_{4,e(4)}$	$p^q_{\Theta,e(4)}$	$p^q_{1,e(4)}$	$p^q_{2,e(4)}$	$p^q_{3,e(4)}$	$p^q_{4,e(4)}$	$p^q_{\Theta,e(4)}$
345	0.99	0.01	0	0	0	0.99	0.01	0	0	0
579	0.07	0.93	0	0	0	0	0.86	0.12	0.02	0
580	0.05	0.7	0.04	0.2	0	0.01	0.76	0.15	0.09	0
688	1	0	0	0	0	0.99	0	0	0	0
873	0	0.88	0.11	0.01	0	0	0.88	0.1	0.02	0
880	0	0.07	0.93	0	0	0	0.37	0.6	0.03	0
922	0.01	0.9	0.09	0	0	0	0.81	0.16	0.03	0
929	0	0.04	0.96	0	0	0	0.27	0.7	0.03	0
1031	0.99	0	0	0	0	0.99	0.01	0	0	0
1167	0.04	0.64	0.07	0.25	0	0.01	0.84	0.09	0.07	0
1214	0.01	0.29	0.7	0	0	0	0.66	0.34	0	0
1216	0	0.84	0.15	0.01	0	0	0.88	0.1	0.02	0
1221	0	0.05	0.95	0	0	0	0.13	0.87	0	0
1264	0	0.56	0.44	0	0	0	0.66	0.34	0.01	0
1265	0	0.82	0.17	0	0	0	0.82	0.16	0.02	0
1266	0	0.58	0.18	0.25	0	0	0.72	0.2	0.08	0
1270	0	0.04	0.96	0	0	0	0.09	0.91	0	0
1271	0	0.07	0.93	0	0	0	0.13	0.86	0	0
1272	0	0.08	0.92	0	0	0	0.28	0.69	0.02	0
1273	0	0.08	0.89	0.03	0	0	0.19	0.74	0.07	0
1274	0	0.07	0.92	0.01	0	0	0.14	0.85	0.02	0
1314	0	0.82	0.17	0	0	0	0.65	0.22	0.13	0
1461	0	0.96	0.02	0.02	0	0	0.69	0.22	0.09	0
1496	0.07	0.41	0.02	0.5	0	0.01	0.13	0.29	0.57	0
1504	0.03	0.19	0.35	0.42	0	0.01	0.07	0.39	0.53	0
1509	0.05	0.31	0.27	0.36	0	0.01	0.34	0.47	0.18	0
1510	0.07	0.42	0.02	0.5	0	0.01	0.51	0.24	0.24	0
1538	0.01	0.2	0.05	0.75	0	0	0.26	0.23	0.51	0
1558	0	0.34	0.63	0.03	0	0	0.4	0.53	0.06	0
1559	0	0.75	0.19	0.07	0	0	0.61	0.29	0.11	0
1580	0.08	0	0.01	0.91	0	0.01	0.15	0.24	0.59	0
1581	0.06	0	0.02	0.92	0	0.01	0.05	0.17	0.77	0
1587	0.01	0	0.02	0.97	0	0	0.2	0.32	0.48	0
1588	0.01	0	0.06	0.93	0	0	0.08	0.24	0.68	0
1592	0.01	0	0.98	0.01	0	0	0.04	0.82	0.13	0
1593	0	0.03	0.94	0.03	0	0	0.06	0.75	0.19	0
1594	0	0.09	0.51	0.4	0	0	0.15	0.53	0.32	0
1595	0	0.01	0.2	0.79	0	0	0.06	0.44	0.5	0
1599	0.01	0	0.98	0.01	0	0	0.04	0.92	0.04	0

续表

编号 (q^{th})	融合诊断证据（训练 W）					融合诊断证据（初始 W）				
	$p^q_{1,e(4)}$	$p^q_{2,e(4)}$	$p^q_{3,e(4)}$	$p^q_{4,e(4)}$	$p^q_{\Theta,e(4)}$	$p^q_{1,e(4)}$	$p^q_{2,e(4)}$	$p^q_{3,e(4)}$	$p^q_{4,e(4)}$	$p^q_{\Theta,e(4)}$
1600	0	0.01	0.96	0.03	0	0	0.06	0.87	0.07	0
1601	0	0	0.94	0.06	0	0	0.16	0.69	0.14	0
1606	0.01	0	0.98	0.01	0	0	0.21	0.74	0.05	0
1607	0	0.04	0.93	0.03	0	0	0.3	0.64	0.06	0
1608	0	0.17	0.48	0.35	0	0	0.5	0.4	0.11	0
1609	0	0.02	0.2	0.78	0	0	0.34	0.42	0.24	0
1610	0	0.02	0.72	0.26	0	0	0.3	0.6	0.1	0
1613	0	0	1	0	0	0	0.02	0.97	0.02	0
1614	0	0.01	0.99	0	0	0	0.03	0.95	0.02	0
1615	0	0.01	0.99	0	0	0	0.08	0.86	0.06	0
1616	0	0.01	0.96	0.04	0	0	0.04	0.84	0.12	0
1617	0	0.01	0.98	0.01	0	0	0.03	0.93	0.04	0
1629	0.08	0	0.01	0.91	0	0.01	0.03	0.14	0.82	0
1630	0.06	0	0.02	0.92	0	0.01	0	0.09	0.91	0
1636	0.01	0	0.02	0.97	0	0	0.05	0.21	0.75	0
1637	0.01	0	0.06	0.93	0	0	0	0.13	0.87	0
1640	0.05	0.02	0.49	0.44	0	0.08	0	0.39	0.52	0
1641	0.01	0	0.98	0.01	0	0	0	0.71	0.29	0
1642	0	0.03	0.93	0.04	0	0	0	0.61	0.39	0
1643	0	0.05	0.5	0.45	0	0	0.04	0.39	0.57	0
1644	0	0.01	0.2	0.79	0	0	0	0.27	0.72	0
1648	0.01	0	0.98	0.01	0	0	0	0.87	0.13	0
1649	0	0.01	0.96	0.03	0	0	0	0.81	0.19	0
1650	0	0	0.94	0.06	0	0	0.05	0.61	0.34	0
1651	0	0	0.70	0.3	0	0	0	0.49	0.51	0
1654	0.05	0.10	0.47	0.38	0	0.1	0.19	0.43	0.28	0
1655	0.01	0	0.98	0.01	0	0	0.1	0.75	0.15	0
1656	0	0.03	0.93	0.04	0	0	0.14	0.65	0.2	0
1657	0	0.13	0.48	0.4	0	0	0.27	0.41	0.32	0
1664	0	0.01	0.99	0	0	0	0.03	0.81	0.16	0
1678	0.02	0	0	0.97	0	0.01	0.02	0.05	0.92	0
1679	0.02	0	0.01	0.97	0	0	0	0.03	0.96	0
1685	0	0	0.01	0.99	0	0	0.03	0.08	0.88	0
1686	0	0	0.02	0.98	0	0	0	0.05	0.95	0
1692	0	0	0.01	0.99	0	0	0.03	0.2	0.77	0
1693	0	0	0.03	0.97	0	0	0	0.12	0.87	0
1811	0	0.09	0.89	0.01	0	0	0.25	0.6	0.14	0
1923	0.07	0	0	0.92	0	0.02	0.16	0.11	0.72	0
1930	0.01	0	0.01	0.98	0	0	0.22	0.15	0.63	0

续表

编号	融合诊断证据（训练 W）					融合诊断证据（初始 W）				
(q^{th})	$p^q_{1,e(4)}$	$p^q_{2,e(4)}$	$p^q_{3,e(4)}$	$p^q_{4,e(4)}$	$p^q_{\Theta,e(4)}$	$p^q_{1,e(4)}$	$p^q_{2,e(4)}$	$p^q_{3,e(4)}$	$p^q_{4,e(4)}$	$p^q_{\Theta,e(4)}$
1938	0	0.01	0.14	0.85	0	0	0.07	0.25	0.68	0
1972	0.07	0	0	0.92	0	0.01	0.03	0.06	0.91	0
1973	0.06	0	0.02	0.93	0	0.01	0	0.03	0.96	0
1979	0.01	0	0.01	0.98	0	0	0.04	0.08	0.87	0
1984	0.01	0	0.93	0.06	0	0	0	0.52	0.48	0
1986	0	0.02	0.07	0.91	0	0	0.04	0.21	0.75	0
1987	0	0.01	0.14	0.86	0	0	0	0.13	0.86	0
2021	0.02	0	0	0.98	0	0.01	0.02	0.01	0.96	0
2028	0	0	0.01	0.99	0	0	0.03	0.02	0.95	0
2029	0	0	0.01	0.98	0	0	0	0.01	0.99	0
2035	0	0	0.01	0.99	0	0	0.03	0.09	0.88	0
2036	0	0	0.02	0.98	0	0	0	0.05	0.95	0
2037	0	0	0.08	0.92	0	0	0	0.14	0.86	0
2273	0	0	0.01	0.99	0	0	0.13	0.09	0.78	0
2280	0	0	0.02	0.98	0	0	0.13	0.22	0.66	0
2315	0.02	0	0	0.97	0	0.01	0.02	0.03	0.95	0
2322	0	0	0.01	0.99	0	0	0.02	0.04	0.93	0
2327	0	0	0.42	0.58	0	0	0	0.35	0.65	0
2329	0	0	0.02	0.98	0	0	0.02	0.12	0.86	0
2330	0	0	0.03	0.97	0	0	0	0.07	0.93	0
2378	0	0	0.01	0.99	0	0	0.02	0.05	0.94	0
2379	0	0	0.01	0.99	0	0	0	0.03	0.97	0

表 14.20　融合诊断的混淆矩阵

故障类型	融合诊断结果（训练 W）					融合诊断结果（初始 W）					总计
	F_1	F_2	F_3	F_4	Θ	F_1	F_2	F_3	F_4	Θ	
F_1	500	0	0	0	0	500	0	0	0	0	500
F_2	0	486	10	4	0	0	498	2	0	0	500
F_3	0	4	474	22	0	0	91	354	55	0	500
F_4	0	0	19	481	0	0	0	11	489	0	500
Θ	0	0	0	0	0	0	0	0	0	0	0

表 14.21　训练后的最优权重 W

$E^{1\text{X}}$	$e^{1\text{X}}_1$	$e^{1\text{X}}_2$	$e^{1\text{X}}_3$	$e^{1\text{X}}_4$	$e^{1\text{X}}_5$	$e^{1\text{X}}_6$	$e^{1\text{X}}_7$
$w^{1\text{X}}_j$	0.8925	0.3977	0.1642	0.2764	0.0098	0.0772	0.6462
$E^{2\text{X}}$	$e^{2\text{X}}_1$	$e^{2\text{X}}_2$	$e^{2\text{X}}_3$	$e^{2\text{X}}_4$	$e^{2\text{X}}_5$	$e^{2\text{X}}_6$	$e^{2\text{X}}_7$
$w^{2\text{X}}_j$	0.8976	0.3099	0.3813	0.1284	0.0010	0.0010	0.6601
$E^{3\text{X}}$	$e^{3\text{X}}_1$	$e^{3\text{X}}_2$	$e^{3\text{X}}_3$	$e^{3\text{X}}_4$	$e^{3\text{X}}_5$	$e^{3\text{X}}_6$	$e^{3\text{X}}_7$
$w^{3\text{X}}_j$	0.8898	0.6500	0.3843	0.0010	0.3143	0.0010	0.9321
$E^{\text{位移}}$	$e^{\text{位移}}_1$	$e^{\text{位移}}_2$	$e^{\text{位移}}_3$	$e^{\text{位移}}_4$	$e^{\text{位移}}_5$	$e^{\text{位移}}_6$	$e^{\text{位移}}_7$
$w^{\text{位移}}_j$	0.6318	0.0010	0.5760	0.2096	0.0010	0.1504	0.1591

从表 14.18 中可以看出，除"正常模式 F_1"之外，其他三种故障类型之间不可避免地存在着不同程度的混淆，但是通过训练过程可以明显降低混淆程度。表 14.18 中灰底的证据组合中初始 W 和训练 W 下的融合诊断结果是不同的，例如，证据组合 1608th 中，诊断结果由故障 F_2（少数样本支持）改变为故障 F_3（多数样本支持），而证据组合 1640th 中，诊断结果由故障 F_4（无样本支持）改变为故障 F_3。同样地，其他灰底的证据组合 1214th，1643th，1651th 也体现了训练 W 起到的类似作用。因此，训练 W 后获得的混淆矩阵明显优于初始 W 下的混淆矩阵，即训练得到的混淆矩阵中对角线元素之和 R_c 明显大于初始 W 下的混淆矩阵。

14.5.4　测试与分析

一旦双目标优化过程完成，可将表 14.18 中的 1～5 列和第 10 列，以及表 14.19 中的 2～6 列重新组合构成"融合系统决策表"。任意一组故障特征 1X, 2X, 3X, "位移"的样本都会激活决策表中的某一种证据组合，那么诊断结果可通过查询决策表直接得到。我们用与获得训练样本同样的方法，再通过实验获得 1200 组样本来测试"融合系统决策表"的诊断效果，其中，故障 F_1, F_2, F_3, F_4 各 300 组样本。查表后获取的测试样本的混淆矩阵如表 14.22 所示。

表 14.22　测试样本的混淆矩阵

故障类型	融合诊断结果（初始 W）					融合诊断结果（训练 W）					总计
	F_1	F_2	F_3	F_4	Θ	F_1	F_2	F_3	F_4	Θ	
F_1	300	0	0	0	0	300	0	0	0	0	300
F_2	0	300	0	0	0	0	280	12	8	0	300
F_3	0	43	219	38	0	0	4	274	22	0	300
F_4	0	0	11	289	0	0	5	16	279	0	300
Θ	0	0	0	0	0	0	0	0	0	0	0

从表 14.22 中可以看出，$R_c|_{初始 W} = 1108 < R_c|_{训练 W} = 1133$。训练前和训练后相比，后者在 F_2 和 F_4 确诊个数少量降低的前提下，大幅增加了对 F_3 的确诊个数。因此，基于 ER 规则训练权重后的融合系统从总体上有效地降低了各故障类型之间的混淆程度。

14.6　本 章 小 结

本章给出的基于 ER 规则的故障诊断方法，继承了 Dempster-Shafer 证据理论处理不确定性信息融合问题的优点，同时克服了它在实际应用中无法考虑证据可靠性和重要性的不足，其优点在于：①所提方法是数据驱动的方法，不需要对故障特征变化规律以及特征与故障模式之间的映射关系做出任何假设；②算法中的证据可靠性、证据重要性概念明确，对它们的求取方法的物理意义明确，便于实际工程技术人员的理解以及对新方法的应用推广；③诊断证据严格地通过基于样本的统计推理获得，不需要人为给定诊断证据，减少了由专家提供证据所引起的证据不精确和不可靠；④一旦获得"融合系统决策表"，随后的诊断结果查表即可得到，不需要重复运算。此外，本章给出的实例中，并未对全集（完全未知）赋予信度，而实际中确实会存在虽然得到故障样本，但无法或未能确定其所支持的故障或故障子集的情况，未来的研究中，可以就该方面对所提算法进行进一步的验证与推广。对于不同的传感器结构及设置，以及不同的融合诊断意图，也可以进一步讨论证据可靠性因子和证据权重的其他获取方法，从而使得所提方法可以应用于更多的情况和领域。

需要注意的是，在第 3 章、第 8 章和本章中所提出的基于证据理论的信息融合故障诊断方法，都选用电机柔性转子作为故障模拟与算法验证的平台，但是三种方法要解决的问题与使用范围是不同的。第 3 章中基于区间证据融合的方法，适用于设备运行的初期阶段。此时，设备的故障数据相对比较匮乏，所以需要引入模糊隶属度函数（集）从有限的故障数据中提取故障特征信息，这样可以有效降低由于故障样本少所引起的诊断不确定性。第 8 章中将静态融合与动态更新相结合的诊断方法，适用于设备投入运行并连续长时间运转，故障状态变化更为复杂的情况，此时正常状态到故障状态的变换频繁，存在渐变和突变故障，并伴随零部件性能下降及未知的环境干扰。在此情况下，在静态融合中加入动态更新过程，有助于结合设备连续运行的信息做出综合性的诊断决策。本章方法适用于设备寿命的中后期，此时已经积累了大量的故障样本数据，有条件分析故障样本较为真实的统计分布规律，此时利用故障特征样本似然函数归一化方法获取诊断证据，并求解诊断证据的可靠性和权重因子，有助于对设备运行状态给予客观的判断。

参 考 文 献

[1]　Xu X B, Feng H S, Wen C L, et al. An information fusion method of fault diagnosis based on interval basic probability assignment. Chinese Journal of Electronics, 2011, 20(2): 255-260.

[2]　Oukhellou L, Debiolles A, Denoeux T, et al. Fault diagnosis in railway track circuits using Dempster-Shafer classifier fusion. Engineering Applications of Artificial Intelligence, 2010, 23(1): 117-128.

[3]　Xu X, Zhou Z, Wen C. Data fusion algorithm of fault diagnosis considering sensor measurement uncertainty. International Journal on Smart Sensing and Intelligent System, 2013, 6(1): 171-190.

[4]　徐晓滨, 文成林, 王迎昌. 基于模糊故障特征信息的随机集度量信息融合故障诊断方法. 电子与信息学报, 2009, 31(7): 1635-1640.

[5] 徐晓滨, 王玉成, 文成林. 基于诊断证据可靠性评估的信息融合故障诊断方法. 控制理论与应用, 2011, 28(4): 504-510.

[6] Shafer G. A Mathematical Theory of Evidence. Princeton: Princeton University Press, 1976.

[7] Yang J B, Xu D L. Evidence reasoning rule for evidence combination. Artificial Intelligence, 2013, 205: 1-29.

[8] Yang J B, Xu D L. A study on generalizing Bayesian inference to evidential reasoning. International Conference on Belief Function: Theory and Applications, 2014: 180-189.

[9] Chen Y, Chen Y W, Xu X B, et al. A data-driven approximate causal inference model using the evidential reasoning rule. Knowledge-Based System, 2015, 88: 264-272.

[10] 徐晓滨, 郑进, 徐冬玲, 等. 基于证据推理规则的信息融合故障诊断方法. 控制理论与应用, 2015, 32(9): 1170-1182.

彩　　图

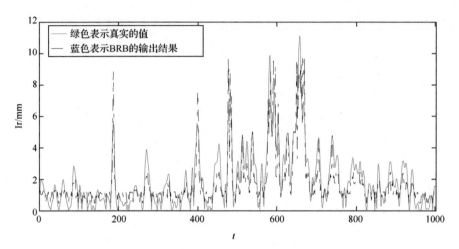

图 13.4　初始 BRB 估计值与训练样本输出的比较

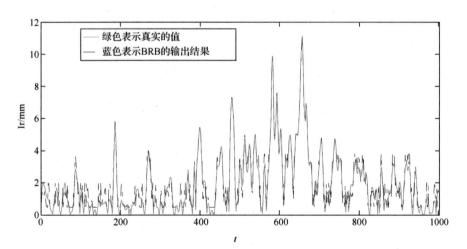

图 13.5　优化后 BRB 估计值与训练样本输出的比较

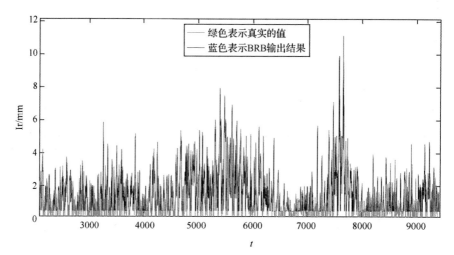

图 13.6   优化后的 12×12 的 BRB 高低不平顺等级估计值与测试样本输出的比较

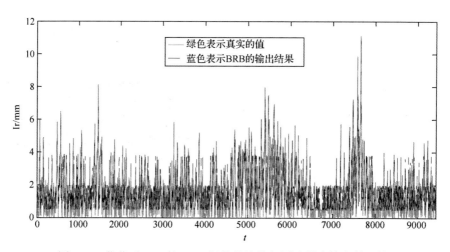

图 13.7   优化后 5×8 的 BRB 幅值估计值与测试样本输出的比较